SHIPIN

SHENGWU JISHU GAILUN

高职高专"十一五"规划教材
★ 食品类系列

食品生物技术概论

廖威 主编 谭强 主审

化学工业出版社

·北京·

内容提要

本书是高职高专"十一五"规划教材★食品类系列之一，着重阐述了食品生物技术的基本理论、基本技能以及国内外的最新研究进展。教材主要内容包括食品生物技术概述、基因工程、酶工程、发酵工程、细胞工程、蛋白质工程在食品工业中应用及食品生物技术在农副产品精加工、饮料工业、食品保鲜、食品分析检测、食品工业废水处理中的应用等。本书紧紧围绕培养高技能型专门人才这个目标，不追求精、尖、深、偏，坚持贴近学生、贴近社会、贴近岗位的原则，具有较强的实用性。本书可作为高职高专食品加工技术、食品营养与检测、食品储运与营销、食品生物技术、农畜特产品加工、粮食工程等专业教材，也可作为食品类中级工、高级工培训教材，还可作为食品类生产技术人员的参考用书。

图书在版编目（CIP）数据

食品生物技术概论/廖威主编. —北京：化学工业出版社，2008.4（2023.6 重印）
高职高专"十一五"规划教材★食品类系列
ISBN 978-7-122-02455-8

Ⅰ. 食… Ⅱ. 廖… Ⅲ. 生物技术-应用-食品工业-高等学校：技术学院-教材 Ⅳ. TS201.2

中国版本图书馆 CIP 数据核字（2008）第 037540 号

责任编辑：李植峰　梁静丽　郎红旗　　　　　装帧设计：风行书装
责任校对：宋　玮

出版发行：化学工业出版社（北京市东城区青年湖南街 13 号　邮政编码 100011）
印　　装：天津盛通数码科技有限公司
787mm×1092mm　1/16　印张 13　字数 272 千字　2023 年 6 月北京第 1 版第 14 次印刷

购书咨询：010-64518888　　　　　　　　售后服务：010-64518899
网　　址：http://www.cip.com.cn
凡购买本书，如有缺损质量问题，本社销售中心负责调换。

定　　价：34.00 元

高职高专食品类"十一五"规划教材
建设委员会成员名单

主 任 委 员　　贡汉坤　逯家富

副主任委员　　杨宝进　朱维军　于　雷　刘　冬　徐忠传　朱国辉　丁立孝
　　　　　　　李靖靖　程云燕　杨昌鹏

委　　　员　　（按姓名汉语拼音排序）

边静玮	蔡晓雯	常　锋	程云燕	丁立孝	贡汉坤	顾鹏程
郝亚菊	郝育忠	贾怀峰	李崇高	李春迎	李慧东	李靖靖
李伟华	李五聚	李　霞	李正英	刘　冬	刘　靖	娄金华
陆　旋	逯家富	秦玉丽	沈泽智	石　晓	王百木	王德静
王方林	王文焕	王宇鸿	魏庆葆	翁连海	吴晓彤	徐忠传
杨宝进	杨昌鹏	杨登想	于　雷	臧凤军	张百胜	张　海
张奇志	张　胜	赵金海	郑显义	朱国辉	朱维军	祝战斌

高职高专食品类"十一五"规划教材
编审委员会成员名单

主 任 委 员　　莫慧平

副主任委员　　魏振枢　魏明奎　夏　红　翟玮玮　赵晨霞　蔡　健
　　　　　　　蔡花真　徐亚杰

委　　　员　　（按姓名汉语拼音排序）

艾苏龙	蔡花真	蔡　健	陈红霞	陈月英	陈忠军	初　峰
崔俊林	符明淳	顾宗珠	郭晓昭	郭　永	胡斌杰	胡永源
黄卫萍	黄贤刚	金明琴	李春光	李翠华	李东凤	李福泉
李秀娟	李云捷	廖　威	刘红梅	刘　静	刘志丽	陆　霞
孟宏昌	莫慧平	农志荣	庞彩霞	邵伯进	宋卫江	隋继学
陶令霞	汪玉光	王立新	王丽琼	王卫红	王学民	王雪莲
魏明奎	魏振枢	吴秋波	夏　红	熊万斌	徐亚杰	严佩峰
杨国伟	杨芝萍	余奇飞	袁　仲	岳　春	翟玮玮	詹忠根
张德广	张海芳	张红润	赵晨霞	赵晓华	周晓莉	朱成庆

高职高专食品类"十一五"规划教材建设单位

（按汉语拼音排序）

北京电子科技职业学院
北京农业职业学院
滨州市技术学院
滨州职业学院
长春职业技术学院
常熟理工学院
重庆工贸职业技术学院
重庆三峡职业技术学院
东营职业学院
福建华南女子职业学院
福建宁德职业技术学院
广东农工商职业技术学院
广东轻工职业技术学院
广西农业职业技术学院
广西职业技术学院
广州城市职业学院
海南职业技术学院
河北交通职业技术学院
河南工贸职业技术学院
河南农业职业技术学院
河南濮阳职业技术学院
河南商业高等专科学校
河南质量工程职业学院
黑龙江农业职业技术学院
黑龙江畜牧兽医职业学院
呼和浩特职业学院
湖北大学知行学院
湖北轻工职业技术学院
黄河水利职业技术学院
济宁职业技术学院
嘉兴职业技术学院
江苏财经职业技术学院
江苏农林职业技术学院
江苏食品职业技术学院

江苏畜牧兽医职业技术学院
江西工业贸易职业技术学院
焦作大学
荆楚理工学院
景德镇高等专科学校
开封大学
漯河医学高等专科学校
漯河职业技术学院
南阳理工学院
内江职业技术学院
内蒙古大学
内蒙古化工职业学院
内蒙古农业大学职业技术学院
内蒙古商贸职业学院
平顶山工业职业技术学院
日照职业技术学院
陕西宝鸡职业技术学院
商丘职业技术学院
深圳职业技术学院
沈阳师范大学
双汇实业集团有限责任公司
苏州农业职业技术学院
天津职业大学
武汉生物工程学院
襄樊职业技术学院
信阳农业高等专科学校
杨凌职业技术学院
永城职业学院
漳州职业技术学院
浙江经贸职业技术学院
郑州牧业工程高等专科学校
郑州轻工职业学院
中国神马集团
中州大学

《食品生物技术概论》编写人员

主　　编　廖　威（广西职业技术学院）

副 主 编　黎海彬（广州城市职业学院）

　　　　　王学民（荆楚理工学院）

　　　　　庞彩霞（呼和浩特职业学院）

参编人员　（按姓名汉语拼音排序）

　　　　　华慧颖（中州大学）

　　　　　胡炜东（内蒙古农业大学职业技术学院）

　　　　　金小花（苏州农业职业技术学院）

　　　　　雷湘兰（海南职业技术学院）

　　　　　黎海彬（广州城市职业学院）

　　　　　李福泉（内江职业技术学院）

　　　　　廖　威（广西职业技术学院）

　　　　　刘　静（湖北大学知行学院）

　　　　　吕永智（重庆三峡职业技术学院）

　　　　　庞彩霞（呼和浩特职业学院）

　　　　　石　琳（广东轻工职业技术学院）

　　　　　王学民（荆楚理工学院）

　　　　　杨联芝（中州大学）

　　　　　曾　镭（信阳农业高等专科学校）

　　　　　赵金海（郑州轻工职业技术学院）

　　　　　赵美琳（漯河职业技术学院）

　　　　　郑法新（日照职业技术学院）

主　　审　谭　强（广西中医学院）

序

作为高等教育发展中的一个类型，近年来我国的高职高专教育蓬勃发展，"十五"期间是其跨越式发展阶段，高职高专教育的规模空前壮大，专业建设、改革和发展思路进一步明晰，教育研究和教学实践都取得了丰硕成果。各级教育主管部门、高职高专院校以及各类出版社对高职高专教材建设给予了较大的支持和投入，出版了一些特色教材，但由于整个高职高专教育改革尚处于探索阶段，故而"十五"期间出版的一些教材难免存在一定程度的不足。课程改革和教材建设的相对滞后也导致目前的人才培养效果与市场需求之间还存在着一定的偏差。为适应高职高专教学的发展，在总结"十五"期间高职高专教学改革成果的基础上，组织编写一批突出高职高专教育特色，以培养适应行业需要的高级技能型人才为目标的高质量的教材不仅十分必要，而且十分迫切。

教育部《关于全面提高高等职业教育教学质量的若干意见》（教高［2006］16 号）中提出将重点建设好 3000 种左右国家规划教材，号召教师与行业企业共同开发紧密结合生产实际的实训教材。"十一五"期间，教育部将深化教学内容和课程体系改革、全面提高高等职业教育教学质量作为工作重点，从培养目标、专业改革与建设、人才培养模式、实训基地建设、教学团队建设、教学质量保障体系、领导管理规范化等多方面对高等职业教育提出新的要求。这对于教材建设既是机遇，又是挑战，每一个与高职高专教育相关的部门和个人都有责任、有义务为高职高专教材建设作出贡献。

化学工业出版社为中央级综合科技出版社，是国家规划教材的重要出版基地，为我国高等教育的发展做出了积极贡献，被新闻出版总署领导评价为"导向正确、管理规范、特色鲜明、效益良好的模范出版社"，最近荣获中国出版政府奖——先进出版单位奖。依照教育部的部署和要求，2006 年化学工业出版社在"教育部高等学校高职高专食品类专业教学指导委员会"的指导下，邀请开设食品类专业的 60 余家高职高专骨干院校和食品相关行业企业作为教材建设单位，共同研讨开发食品类高职高专"十一五"规划教材，成立了"高职高专食品类'十一五'规划教材建设委员会"和"高职高专食品类'十一五'规划教材编审委员会"，拟在"十一五"期间组织相关院校的一线教师和相关企业的技术人员，在深入调研、整体规划的基础上，编写出版一套食品类相关专业基础课、专业课及专业相关外延课程教材——"高职高专'十一五'规划教材★食品类系列"。该批教材将涵盖各类高职高专院校的食品加工、食品营养与检测和食品生物技术等专业开设的课程，从而形成优化配套的高职高专教材体系。目前，该套教材的首批编写计划已顺利实施，首批 60 余本教材将于 2008 年陆续出版。

该套教材的建设贯彻了以应用性职业岗位需求为中心，以素质教育、创新教育为基础，以学生能力培养为本位的教育理念；教材编写中突出了理论知识"必需"、"够用"、"管用"的原则；体现了以职业需求为导向的原则；坚持了以职业能力培养为主线的原则；体现了以常规技术为基础、关键技术为重点、先进技术为导向的与时俱进的原则。整套教材具有较好的系统性和规划性。此套教材汇集众多食品类高职高专院校教师的教学经验和教改成果，又得到了相关行业企业专家的指导和积极参与，相信它的出版不仅能较好地满足高职高专食品类专业的教学需求，而且对促进高职高专课程建设与改革、提高教学质量也将起到积极的推动作用。希望每一位与高职高专食品类专业教育相关的教师和行业技术人员，都能关注、参与此套教材的建设，并提出宝贵的意见和建议。毕竟，为高职高专食品类专业教育服务，共同开发、建设出一套优质教材是我们应尽的责任和义务。

贡汉坤

前　言

食品生物技术是高职高专食品类专业的专业主干课程，是讲授以现代生命科学的研究成果为基础，结合现代工程技术和其他学科的研究成果，用全新的方法和手段设计新型的食品以及食品原料，加工生产符合人们生活需求的食品的一门课程。随着生物技术在食品领域中应用的广泛和深入，以基因工程、酶工程、发酵工程、蛋白质工程、细胞工程为核心的食品生物技术已逐渐成为提升我国食品工业水平、参与国际市场竞争的重要推动力。

根据教育部《关于全面提高高等职业教育教学质量的若干意见》等文件精神，紧紧围绕培养高素质技能型人才这个目标，组织了本教材的编写。编写中注重以职业需求为导向，以职业技能的培养为根本，充分体现以应用为目的，以"必需"、"够用"为度，以讲清概念、强化应用为教学重点，不追求精、尖、深、偏，坚持贴近学生、贴近社会、贴近岗位的原则，融传授知识、培养能力、提高素质于一体。注重教材体系和结构安排，力求符合教学规律，适教适学。每一章之前都指出了学习目标，以指导学生的学习；每一章之后都安排有本章小结，便于学生掌握本章框架结构和重点内容；每一章之后都设计有思考题，便于学生巩固学习内容、加强各知识点的联系、增强综合运用能力。

本书由广西职业技术学院廖威担任主编，由荆楚理工学院王学民、漯河职业技术学院赵美琳、郑州轻工职业技术学院赵金海、内蒙古农业大学职业技术学院胡炜东、广州城市职业学院黎海彬、海南职业技术学院雷湘兰、重庆三峡职业技术学院吕永智、湖北大学知行学院刘静、苏州农业职业技术学院金小花、广西职业技术学院廖威、日照职业技术学院郑法新、呼和浩特职业学院庞彩霞、中州大学华慧颖和杨联芝、内江职业技术学院李福泉、广东轻工职业技术学院石琳、信阳农业高等专科学校曾镭等教师共同编写。书稿完成后，由多年从事食品生物技术教学和研究的广西中医学院著名专家谭强教授审阅了全稿。

本书编写过程中，得到了编者所在单位领导的大力支持和帮助，在此表示衷心的感谢！

由于编者学识水平和能力有限，编写时间仓促，书中难免有疏漏和不妥之处，诚恳希望广大读者提出宝贵意见。

编者

2008.2

目　　录

第一章 绪 论

学习目标

    1. 掌握生物技术的概念、内容、发展、其产品的特点及其在各生产领域中的应用。

    2. 掌握食品生物技术的概念、发展简史、发展现状和对未来食品生物技术的展望。

食品生物技术是生物技术的一门分支学科，是利用基因工程、发酵工程、酶工程、蛋白质工程等技术，在食品领域中生产出人们生活需要的各类高质量的食品。食品生物技术随着生物技术的发展而发展。为了更好地掌握食品生物技术，首先应了解生物技术的概念和内容。

第一节 生物技术概述

一、生物技术的概念

"生物技术"一词最早是在 1919 年由匈牙利农业经济学家艾里基（K. Ereky）提出的，当时他对生物技术的定义为"凡是以生物机体为原料，不论其用何种生产方法进行产品生产的技术"。20 世纪 70 年代末 80 年代初，由于分子生物学、DNA 重组技术的出现以及某些基因工程产品如重组胰岛素、重组人生长激素等的问世，人们又缩小了"生物技术"这一概念的范畴，认为只有基因工程等一类具有现代生物技术内涵或以分子生物学为基础的技术才称得上生物技术，而把原先已相当成熟的发酵技术、酶催化技术、生物转化技术、原生质体融合技术等都排斥在外。后来，由国际经济合作与发展组织（IECDO）在 1982 年提出的生物技术的定义为多数人所接受。此定义为：生物技术（biotechnology）是指人们以现代生命科学为基础，结合先进的工程技术手段和其他基础学科的科学原理，按照预先的设计改造生物体或加工生物原料，为人类生产出所需产品或达到某种目的的技术。

二、生物技术的发展简史

根据生物技术的定义，可以把生物技术的发展分为四个时期、即：经验生物技术时期、近代生物技术的建立时期、近代生物技术的全盛时期以及现代生物技术时期。

1. 经验生物技术时期

经验生物技术时期是指传统生物技术时期的初期形式，传统生物技术从史前时代起就一直为人们所利用。在旧石器时代后期，我国先民就会利用谷物造酒，公元 10 世纪已经使用活疫苗预防天花。在西方，苏美尔人和巴比伦人在公元前 6 000 年就已开始啤酒发酵。埃及人则在公元前 4 000 年就开始制作面包。公元前 25 世纪时古代巴尔干地区的人开始制作酸奶。

根据生物技术的定义，上述的生活或生产实践都应归属于生物技术。但因科学技术的落后，这些活动只局限于实践的范畴，而没有上升到理论阶段，所以这一阶段发展缓慢。尽管如此，经验生物技术还是十分宝贵的，它为其后相关理论的创立奠定了一定的基础。

2. 近代生物技术建立时期

这一时期是与显微镜的发明、微生物的发现和微生物学的创立密切相关的。19 世纪 60 年代，法国科学家巴斯德（L. Pasteur）首先证实了发酵是由微生物引起的。随后 Koch 建立了微生物的纯培养技术，从而为发酵技术的发展提供了基础，使发酵技术进入了科学的发展轨道。

19 世纪中后期，酶学和酶生物技术开始萌芽。首先是 1876 年德国 L. Kunne 创造了 "Enzyme" 一字，即 "酶"；1892 年德国的 E. Büchner 发现磨碎后的酵母细胞仍能进行酒精的发酵，并认为这是酵母细胞中的一系列酶在起作用的缘故；1913 年德国的 L. Michaelis 和 M. L. Mentem 利用物理化学原理提出了酶反应动力学的表达式；1926 年美国的生物学家萨姆纳（J. Sumner）证明了结晶脲酶、胃蛋白酶和过氧化氢酶是蛋白质；1929 年英国的医生弗莱明（A. Fleming）发现青霉素，并开始了对其进行长达 10 多年的不懈研究；1937 年马摩里（Mamoli）和维赛龙（Vercellone）提出了微生物转化法。

本时期的生物技术是微生物学家通过对微生物形态、生理的研究后建立的，并直接为生产提供了更多的技术服务，催生了不少的新产业。此外，还出现了一些与微生物学相关的分支学科，如细菌学、工业微生物学等，为推动近代生物技术进入全盛时期创造了条件。

3. 近代生物技术的全盛时期

到了 20 世纪 20 年代，工业生产中开始采用大规模的纯种培养技术发酵化工原料，如丙酮、丁醇等。20 世纪 50 年代，在青霉素大规模发酵生产的带动下，发酵工业和酶制剂工业进入了迅速发展阶段。

这一时期的起始标志是青霉素工业开发获得成功，主要技术特征是利用了微生物的纯培养技术、深层通气搅拌发酵技术和代谢控制发酵技术等。它带动了一批微生物次级代谢和新的初级代谢物产品的开发，并激发了原有生物技术产业的技术改造。此外，一批以酶为催化剂的生物转化过程生产的产品问世，加上酶和细胞固定化技术的应用使近代生物技术产业达到了一个全盛时期。

相对于下面所述的现代生物技术，经验生物技术时期、近代生物技术建立和全盛时期又称为传统生物技术时期。

4. 现代生物技术时期

现代生物技术是以 20 世纪 70 年代 DNA 重组技术的建立为标志。1944 年 Avery 等阐明了 DNA 是遗传信息的携带者。1953 年 Watson 和 Crick 提出了 DNA 的双螺旋结构模型，阐明了 DNA 的半保留复制模型，从而开辟了分子生物学研究的新纪元。1961 年 M. Nirenberg 等破译了遗传密码，揭开了 DNA 编码的遗传信息是如何传递给蛋白质的秘密。1973 年 Boyer 和 Cohen 建立了 DNA 体外重组技术，标志着生物技术的核心技术——基因工程技术的开始。1982 年美国的 Eli-Lilly 药厂将第一个基因工程产品——胰岛素投入市场。随着细胞融合技术及单克隆抗体技术的相继成功，实现了动植物细胞的大规模培养技术，同时固定化生物催化剂也得到广泛应用，新型反应器不断涌现，形成了具有划时代意义的现代生物技术。

现代生物技术的主要技术特征是运用了 DNA 重组技术、细胞融合技术、单克隆抗体技术、细胞固定化技术、动植物细胞大规模培养技术和现代化生物化工技术的成果进行产品开发和生产，使生物技术从原有的鲜为人知的传统产业，一跃成为代表 21 世纪的技术发展方向、具有远大发展前景的新兴学科和朝阳产业。

三、生物技术的内容及其内在联系

生物技术也称生物工程，根据生物技术的操作对象和操作技术条件的不同，生物技术主要包括以下五项技术（工程）。

1. 基因工程

基因工程（gene engineering）也叫基因操作、遗传工程或重组体 DNA 技术，其主要原理是以分子遗传学为基础，利用人工方法把生物的遗传物质分离出来，在体外进行切割、拼接和重组。然后将重组的 DNA 导入某种宿主细胞中，从而改变它们的遗传性质；也可以使新的遗传信息在新的宿主细胞中大量表达，以获得基因产物（多肽或蛋白质）。这种创造新生物并赋予新生物以特殊功能的过程就称为基因工程。但严格的讲，基因工程的含义更为广泛，还可以包括除 DNA 重组技术以外的一些其他可使生物基因组结构得到改造的技术。

目前，基因工程有一些成功应用的报道。如利用微生物生产动物蛋白质、人体生长激素、干扰素等。在食品工业上，细菌和真菌的改良菌株已影响到传统的面包焙烤和干酪的制备，并对发酵食品的风味和组分进行控制；在农业上，基因工程已用于品种的改良，如培育出玉米新品种（高直链淀粉含量、低胶凝温度以及无脂肪的甜玉米）和番茄新品种（高固体含量、增强风味）等。

2. 细胞工程

细胞工程（cell engineering）是指应用细胞学的方法，以组织、细胞和细胞器为对象进行操作，在体外条件下进行培养、繁殖或人为地使细胞的某些生物学特性按人们的意愿进行改造，从而达到改良生物品种和创造新品种，加速动植物个体的繁育，或获得某种有用的物质。它包括动、植物细胞的体外培养技术、细胞融合技术及细胞器移植技术等。目前利用细胞融合技术已培育出番茄、马铃薯、烟草和短牵牛等杂种植株；利用植物细胞培养可以获得许多特殊的产品，如生物碱类、色素、激素、抗肿瘤药物等；利用动物细胞培养可以用来大规模地生产药品，如干扰素、人体激素、疫苗和单克隆抗体等。

3. 酶工程

酶工程（enzyme engineering）是利用酶、细胞器或细胞所具有的特异催化功能，或对酶进行修饰改造，并借助生物反应器和工艺过程来生产人类所需产品的一项技术。它包括酶的生产技术和固定化技术、细胞固定化技术、酶分子修饰改造技术及酶反应器的设计等技术。酶工程的主要任务是：通过人们的预先设计、经过人工操作控制而获得大量所需的酶，并通过各种方法使酶发挥其最大的催化功能。

4. 发酵工程

利用微生物生长速度快、生长条件简单以及代谢过程特殊的特点，在适宜的条件下，通过现代化工程技术手段，利用微生物的某种特定功能生产出人类需要的产品的过程称为发酵工程（fermentation engineering），也称微生物工程。它处于生物工程的中心地位，大多数生物工程的目标产物都是通过发酵工程来实现的。

5. 蛋白质工程

蛋白质工程（protein engineering）是 20 世纪 80 年代初诞生的一个新兴生物技术领域，它是指在基因工程基础上，结合蛋白质结晶学和蛋白质化学等多学科，通过对基因的定向改造而对蛋白质分子进行定位突变，从而达到对蛋白质进行改造，生产出能够满足人们需要的新型蛋白质。

以上 5 项工程技术不是各自独立的，而是相互联系、相互渗透，是构成当今生物技术的主要学科。其中的基因工程技术是核心技术，它能带动其他技术的发展。发酵工程是生物技术的主要终端，如通过基因工程对细菌改造后获得的"工程菌"，最后要通过发酵工程来生产。又如，通过基因工程技术对酶进行改造以期提高酶的催化效率的过程，也要通过发酵工程来实现。可以说，基因工程和细胞工程是生物技术的基础，蛋白质工程、重组 DNA 技术和酶固定化技术是最富有特色和潜力的生物技术，而发酵工程和组织培养技术是目前较为成熟、广泛应用的生物技术。

四、生物技术及其产品的特点

（一）生物技术的特点

目前，随着人类基因组计划的完成和后基因组计划的实施，生物技术已经成为全人类特别关注的热门话题，其原因可能在于生物技术所具有的以下几个特点。

1. 发展迅速

近年来，现代生物技术取得了突飞猛进的发展。首先，在农业方面，自 1983 年转基因烟草和马铃薯首次问世以来，转基因水稻、小麦、玉米、马铃薯、棉花、大豆、油菜等转基因植物相继出现并大面积种植，现已有 120 多种转基因植物。其次，转基因动物如转基因鼠、鱼、猪、牛、鸡已经陆续被克隆出来。尤其是转基因羊"多莉"、"元元"、"阳阳"、"欢欢"和"庆庆"的出现，使克隆技术又上了一个新台阶。人类基因组计划自 1990 年以来不断加速，同时也使细胞工程、酶工程、发酵工程及蛋白质工程的应用得到迅猛的发展，使生物技术进入了一个全新的阶段。

2. 高效低耗

现代生物技术以可再生的生物资源为原料生产食品或药品，从而可获得过去难以得到的足量的产品。如采用传统方法，1g 胰岛素需要从 7.5kg 新鲜胰脏中才能提取得到，目前世界上糖尿病患者有 6 000 万人，每人每年约需 1g 胰岛素，这样总计需要 45 亿千克新鲜胰脏做原料。而利用基因"工程菌"生产 1g 胰岛素，只需 20L 发酵液。我国有

13亿人口，占世界人口的22％，而耕地只占世界的7％；未来25年全球的粮食需求将增长60％，但耕地却有可能不断减少。生物技术的发展，特别是转基因植物能够大幅度提高粮食产量，从而为彻底解决世界人口增长速度高于粮食增长速度所带来的温饱问题提供了根本性的出路。由此可见，生物技术的应用具有高效低耗的特点。

3. 不可取代性

在生物技术中，基因工程的商业价值集中体现在生物制药行业，生物制药的焦点又集中在寻找疾病相关基因上。一个基因可以成就一个企业，甚至带动一个产业，其商业价值难以估计。一个具有重要功能的疾病相关基因的专利，转让价值一般以千万美元计，而以此开发的基因药物年销售额可高达几十亿美元。例如，肥胖基因的技术转让费用总计超过了7 000万美元；促红细胞生成素（EPO）的全球市场销售额已达到34亿美元。因此，生物技术无论从技术效益方面或者是经济效益方面，与其他技术相比具有不可取代的作用。

4. 竞争激烈

由于基因是一种有限的资源，其商业价值又如此之高，该领域已出现了趋于白热化的"基因争夺战"。一些发达国家和跨国公司争相对发展中国家进行基因偷猎，以期得到和克隆相关疾病的基因，并竞相申请专利，从中获取高额利润。据报道，美国的塞莱拉公司已经申请了1万多项关于基因的专利，因塞特公司申请了6 300多项基因专利，人类基因科学公司（HGS）也已经申请了6 700多项基因专利。另外，日本、法国也积极加入了这场激烈的争夺战。

5. 涉及社会问题

由于生物技术的飞速发展，正在引发越来越多的法律、政治、经济、宗教、社会公德及伦理道德等十分棘手的问题。例如，是否可以对人的基因授予专利，基因是否属于科学发现，是否应当鼓励干细胞研究，转基因食品是否安全，生物技术会不会影响生态平衡和造成环境污染等。所有这些问题，都需要得到及时而有效地解决，以避免现代生物技术引发社会动乱和变成人类的灾难。

（二）生物技术产品的特点

1. 生物技术产品概述

生物技术工业产品的出现只有近百年的历史，按照其发展的过程可分为古时代、巴斯德时代和现代生物技术时代三个产品阶段。古时代的生物技术产品有：啤酒、苹果酒、发酵面包等。当时，人们还没有认识微生物与发酵的关系，一切靠经验，所以产品的附加值很低。巴斯德时代的生物技术产品有：抗生素、单细胞蛋白、酶、有机溶剂、维生素、生物杀虫剂等。由于微生物技术、细胞工程、发酵工程等生物技术的产生及发展，这个时期生物技术产品的附加值比较高。现代生物技术产品有：基因工程药物、转基因植物、克隆动物、DNA芯片、生物传感器等。由于现代生物技术与信息技术、新材料技术、新能源技术、海洋技术等一起构成了新技术革命的主力，使食品、医药、化学、能源、采矿等工业部门的生产效率极大地提高，产品的附加值很高。表1-1列出了生物技术各时期的主要产品。

表1-1　生物技术各时期主要产品

时　期	产品名称	采用技术	附　加　值
第一代产品	啤酒、苹果酒、发酵面包、醋	自然发酵	很低
第二代产品	抗生素、单细胞蛋白质、酶、乙醇、丙酮、维生素、氨基酸	初步的理化遗传分析、细胞杂交、理化诱变育种等	高
第三代产品	基因药物、DNA芯片、生物导弹	基因工程、细胞工程等	很高

2. 生物技术产品的特点

生物技术产品是人们利用基因工程、细胞工程、酶工程、发酵工程和蛋白质工程技术手段，按照人们预先的设计，改造或加工生物体或生物原料而获得的人们所需要的产品。它具有以下两个特点。

（1）目的产物产率低　通过生物技术获得的产品，一方面受到生物体或生物原料的内部复杂结构的影响，另一方面还受到技术条件和环境条件的制约，使得生物技术产品的目的产物产率比较低。例如，一种基因工程药物生产的主要程序是：目的基因的克隆，构建DNA重组体，将DNA重组体转入宿主菌构建工程菌，外源基因表达产物及其分离纯化等，具体的步骤还会随着生产条件的不同而有所改变，如受到原料理化性质、产物代谢、高技术、精密仪器设备的制约，还受到温度、pH、渗透压等很多环境条件的影响，造成了目的产物的产量较低。如，青霉素是微生物所产生的次级代谢产物，其产量远比初级代谢产物量低，结构复杂，性能又不稳定，青霉素的产量不高。

（2）初始物料组成复杂　生物技术产品不同于其他的一般产品，它的初始物料是生物原料。生物原料则指生物体的某一部分及生物生长过程所能利用的物质，如淀粉、糖蜜、纤维素等有机物，也包括一些无机化学品，甚至某些矿石，组成复杂，组分差别很大。特别是生物制品，它的原辅料都是采用血液、脏器组织、微生物、寄生虫、动物毒素等生物活性材料为起始材料，所以生物技术产品的初始物料组成具有不确定性、不稳定性和复杂性的特点。

五、生物技术在各个领域的应用

近20多年是世界生物技术迅速发展时期，无论在基础研究方面还是在应用开发方面，都取得了令人瞩目的成就，生物技术的研究成果越来越广泛地应用于农牧业、医药、环保、食品等多个领域。

1. 生物技术与农牧业

现代科学技术的发展，已使生物技术渗透到农业生产的各个方面。生物技术在农牧业生产中的应用主要是运用现代遗传学的工具来增强动、植物的有益性状，以促进产品增产。如转基因的抗病、抗虫植物，包括抗虫棉、抗虫水稻、抗虫烟草、抗虫番茄。植物组培快繁和植株脱毒技术现在已经广泛运用于花卉、果树的种苗培育，包括香蕉、柑橘、苹果、葡萄、马铃薯、甘薯、草莓无毒苗等。酶工程目前主要应用于饲料加工领域，加入淀粉酶可提高饲养动物对非淀粉多糖（NSP）的利用率；加入蛋白酶可提高动物对蛋白质的吸收率；加入酶制剂，可以去除抗营养因子，改善动物的内分泌，增强抗病能力和动物的消化吸收能力。

另外，植物单倍体培养、原生质体融合、胚胎移植在动植物育种和繁殖方面都取得了一定的成就；单细胞蛋白生产与微藻类培养使微生物成为未来农业的希望之一，目前取得较大进展；同时有益生物菌制剂、组培生产次生代谢产物、植物人工种子、兽用生物制品的开发都为农牧业生产解决了生物技术之外技术不可解决的问题。

2. 生物技术与医药卫生

生物技术在医药卫生领域首先主要用于临床医药生产方面，利用基因工程可以生产天然稀有的医用活性多肽或蛋白质，如干扰素和白细胞介素、尿激酶原激活因子、各种疫苗、胰岛素和其他生长激素等，基因工程制药产业已经初步形成。特别是青霉素的大规模液体深层发酵，对它的研究与生产开创了现代发酵工程之先河。随着基因工程和酶工程的发展，抗生素及其他微生物代谢药物的生产进入一个新阶段，例如生产更高效的抗肿瘤药物羟基喜树碱和前列腺素；通过基因诱变，使微生物产生新的合成途径，从而获得新的代谢产物；利用微生物产生的酶，对药物进行化学修饰，例如多种半合成青霉素的生产。

其次，生物技术应用于医疗诊断和设备方面。利用限制性酶的酶切片段长度多态性分析方法可以检测出突变的基因；等位特异性寡核苷酸探针检测法可以诊断某些遗传病；聚合酶链式反应也用于诊断疾病。免疫导向药物又可称为"生物导弹"，因其带有单克隆抗体而能自动导向，在生物体内能够与特定目标细胞或组织结合，并由其携带的药物产生治疗作用。

此外，生物技术还应用于疫苗研制方面。目前用于人类疾病防治的疫苗有20多种，可分为传统疫苗和新型疫苗。前者主要包括减毒活疫苗和灭活疫苗，后者则以基因疫苗为主。基因工程疫苗的成功应用为人类抵制传染病的侵袭，确保整个群体的优生优育提供了强有力的保障。目前，我国开发重点是乙肝基因疫苗、狂犬疫苗和流感疫苗。

3. 生物技术与环境保护

生物技术在污染治理、环境监测等方面发挥着重要的作用，现已广泛应用于工业清洁生产、工业废弃物和城市生活垃圾的处理、有毒有害物质的无害化处理等各个方面。它可以在常温常压和中性的条件下就地实施，具有设备简单、成本低廉、效果好、操作简便等优势。

4. 生物技术与食品工业

食品工业是生物技术应用的重要领域。有关内容将在本章第二节详述。

第二节　食品生物技术概述

一、食品生物技术的概念

食品生物技术是现代生物技术在食品领域中的应用，是指以现代生命科学的研究成果为基础，结合现代工程技术手段和其他学科的研究成果，将全新的方法和手段应用于食品原料、食品加工、食品贮藏保鲜、食品添加剂、食品品质检测、食品综合利用和食品工业废水处理中，体现了生物技术在食品领域中的重要性。

食品生物技术包括在食品加工制造上的所有生物技术，涉及基因工程、细胞工程、发酵工程、酶工程以及生物工程下游技术和现代分子检测技术。它涵盖了分子生物学、细胞生物学、免疫学、生理学、遗传学、生物化学、微生物学、生物物理学等生物类学科，同时涉及信息学、电子学和化学等学科，是一门多学科相互渗透的综合性技术。

二、食品生物技术的发展简史

食品生物技术包括传统食品生物技术和现代食品生物技术。传统食品生物技术包括酿造、酶制剂、味精和氨基酸生产技术等，被广泛应用于生产多种食品，如面包、奶酪、啤酒、葡萄酒以及酱油、醋、米酒和发酵乳制品。现代食品生物技术是基于 20 世纪 70 年代初在分子生物学、生化工程学、微生物学、细胞生物学和信息技术等学科基础上形成的现代生物技术而发展起来的综合性技术。

传统食品生物技术从史前时代就一直为人们开发利用，例如古埃及人制作发酵面包的技术、我国先民酿酒和制酱醋的技术、英国研制并大规模应用的青霉素发酵技术都属于传统食品生物技术范畴，该方面的产品在产量和产值上仍然占据了食品生物技术的首位。

现代食品生物技术利用近代发酵技术、酶技术、基因工程技术生产食品原料（葡萄糖、麦芽糖、果葡糖浆等）、食品添加剂（活性干酵母、味精等氨基酸，柠檬酸等有机酸，天然微生物色素，鸟苷酸等核苷酸，黄原胶等微生物多糖，维生素、食品用酶制剂、乳酸链球菌素等）和食用益生菌等产品。

传统食品生物技术的技术特征是酿造技术，近代食品生物技术的技术特征是微生物发酵技术，而现代食品生物技术的技术特征是以重组 DNA 技术为核心的综合技术体系。

三、食品生物技术的发展现状

1. 改良食品原料和食品微生物，提高食品的营养价值及加工性能

利用基因工程、细胞工程改造动植物、微生物资源，可使食品的营养价值、加工性能得到改善。目前最常用的基因工程技术构建的"基因工程菌"，可以改良食品微生物的生产性能。如将 α-乙酰乳酸脱羧酶基因克隆到啤酒酵母中进行表达，可降低啤酒双乙酰含量而改善啤酒风味；筛选出分解 β-葡萄糖和糊精的啤酒酵母，能够明显提高麦芽汁发酵度并改善啤酒质量。利用基因改造过的酵母酿制的啤酒，可增加啤酒中的含硫量，从而使溶解于啤酒中的氧及引起啤酒变质的其他物质的含量减少，可以延长啤酒保鲜期。此外，把糖化酶基因引入酿酒酵母，构建能直接利用淀粉的酵母工程菌用于酒精工业，能省去传统酒精工业生产中的液化和糖化步骤，实现淀粉质原料的直接发酵，达到简化工艺、节约能源和降低成本的成效。

2. 生产各种新型食品和食品添加剂

通过转基因技术生产保健食品及其有效因子，如低胆固醇肉猪、特种微量元素蛋、高异黄酮大豆、高胡萝卜素稻米等。

利用细胞工程技术生产各种功能食品及其主要功能成分，如对人参、西洋参、长春花、紫草和黄连等植物细胞进行培养生产活性细胞干粉、L-苏氨酸等。

利用发酵工程技术生产食品添加剂。目前国内外重点研究开发的食品添加剂有甜味剂中的木糖醇、甘露糖醇、阿拉伯糖醇、甜味多肽等；酸味剂中的 L-苹果酸、L-琥珀酸

等；氨基酸中各种必需氨基酸；风味剂中的多种核苷酸、琥珀酸钠、香茅醇、双乙酰；芳香剂中的脂肪酸酯、异丁醇等；色素中的类胡萝卜素、红曲色素、虾青素、番茄红素等；维生素中的维生素 C、维生素 B_{12}、核黄素等；生物活性添加剂中的各种保健活菌、活性多肽等。

3. 可直接应用于食品生产过程的物质转化

利用发酵技术、酶技术对农副产品进行加工，可生产各种发酵食品如澄清果汁、酒类、酱油、醋、乳酸、酸奶。利用基因工程和酶工程，构建"生物工程菌"来生产酶制剂。如：凝乳酶、α-淀粉酶、葡萄糖氧化酶、葡萄糖异构酶、转化酶、脂肪酶、溶菌酶等。现代生物技术在肉、奶、水产品加工中也有广泛的应用，如发酵香肠的生产和增加畜产品的花色品种等；利用外源激素提高乳的产量，增强乳的免疫功能，改善乳的组成成分。利用现代生物技术进行玉米的综合利用，为新型糖源（淀粉糖、低聚糖、高果糖）、变性淀粉（可达上百种）、玉米油、发酵酒精、环状糊精等产品的开发提供充足的原料。

4. 工业化生产功能性食品及其成分

利用发酵工程生产功能性食品及其成分，如低聚糖、糖醇、单细胞蛋白、二十碳五烯酸（EPA）、二十二碳六烯酸（DHA）、γ-亚麻酸、有益菌等。利用酶工程生产富含多种氨基酸和微量元素的功能食品，如以动植物、微生物蛋白为原料，利用酶技术将蛋白质分解成多肽和氨基酸，可作为功能食品或营养强化食品的原料。利用乳糖酶水解乳糖，加工出低乳糖食品作为乳糖缺乏者的保健食品。利用现代生物技术从玉米黄浆水中提取玉米黄色素，可用于人造黄油、人造奶油、糖果、冰淇淋等食品中，取代人工合成色素；从玉米皮制取膳食纤维。

此外，生物技术在食品相关领域如食品包装中也得到越来越广泛的应用。现代生物技术在食品包装上的应用主要是营造一种有利于食品保质的环境，如葡萄糖氧化酶能消除 O_2，延长食品的保鲜期，从而保持食品的色、香、味，被广泛应用于茶叶、冰淇淋、奶粉、罐头等产品的除氧包装中；溶菌酶能抑制有害微生物的生长，而利于有益微生物，使后者得以迅速繁殖，被广泛应用于酒精、乳制品、水产品、香肠、奶油、生面条等食品中以延长货架期。利用生物技术制造有特殊功能的包装材料，如包装纸、包装膜中附上生物酶，使之具有抗氧化、杀菌等功能。

生物技术还可以应用于食品的质量检测、处理食品工业废水等。如用固定化酶技术制备酶电极、酶试纸，可以快速简便地检测食品中的化学成分。利用 DNA 指纹技术可以鉴定食品原料和终端产品是否掺假，检测谷物、坚果、牛奶中是否含有微量毒素；利用 PCR 技术可快速检测是否为转基因食品；利用生物转化、厌氧发酵等方法处理食品工业废水，使生物需氧量（BOD）、化学耗氧量（COD）降低至排放标准。

四、未来食品生物技术的展望

作为一项极富潜力和发展空间的新兴技术，食品生物技术有以下发展趋势。

1. 不断开发食品添加剂新品种

目前，国际上对食品添加剂的品质要求是：使食品更加天然、新鲜；追求食品的低脂肪、低胆固醇、低热量；增强食品贮藏过程中品质的稳定性；不用或少用化学合成的添加剂。因此，今后要从两方面加大开发的力度，一是用生物法代替化学合成的食品添加剂，迫切需要开发的有保鲜剂、香精香料、防腐剂、天然色素等；二是要大力开发功能性食品添加剂，如具有免疫调节、延缓衰老、抗疲劳、调整肠胃功能的食品添加剂。

2. 完善发展微生物保健食品

微生物食品有着悠久的历史，酱油、食醋、饮料酒、蘑菇都等属于这个领域，它们与双歧杆菌饮料、酵母片剂、发酵乳制品等微生物保健品一样，有着巨大的发展潜力。微生物生产食品有着独有的特点：繁殖过程快，在一定的设备条件下可以大规模生产；要求的营养物质简单；投入与产出比高出其他经济作物，易于实现产业化；可采用固体培养，也可实行液体培养，还可混菌培养；得到的菌体既可研制成产品，还可提取有效成分，用途极其广泛。重点研究和建立新型益生菌定向筛选模型，实现调血脂、降血糖、降血压、抗氧化、抗过敏和免疫调节等生理功能益生菌的高效筛选；研究益生菌的吸附和定植技术、功能基因锚定技术、益生性状整合技术、高密度培养、制备和活性保护技术等。

3. 转基因食品

转基因生物技术为食品行业的发展注入了新的动力，直接加快了对粮食产量的提高和食品营养的改善，解决了发展中国家人民的饥饿以及营养不良的问题。目前，经基因工程或其他生物技术改造的或正在改造的物种，除了水稻、小麦、玉米、油菜、大豆、番茄等大宗农产品及奶牛、羊等畜产品之外，还包括人参、西洋参、甘草、黄连等一些药用植物和一些濒危物种上。特别是体细胞无性繁殖技术的成熟和发展，将在数量上以指数增加的方式为食品工业提供大量的原料。

根据21世纪基因食品的发展，未来生物技术不仅有助于实现食品的多样化，而且有助于生产特定的营养保健食品，达到治病健身的功效。在协调与环境粮食生产方式方面，生物技术将使农作物更好地适应于特定的环境，从而降低化学农药的使用量。

4. 食品发酵工业

目前，生物技术已广泛应用于微生物菌种的改造中，以整合优良生产性状，消除酿造过程中有害成分对食品品质的影响。研究食品发酵菌株性状整合技术、有害基因敲除技术、目标基因定向改良技术等，对传统发酵食品、功能食品配料与添加剂以及食品酶制剂等重要工业生产菌株进行基因工程构建。如通过生物技术筛选出了生产抗菌多肽（如链菌肽）、组织改良酶（如丙氨酸转氨酶）的微生物。

通过生物技术进行特定功能食品酶制剂的开发。目前，除了可以利用生物技术对传统的工业酶，如蛋白酶、淀粉酶、脂肪酶、糖化酶以及植酸酶进行改造以提高其酶活之外，通过生物技术定向改造自然界所没有的新型酶制剂也已获得成功。

针对目前酒精、L-乳酸、酶制剂等大宗发酵产品生产中原料利用率低、生产周期长等问题，研究微生物细胞代谢调控技术、发酵过程能量和质量的平衡关系、高黏稠流体传质技术、在线智能流加和过程监控技术等，以实现高强度和高密度发酵，降低发酵产品生产成本。

5. 食品保鲜领域

生物技术在食品保鲜领域的应用主要表现在两个方面。一方面是在食品生物保鲜剂的开发和耐贮性农产品的新品种选育上。目前，食品工业中通过基因改造工程菌生产防腐剂最成熟的是生产 Nissin（乳链菌肽），已选育出能够大量生产 Nissin 的工程菌并投入生产。另一方面，通过研究细胞凋亡与农产品保鲜的关系，已从植物中分离出表达死亡因子或其激活蛋白的基因 dad-1、ACD_2 等。随着研究的进一步开展，相信抗衰老、保鲜期长的新一代基因工程产品将被研制出来。

6. 食用纳米材料

该领域主要是以提高营养物的稳定性和靶向输送为目标，研究分子自组装技术，纳米脂质体、纳米微乳等纳米营养物载体的制备与技术，纳米营养物载入技术和表面改性技术等，发展新型可食用的纳米材料。

随着各种生物技术手段和方法的成熟与完善，生物技术将对人类的健康作出更大的贡献，生物技术在食品工业中的应用也越来越广阔；但是食品生物技术开发也应遵循一定的原则：①外源基因的表达不能损害原食品的特征风味；②外源基因片段应尽量短，无不良特性的表达；③目的基因的获得必须来自对人体无害的生物体中。

生物技术在食品工业上的应用，不仅仅满足于解决可能出现的全球粮食危机的问题，更重要的是，它能满足人们对食物感官舒适、营养丰富、功能全面的完美要求。我国食品生物技术产业历经数十年的发展，在技术进步、产业成熟度、骨干企业发展、产品国际化、带动关联产业发展以及提高国民生活质量等方面已取得长足进步，成为中国生物技术应用领域中经济和社会效益贡献最大的产业之一。

本章小结

本章介绍了生物技术和食品生物技术的基本概念，发展简史及发展现状，概述了生物技术的内容及生物技术产品的特点，论述了生物技术在食品工业和其他多个领域的应用现状，同时简要介绍了食品生物技术开发的基本原则。

生物技术是 20 世纪 80 年代前后发展起来的一门自然学科，它是以现代生命科学为基础，结合先进的工程技术手段和其他基础学科的科学原理，按照预先的设计改造生物体或加工生物原料，为人类生产出所需产品或达到某种目的。它的发展经历了经验生物技术时期、近代生物技术建立时期、近代生物技术的全盛时期和现代生物技术四个时期，它所研究的内容包括基因工程、细胞工程、酶工程、发酵工程、蛋白质工程，各工程技术之间互相联系，互相渗透。生物技术具有快速、精确，低耗、高效，不可取代性的优势，但其产品具有目的产物含量低、初始物料组成复杂性的缺陷。

食品生物技术是现代生物技术在食品领域中的应用，它包括传统食品生物技术和现代食品生物技术。它的应用主要表现在：①食品原料和食品微生物的改良，提高食品的营养价值及加工性能；②生产各种新型食品和食品添加剂；③可直接应用于食品生产过程的物质转化；④工业化生产功能性食品及其成分。未来食品生物技术的发展前景是广阔的，但是食品生物技术开发也应遵循一定的原则，以不损害食品的质量和风味、对人体和环境无不良影响为准则。

思 考 题

1. 何谓食品生物技术？简述食品生物技术的发展简史。
2. 生物技术包括哪些内容？其产品有何特点？
3. 生物技术的应用包括哪些领域？简述在各个领域中有哪些主要应用。
4. 生物技术对食品工业有什么影响？
5. 传统食品生物技术的主要特点是什么？
6. 现代生物技术为什么要用于改造和完善传统的食品生物技术？

第二章 基因工程及其在食品工业中的应用

学习目标

1. 了解基因工程的定义、内容以及在食品工业中的应用。
2. 掌握基因工程中常用工具酶的定义、特点和作用方式。
3. 能够根据不同性质基因载体的特点，把握宿主与载体之间的关系。
4. 掌握目的基因的制备方法、受体细胞的转化、重组克隆的筛选与鉴定以及外源基因的表达。

第一节 基因工程概述

一、基因工程的定义

基因是具有遗传效应的 DNA 分子片段，是编码蛋白质或 RNA 分子遗传信息的基本单位，它存在于染色体上。基因不仅可以通过复制把遗传信息传给下一代，还可以使遗传信息得到表达，从而使后代表现出与亲代相似的性状。

基因工程是在分子水平上对基因进行操作的技术体系，是将某一种生物细胞的基因提取出来或人工合成的基因，在体外进行酶切或连接到另一种生物的 DNA 分子中，由此获得的 DNA 称为重组 DNA，将重组 DNA 导入到自身细胞或其他生物细胞中进行复制和表达等实验手段，使之产生符合人类需要的遗传新特征，或创造出新的生物类型。

二、基因工程的发展简史

1. 遗传物质的研究

1944 年加拿大细菌学家 Avery、美国生物学家 Macleod 和 Maclarty 在纽约的洛克菲勒研究所完成了著名实验，证明 DNA 是细胞的遗传物质；1953 年 Wastson 和 Crick 建立了 DNA 双螺旋结构模式；1961 年 Crick 提出蛋白质合成的中心法则：遗传信息是从 DNA 到 DNA 的自我复制，DNA 将所贮存的遗传信息转录给信使核糖核酸（mRNA），再由 mRNA 翻译成蛋白质，最后由蛋白质直接或间接地表现出遗传性状；随后，Jacob 和 Monod 发现操纵子模型，奠定了原核生物基因表达调控的理论基础。

2. 基因工程的诞生和发展

1965 年 Sanger 提出了蛋白质氨基酸的序列分析法和核酸序列分析方法，使人们对 DNA 的结构与功能的关系有了更加深刻的认识。同时，酶学、细菌学、病毒学的发展也为基因工程的产生准备了必要的工具。1972 年美国科学家 Berg 等首次利用限制性内切酶在体外将猿猴病毒 SV40 和噬菌体的 DNA 分别切割，并用 DNA 连接酶连接起来，构成了第一个重组 DNA 分子；1973 年 S. N. Cohen 等人在体外成功地获得质粒 DNA，命名为 pSC109，最后将重组质粒 DNA 转移到大肠杆菌细胞中并得到表达，这一研究成功标志着基因工程的诞生；1979 年人胰岛素基因的重组获得成功，1997 年英国科学家成功地克隆了"多莉"羊，标志着基因工程开始走向成熟。

第二节 基因工程工具酶

基因工程的基本技术是人工进行基因的剪切、拼接和组合，这些分子操作涉及多种酶类。酶是基因工程操作中不可缺少的工具，在基因工程中应用的酶统称为工具酶，这些酶种类繁多，作用各异。

一、限制性核酸内切酶

限制性核酸内切酶简称限制性内切酶，是一类能够识别和切割双链 DNA 分子内核苷酸序列的内切酶，这类酶在基因分离、DNA 结构分析、载体的改造和体外重组等方面起着重要的作用。目前，从各种生物中分离出的限制性内切酶已超过 175 种，其中 80 多种是用于切割 DNA 双链的。

（一）限制性内切酶的命名

限制性内切酶的命名主要是参考 1973 年 H. O. Smith 和 D. Nathaus 提出的原则进行的：第一个字母为细菌属名的第一个字母，第二、三个字母为细菌种名的前两个字母，构成三字母符号，该三字母符号用斜体书写，接下去是细菌株的第一个字母，用正体书写，如果同一菌株中分离出几种不同的内切酶时，则分别用罗马数字 I、II、III……表示，如 *Eco*R I 表示从 *Escherichia coli*（大肠杆菌）菌株 RY13 中分离出的第一种限制性内切酶。

（二）限制性内切酶种类

1. I 类限制性内切酶

该类酶由三种不同的亚基组成，辅助因子为 ATP、Mg^{2+}、S-腺苷甲硫氨酸，它能识别和结合特定的 DNA 序列位点，随机切断识别位点以外的 DNA 序列，通常在识别位点周围 1 000bp 范围。这类酶切割的核苷酸顺序没有专一性，无法用于分析 DNA 结构或克隆基因，这类酶如 *Eco*K、*Kco*B 等。

2. II 类限制性内切酶

该类酶由两个亚基构成，辅助因子为 Mg^{2+}。这类酶切割作用特异性强，能够识别专一的核苷酸序列，并在该序列内固定位置上或其附近特异切割，所以总能够得到同样末端核苷酸顺序的 DNA 片段，而且还能构建来自不同基因组的 DNA 片段，形成杂合 DNA 分子，因此，这种限制性内切酶是基因工程技术中常用的工具酶之一，如 *Bam*H I、*Eco*R I 等。这类酶识别的专一核苷酸顺序最常见的是 4 个或 6 个，少数也有 7 个、9 个、10 个、11 个核苷酸。

3. III 类限制性内切酶

该酶由两个不同的亚基组成，辅助因子为 ATP、Mg^{2+}，其切割位点在识别序列周围 24～26bp 处，III 型限制酶在基因工程技术中也不常用，如 *Eco*P I、*Hin*F III 等。

（三）限制性内切酶的基本特性

1. 识别特定序列

大多数Ⅱ型内切酶的识别序列很严格，且识别的 DNA 序列碱基数一般为 4～8bp，富含 GC，该识别序列常具有 180°旋转对称性的回文结构。少数Ⅱ型内切酶能识别更长的序列，还有一些Ⅱ型内切酶能识别多种核苷酸，如 *HinD* Ⅱ型的识别位点是-GTPyPuAC-，其中 Py 可代表 C 或 T，而 Pu 可代表 A 或 G。

2. 切割方式

（1）产生平末端

在识别序列对称轴处平齐切割 DNA 两条链而形成的平头双链末端，称为平整末端，简称平末端。如 *Hae*Ⅲ识别序列为：

$$5'\text{-GGCC-}3'$$
$$3'\text{-CCGG-}5'$$

在箭头所指处切割产生

$$5'\text{-GG}\quad\text{CC-}3'$$
$$3'\text{-CC}\quad\text{GG-}5'$$

（2）产生黏性末端

限制性内切酶交错切割 DNA 双链而形成彼此互补的单链末端，可形成氢键，称为黏性末端。

在识别序列双链 DNA 两条链的对称轴 5′侧切割产生 5′端突出的黏性末端，如 *Eco*RⅠ识别序列为：

$$5'\text{-GAATTC-}3'$$
$$3'\text{-CTTAAG-}5'$$

在箭头所指处切割产生

$$5'\text{-G}\quad\text{AATTC-}3'$$
$$3'\text{-CTTAA}\quad\text{G-}5'$$

在识别序列双链 DNA 两条链的对称轴 3′侧切割产生 3′末端突出的黏性末端，如 *Pst*Ⅰ识别序列为：

$$5'\text{-CTGCAG-}3'$$
$$3'\text{-GACGTC-}3'$$

在箭头所指处切割产生

$$5'\text{-CTGCA}\quad\text{G-}3'$$
$$3'\text{-G}\quad\text{ACGTC-}5'$$

二、DNA 甲基化酶

DNA 甲基化酶简称甲基化酶，是指能够识别 DNA 特定序列，并在其特定位置上引入甲基进行修饰的一类酶。甲基化酶与限制性内切酶具有相同的识别序列，甲基化酶使序列中的某个碱基发生甲基化，保护 DNA 不被限制性内切酶切开，因此在体外重组操作中，常用甲基化酶保护基因组 DNA 中的相应位置不被限制性内切酶切割。

三、连接酶

DNA 连接酶是指能将两段 DNA 拼接起来的酶类，这类酶能够催化双链 DNA 分子中相邻的 $3'$-羟基末端与 $5'$-磷酸基末端之间形成磷酸二酯键。在基因工程中应用最广的 DNA 连接酶为 T_4 噬菌体 DNA 连接酶，它既可以连接带有匹配黏末端的双链 DNA，又可连接两个平末端双链 DNA，但这种酶只能连接双链 DNA，不能连接单链 DNA。

T_4 噬菌体 RNA 连接酶可催化单链 RNA（或 DNA）分子的 $5'$-磷酸基末端与 $3'$-羟基末端形成共价键。

四、DNA 聚合酶

1. 大肠杆菌 DNA 聚合酶

DNA 聚合酶 I 是大约 1 000 个氨基酸的多肽链，含有一个二硫键、一个 SII 以及 Zn^{2+}。该酶有三种作用：①$5'→3'$ 的聚合作用，可修补 DNA 或切除 RNA 引物后留下的空隙；②$3'→5'$ 的外切酶活性，消除在聚合作用中掺入的错误核苷酸；③$5'→3'$ 的外切酶活性，切除受损伤的 DNA。

2. 大肠杆菌 Klenow 片段

该酶是大肠杆菌 DNA 聚合酶 I 经枯草芽孢杆菌蛋白酶或胰蛋白酶降解得到的一条多肽链，具有 $5'→3'$ 聚合酶活性和 $3'→5'$ 外切酶活性，失去了 $5'→3'$ 外切酶活性。它可用于填补 DNA 末端成为双链。

五、碱性磷酸酯酶

该酶来自大肠杆菌和牛小肠，能催化 DNA、RNA、NTP 和 dNTP 分子中去除 $5'$-磷酸基团，其作用为：①去除 DNA 两端的 $5'$-磷酸基，防止 DNA 自我环化；②同位素 ^{32}P 标记的 $5'$-OH 末端制备 DNA 或 RNA 探针时，先用该酶去除 $5'$-磷酸基，产生 $5'$-OH 末端，再进行标记。

六、T_4 多聚核苷酸激酶

该酶来源 T_4 噬菌体感染的大肠杆菌，能够催化 ATP 的 γ-磷酸基转移至 DNA 或 RNA 的 $5'$-OH 末端，主要作用是为 DNA 的 $5'$ 末端进行标记；对准备连接但缺乏 $5'$-磷酸基的 DNA 或化学合成片段的 $5'$-OH 加上磷酸基团。

七、S1 核酸酶

该酶于 1965 年从米曲霉中分离纯化得到的，能够特异降解单链 DNA 或 RNA，产生带 $5'$-磷酸基的单核苷酸或寡核苷酸。

八、逆转录酶

逆转录酶是以 RNA 为模板指导三磷酸脱氧核苷酸合成互补 DNA（cDNA）的酶，使用该酶可以获得目的基因，也可用来标记 cDNA 作为放射性分子探针。

第三节　基因工程载体

基因工程的关键是将外源基因导入受体细胞内，然后进行扩增和表达，但是外源基因必须借助某种运载工具才能导入受体细胞中，这种携带外源基因进入受体细胞的运载工具称为基因工程的载体。载体的本质是 DNA，它不仅能与外源基因连接重组并将其导入受体细胞中，而且还能够利用受体的调控系统，使外源基因得以复制和表达。理想的载体必须具备以下条件：

① 载体本身是一个复制子，具有较高的自主复制能力；

② 有多个限制性内切酶切点，每种酶的切点只有一个，这些切点在易被检出的基因上；

③ 相对分子质量小，易处理，有容易被识别的筛选标记；

④ 容易插入外源基因，能携带足够长的外源 DNA 片段，并能有效地转化到受体细胞中；

⑤ 进入受体细胞的效率高，能在受体细胞中稳定复制，有利于外源基因的表达。

一、大肠杆菌载体

1. 质粒载体

质粒是一种存在于细菌或细胞染色体外的能够独立复制的遗传物质，一般为双链共价闭合环形 DNA 分子，长度为 2～200kb。基因工程使用的质粒载体是经过人工改造过的，通常需要去除原质粒的非必要功能区，引入选择标记和适宜的限制酶单一酶切点。常见的质粒载体为 pBR332 和 pUC 质粒。

pBR332 由 4 363bp 组成，有一个复制起点（ori），一个抗氨苄青霉素基因（Amp^r）和一个抗四环素基因（Tet^r），多种限制性内切酶位点，可容纳 5kb 左右的外源 DNA，见图 2-1(a)。

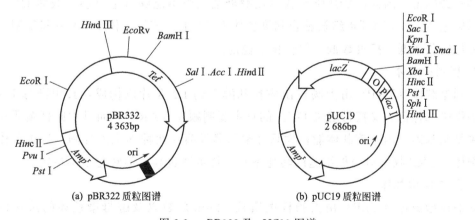

(a) pBR322 质粒图谱　　　　(b) pUC19 质粒图谱

图 2-1　pBR322 及 pUC19 图谱

pUC 质粒是由大肠杆菌 pBR 质粒与 M_{13} 噬菌体改造而成的双链环状 DNA 克隆载体。如 pUC19，长 2 686bp，带有改造后的复制起点，拷贝数高，可达 500～700 个。该质粒携带一个抗氨苄青霉素基因，一个 lacZ（大肠杆菌乳糖操纵子 β-半乳糖苷酶基因）的调节片段 lacZ'（编码 β-半乳糖苷酶基因的 α-肽链）和一个调节 LacZ' 基因表达的阻遏蛋白的基因 lacⅠ，见图 2-1(b)。

2. 噬菌体

基因工程常用的噬菌体载体有 λ 噬菌体载体、M_{13} 噬菌体载体等。

λ 噬菌体有头和尾两部分组成，是线性双链 DNA 分子，其宿主为大肠杆菌。目前，广泛使用的 λ 噬菌体载体是经过人工改造的，根据插入方式可以将 λ 噬菌体载体分为两大类：第一类是插入型载体，即非必要基因区有一种或几种限制性酶切点，能够使外源基因插入，而不损失其本身的任何基因片段的载体；第二类是置换（取代）型载体，即非必要基因区有两个或两个以上的限制性酶切点，切点间 DNA 片段可被外源基因取代。通常 λ 噬菌体载体可携带 5~20kb 的外源 DNA，重组 λDNA 可以与 λ 噬菌体的头部蛋白和尾部蛋白在适当的条件下构成具有感染力的完整噬菌体颗粒。

M_{13}、fd、fI 这三种丝状噬菌体均为环状单链 DNA 基因组，M_{13} 噬菌体 DNA 是由 6 407 个核苷酸组成，进入宿主细胞后，在宿主细胞内复制出互补的 DNA 链，形成双链环状 DNA，此时的 DNA 可以同质粒 DNA 一样进行提取和体外操作，而且无论是双链的还是单链的 M_{13} DNA 均能感染宿主细胞。

3. 柯斯质粒载体

柯斯质粒载体也称装配质粒，是人工构建的质粒载体，分子量较小，一般为 4~6kb，是含有 λDNA 的 *cos* 位点和质粒复制子的特殊类型的质粒载体，具有质粒载体和 λ 噬菌体载体的双重特性，而且具有高容量的克隆能力，柯斯质粒载体的克隆极限可达到 45kb 左右。

二、酵母载体

1. 整合型载体

整合型载体（YIP）由大肠杆菌质粒和酵母的 DNA 片段构成，其中酵母 DNA 片段只提供筛选标记，因此，YIP 质粒载体在酵母细胞中不能够自主复制，载体 DNA 与受体酵母染色体 DNA 同源重组被整合到染色体 DNA 上，随染色体 DNA 一起复制。该载体对酵母转化率低，拷贝数低，但转化子稳定。

2. 复制型载体

复制型载体（YRP）由大肠杆菌质粒和酵母的 DNA 片段构成，其中酵母 DNA 片段既提供筛选标记，又携带酵母 DNA 的自主复制顺序（ARS），而且大肠杆菌质粒也具有自主复制基因，因此该载体能在大肠杆菌和酵母菌这两种细胞内复制，这种载体属于穿梭载体。YRP 载体对酵母细胞的转化率高，拷贝数也高，但转化子不稳定。

3. 附加体型载体

附加体型载体（YEP）由大肠杆菌质粒、2μm 质粒以及酵母染色体的选择标记构成。2μm 质粒为环状双链 DNA 结构，长度为 6 813bp，含酵母体内自主复制点（*ori*）和在受体内能使质粒维持稳定的序列（STB）。YEP 载体转化率极高，拷贝数也极高，是常用的载体。

三、植物载体

植物载体包括农杆菌质粒载体、植物病毒和植物转座子等。目前在这些植物载体中，农杆菌质粒载体是应用最广泛的，如 Ti 质粒。

Ti 质粒是植物根癌农杆菌菌株中的质粒，能够诱发植物形成冠瘿瘤。该质粒为共价闭合的双链 DNA 分子，长约 185kb。当根癌农杆菌侵染植物细胞后，从 Ti 质粒上切割下来转移到植物细胞内的一段 DNA 称为 T-DNA 区，简称 T 区。T 区的 DNA 长约 20kb，能够与植物染色体 DNA 结合，具有形成肿瘤、维持肿瘤状态和产生冠瘿碱的基因。Ti 质粒中 T-DNA 以外的区域存在着对质粒的传递性、自我复制性等功能起调控作用的基因。一般根据植物冠瘿瘤中合成冠瘿碱的种类不同，可将 Ti 质粒分为三种类型：章鱼碱型、胭脂碱型和农杆碱型。

四、动物载体

感染动物的病毒可以经过改造后，用作外源 DNA 导入哺乳动物细胞的载体，其中最常用的是野生型猿猴空泡病毒 40（SV40）等改造构建而成。SV40 是一种小型 20 面体的颗粒，内含双链环状 DNA，长为 5 243bp。其对不同的动物细胞具有不同的感染力。如果 SV40 作为载体携带外源 DNA 感染猴细胞，会产生具有感染力的病毒颗粒，使宿主细胞破裂；如果 SV40 作为载体携带外源 DNA 感染啮齿动物，不会产生具有感染力的病毒颗粒，只能整合到宿主的染色体上复制。目前，用于哺乳动物细胞宿主的病毒载体还有 RNA 病毒、乳头瘤病毒、痘病毒等，基因工程中使用这些病毒载体的目的常为将目的基因导入动物细胞中表达、试验功效或作基因治疗用等。

第四节 目的基因的制备

在基因工程操作中关键是获得需要的目的基因，而目的基因通常只占整个基因组的一小部分，这给制备带来了很大的困难。目前，可以通过两种途径有效地分离出所需基因：一种是采用生物制备方法；另一种是采用化学合成法或酶法。

一、基因组文库法

基因组文库法是一种直接从基因组中筛选目的基因的方法。该方法是从生物细胞中提取出全部的染色体 DNA，用限制性内切酶对总 DNA 进行酶解，使 DNA 降解为预期大小的片段，将这些片段与载体进行体外重组，重组子再转化入受体细胞内，这样每一个细胞都接收了一个基因组 DNA 片段与载体相连的重组 DNA 分子，经过繁殖扩增，就可以筛选出含有基因组 DNA 的重组 DNA 克隆集合体，即基因组文库。如果这个文库足够大，包括了该种生物体所有的基因组 DNA，那么就是一个完整的基因组文库。采用 DNA 杂交筛选、免疫反应筛选、酶活性筛选等方法可以从这个文库中获取目的基因。

二、cDNA 文库法

cDNA 文库法多用于真核细胞基因的分离。先将真核细胞的总 RNA 提取出来，再根据真核细胞 mRNA 的 3′末端带有多聚腺嘌呤核苷酸（polyA）的原理，用含有寡聚（dT）-纤维素填充柱进行分离，将真核细胞的 mRNA 与其他的 tRNA、rRNA 等分离开；以分离出的 mRNA 为模板，用逆转录酶逆转录合成与 mRNA 互补的第一条 cDNA 链，再以 cDNA 的第一条链为模板，在逆转录酶或 DNA 聚合酶Ⅰ的 Klenow 片段作用下合成第二条 cDNA 链，最后得到由这一真核细胞的各条 mRNA 分子逆转录而来的双链 cDNA

分子。得到的双链 cDNA 分子与适当的载体相连后转化到受体细胞中，经过繁殖扩增后，就得到了以真核细胞成熟 mRNA 为模板逆转录而成的 cDNA 克隆集合，即该细胞的 cDNA 文库。具备了 cDNA 文库，就可以采用 DNA 杂交筛选和免疫反应筛选等方法获取所需的目的基因。

三、化学合成法

化学合成法是以单核苷酸为原料，在体外采用化学的方法，按照已知基因序列，先合成单链 DNA 片段，再连接成完整的目的基因。

对于分子较大的基因，可以采用基因的半合成法，先合成两条核苷酸单链片段，这两条链的末端由一系列互补的碱基构成重叠区域，在 DNA 聚合酶 I 大片段或逆转录酶等的催化作用下，以重叠区域为引物合成两条完整的互补 DNA 双链；对于分子较小的基因，可以采用基因的全合成法，就是根据双链基因合成一系列互相之间具有 4～6 个碱基重叠的核苷酸短片段，大约 40～100bp，在一定条件下形成 DNA 双链，DNA 双链上都具有缺少的 DNA 片段，利用 DNA 聚合酶 I 和 DNA 连接酶将这些缺少的片段补足并相互连接起来，得到完整的基因序列，如图 2-2 所示。化学合成法必须预先知道目的基因或其 mRNA 的一级结构即核苷酸顺序，所以很少单独使用化学合成法，但化学合成在基因工程中被广泛应用于接头、引物等的合成。

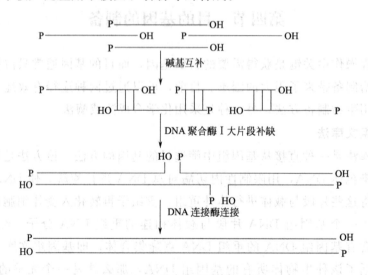

图 2-2　化学全合成法制备基因

四、聚合酶链式反应

聚合酶链式反应（polymerase chain reaction，PCR）是应用了热稳定 DNA 聚合酶（*Taq* DNA 聚合酶）的特性，寡核苷酸（引物）特异性结合到单链的目的 DNA 分子上，在 4 种脱氧核糖核苷酸存在的条件下，进行 DNA 多聚合反应，最后将所需的 DNA 片段扩增出来的过程。如果已知目的基因的部分序列，就可以利用 PCR 聚合酶链式反应很方便地从 DNA 或 cDNA 获得目的基因，不必构建复杂的 DNA 文库或 cDNA 文库。

聚合酶链式反应每个循环主要包括三个过程。①变性：加热到一定温度时，使目的

DNA 双链打开形成单链。②退火：当温度降低时，预先设计的一对引物分别与变性后的 2 条 DNA 单链互补结合。③延伸：当上升到一定的温度时，在 4 种脱氧核糖核苷三磷酸底物、Mg^{2+} 等存在下，*Taq* DNA 聚合酶以目的基因（单链 DNA）为模板，催化 DNA 链沿 $5' \rightarrow 3'$ 方向逐个加上核苷酸，与模板 DNA 上的碱基配对，合成新的 DNA 链。其后再按变性、退火、延伸三步反复循环，新合成的 DNA 在下次循环中起到模板的作用，每次循环合成的 DNA 序列就会扩增一倍，如此反复循环 30 次左右，即可扩增得到大量的目的基因，如图 2-3 所示。

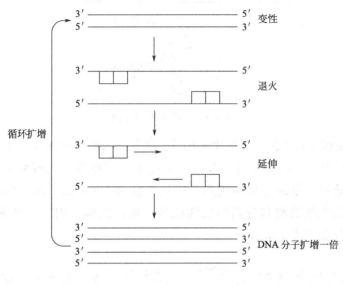

图 2-3　聚合酶链式反应的原理

第五节　基因的克隆与检测

一、基因的克隆

基因克隆是指某一基因在体外与载体相连接，然后导入到受体细胞中进行表达和增殖的过程。

（一）基因与载体的连接

外源 DNA 片段与载体 DNA 片段的连接是重组 DNA 关键技术之一。在分子克隆中常用的连接酶是 T_4 DNA 连接酶。外源 DNA 片段与载体 DNA 片段可以通过多种方法相互连接。

1. 黏性末端连接

利用限制性内切酶对外源 DNA 进行切割，形成黏性末端，再用同一种限制性内切酶切割载体 DNA 形成相同的黏性末端，这种相同的单链末端能够配对形成双链，使外源 DNA 与载体共价连接，形成重组 DNA 分子，如图 2-4 所示。

2. 平末端连接

利用某些限制性内切酶切割 DNA 后形成平末端，T_4 DNA 连接酶可将具有平末端

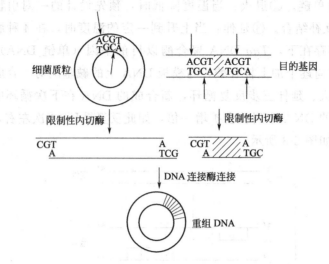

图 2-4　黏性末端的连接

的外源 DNA 片段和载体 DNA 平端片段相连。如果 DNA 具有黏性末端，可利用大肠杆菌 DNA 聚合酶大片段（klenow 片段）补齐单链末端或用外切核酸酶水解掉突出的单链末端，实现平端连接。平端连接的优点是可连接任何 DNA 的平端，但连接效率比黏性末端低很多，需要大量的酶和较高的底物浓度，聚乙二醇（PEG）可促进平末端连接。平末端的连接情况如图 2-5 所示。

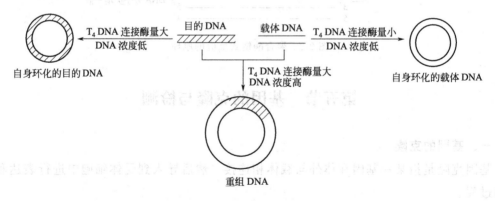

图 2-5　平末端的连接

3. 同聚物加尾连接

末端转移酶可催化 DNA 末端添加单核苷酸的反应，形成寡聚核苷酸尾巴，链的长短可以通过反应条件加以控制，如外源 DNA 末端添加寡聚 T，载体 DNA 末端添加与 T 互补的寡聚 A，两者形成互补黏性末端便可连接起来，如图 2-6 所示。

4. 人工接头连接

这个方法适合平末端 DNA 与黏性末端载体连接。接头指人工合成的一段双链寡核苷酸，含有一个或几个酶切位点。在 T₄ DNA 连接酶的催化下将人工接头与平末端 DNA 相连，再以相应的限制酶切出黏性末端，可与黏性末端载体相连接，如图 2-7 所示。

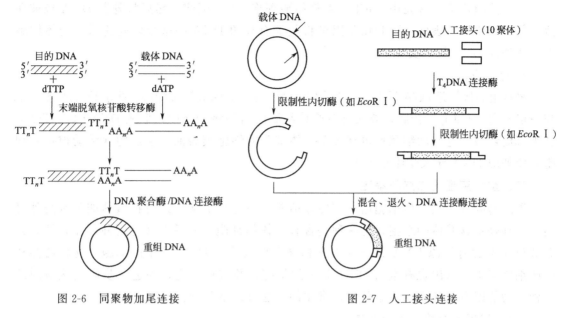

图 2-6　同聚物加尾连接　　　　　　　　　图 2-7　人工接头连接

（二）重组 DNA 导入受体细胞

目的基因与载体连接后必须导入到受体细胞中才能大量地复制、增殖和表达。受体细胞是指能接受外源基因并使其维持稳定和表达的细胞，常用的受体细胞以细菌为主，此外，还有放线菌、酵母菌和哺乳动物细胞等。重组 DNA 导入受体细胞的方法有以下几种。

1. 生物学方法

常用的生物学方法有原生质体转化法、噬菌体转导法或病毒转染法。

（1）原生质体转化法　如酵母细胞经过适当的水解酶酶解消化细胞壁处理后，将原生质体悬浮在山梨醇和氯化钙溶液中，在运载 DNA、某些多聚物和二价离子（Ca^{2+}、Mg^{2+}）存在的条件下，在原生质表面沉淀成颗粒，这些颗粒通过原生质体的内吞作用进入受体细胞中，从而使外源 DNA 导入到受体细胞中。

（2）噬菌体转导法　重组的 λ 噬菌体在体外重装成有感染力的 λ 噬菌体颗粒后，通过受体细胞表面 λ 噬菌体接受位点使重组 DNA 导入到受体细胞中。

（3）病毒转染法　首先将病毒与外源 DNA 重组并包装成完整的病毒颗粒，在适合的条件下感染细胞，使外源 DNA 导入到受体细胞中。

2. 物理学方法

基因技术中，将外源 DNA 导入到受体细胞最常见的物理方法有显微注射法、电穿孔法、基因枪法等。

（1）显微注射法　该法是一种利用非常细的玻璃管携带裸露的 DNA，在显微镜下直接将外源 DNA 注射到受体细胞中的方法。

（2）电穿孔法　将外源 DNA 与受体细胞混合放入电击仪的特殊装置中，加以高压短时脉冲电场作用，细胞膜的磷脂双分子层结构电击后会产生瞬时可自动修复的小孔，使外源 DNA 进入受体细胞中。

（3）基因枪法 首先用 $CaCl_2$、亚精氨酸等将 DNA 沉淀，然后将外源 DNA 包被在微小的金粒或钨粒表面，再利用基因枪将包被有外源 DNA 的微粒以高速射入受体细胞中，使外源 DNA 导入受体中。

3. 化学方法

最常用的将外源 DNA 导入受体细胞中的化学方法为磷酸钙沉淀法。此法是将外源 DNA 与一定浓度的 $CaCl_2$ 混合后，放入含有受体细胞的磷酸缓冲液中，形成 $DNA \cdot Ca_3(PO_4)_2$ 微细沉淀颗粒，这些微细颗粒可富集于受体细胞的细胞膜表面，通过胞饮活动被摄入细胞，使外源 DNA 导入受体细胞中。

二、重组克隆的筛选与鉴定

重组基因导入到受体细胞后，需要在培养基中进行扩增，这时扩增的细胞有两种可能：一种是不含载体的细胞；另一种是含有载体的细胞。而后者又有两种可能，即只含有载体而不含有外源 DNA 分子的细胞和含有导入重组 DNA 分子的细胞。这就需要从这些细胞当中筛选出含有重组 DNA 分子的细胞，并进行鉴定，为进一步研究该基因的结构、功能以及表达产物奠定基础。常用的方法有以下几种。

（一）利用表型特征进行筛选

1. 抗药性标志的筛选

外源 DNA 插入带有抗药性选择标记基因的载体，使载体的这种抗药性丧失，利用这一特点进行筛选。如 pBR322 载体含有 Amp^r 和 Tet^r 基因，如果在 Tet^r 基因选择一个酶切点，插入外源 DNA，就会使抗四环素基因失活。这时，含有外源 DNA 的受体细胞可以在含有氨苄青霉素的培养基上生长，而在含四环素的培养基上不能生长。同理，外源 DNA 插入 Amp^r 基因中的酶切点，受体细胞只能在含四环素的培养基上生长。不能在含氨苄青霉素的培养基上生长。这样就会很容易区别转化细胞和非转化细胞，单纯载体细胞和重组载体（含外源基因）细胞。

2. β-半乳糖苷酶系统筛选

许多噬菌体 DNA 或质粒带有一个半乳糖苷酶基因 $lacZ$，这一基因的表达产物为 β-半乳糖苷酶，在诱导物 IPTG（异丙基硫代半乳糖苷）存在下，能催化 X-gal（5-溴-4-氯-3-吲哚-β-D-半乳糖苷）形成蓝色复合物（5-溴-4-氯靛蓝）。当外源 DNA 插入后，破坏了 β-半乳糖苷酶基因 $lacZ$ 的编码序列，从而不产生半乳糖苷酶，在含有 IPTG 诱导物的培养基中就无法催化底物 X-gal 产生蓝色物质，菌落因此呈白色，而无重组子的菌落呈蓝色。

3. 利用噬菌斑的形成进行筛选

有无外源 DNA 的插入主要依靠重组 DNA 的大小和形成噬菌斑的不同来筛选。当重组 DNA 长度大于野生型 λ 噬菌体基因组 105% 或小于 78% 时，包装成的噬菌体的存活能力显著下降，因此，无法在培养基上形成清晰的噬菌斑；此外，有些载体具有免疫功能失活的插入点，当外源 DNA 插入后，使载体具有的生成活性物质的功能丧失，从而无法进入溶源期，所以有外源 DNA 插入的 λ 噬菌体能形成清晰的噬菌斑，没有外源 DNA 插入的 λ 噬菌体形成混浊噬菌斑，通过噬菌斑的形态可进行筛选。

（二）重组 DNA 电泳检测

利用有外源 DNA 基因插入的重组 DNA 分子量比单纯载体 DNA 大的特点，可直接电泳检测。

（三）内切酶图谱鉴定

分离出重组质粒或重组噬菌体 DNA，用适当的限制性内切酶进行切割鉴定。

（四）利用核酸杂交进行鉴定

将转化菌落或噬菌斑转移到硝酸纤维膜或尼龙膜上，用标记的特异性 DNA 探针与目的 DNA 通过碱基配对作用形成杂合分子，然后通过放射性同位素标记或非放射性的方法（如化学发光、显色）检测出阳性菌落。该法适合大规模生产。

（五）利用聚合酶链式反应技术鉴定

一些载体的外源 DNA 插入位点存在特殊序列，如启动子序列，利用这些特殊序列设计引物，对少量制备的 DNA 进行 PCR 反应分析。

（六）免疫沉淀检测法

免疫沉淀检测法是指转化菌落能分泌出某种蛋白质，在培养基中加入这种蛋白质的抗体，这时在菌落周围形成抗原-抗体沉淀物，从而检测阳性克隆。

（七）DNA 序列分析

利用 DNA 序列分析技术可以对目的基因序列进行鉴定。

第六节　外源基因的表达

通过 DNA 重组技术使特定的基因片段在受体细胞内大量扩增、转录、翻译为相应的多肽或蛋白质，这一过程就是外源基因的表达。外源基因在受体细胞内的表达对理论研究和实际应用都具有十分重要的意义，只有通过表达才能探索和研究基因的功能以及表达的调控机制。

一、外源基因正确表达的条件

1. 启动子

启动子是 DNA 链上一段能与 RNA 聚合酶结合并启动转录的 DNA 序列，它是基因表达不可缺少的调控序列，没有启动子基因就不能转录。启动子有强弱之分，目前应用较多的强启动子有 *lac*（乳糖启动子）、*trp*（色氨酸启动子）、β-内酰胺酶启动子等。

2. SD 序列

mRNA 在原核生物细胞中的转录有赖于是否存在能够与核糖体结合的位点，即 SD 序列。它是 AUG 上游 3～10bp 处的由 3～9 个碱基组成的一段序列，是核糖体 RNA 的识别和结合的位点，控制着转录的起始。真核生物缺乏此序列。

3. 起始密码子

起始密码子指多肽链的第一个氨基酸的密码子，与 *N*-甲酰甲硫氨酰-tRNA 结合，能启动蛋白质的合成，通常起始密码子多为 AUG。

4. 终止子

在一个基因或操纵子 3′ 末端后往往具有一段特定的核苷酸序列，有终止转录的功能，这一序列称为转录终止子。

5. 表达产物的后加工

在真核细胞中，有时会将无活性的前体蛋白进行修饰，使之成为具有生物活性的蛋白质，如真核细胞将表达的蛋白糖基化，这对某些表达蛋白的免疫原性影响很大，而大肠杆菌表达的蛋白没有糖基化。

二、外源基因在原核细胞中的表达特点

外源基因在原核细胞中的表达特点有：①原核细胞只有一种 RNA 聚合酶识别启动子，催化所有 RNA 合成；②基因表达以操纵子为单位，具有调控序列；③由于原核细胞无核膜，因此转录与翻译是偶联的，可连续进行；④原核细胞中不含有内含子，也无真核细胞转录后的加工处理系统；⑤原核细胞基因表达控制主要是在转录水平上；⑥原核细胞存在 SD 序列；⑦原核细胞以多聚核糖体的形式进行翻译，很大程度上提高了翻译效率。

三、影响外源基因在原核细胞中高效表达的因素

1. 启动子结构对表达效率的影响

1982 年 Russell 等人创建出衡量不同启动子转录效率的系统。研究发现：启动子中两段相应的序列与保守序列（−35 区，$5'$-TTGACA；−10 区，$5'$-TATAAT）越相似，表达能力越强；而且两段保守区间隔越接近 17 个碱基对，启动子功能越强。

2. 载体的选择

在基因表达的过程中载体不宜过大，大的载体不利于自我复制，并且在表达较小基因时难以进行重组 DNA 的筛选。

3. SD 序列与起始密码子之间的距离

SD 序列与起始密码子之间的距离对 mRNA 翻译成蛋白质有一定的影响，如 *lac* 启动子的 SD 序列距 AUG 为 7 个核苷酸时，表达量可达 2 581 单位，而间隔 8 个核苷酸时，表达量不足 5 单位。

4. 翻译起始相关序列对表达效率的影响

连接 SD 序列后的 4 个碱基对翻译有很大的影响，如果 4 个碱基为 A（T）时，翻译效率最高，而这 4 个碱基为 C（G）时，翻译只是最高效率的 50% 或 25%；同样，起始密码左侧的密码三联体的碱基组成对翻译也有影响，如 β-半乳糖苷酶 mRNA 的密码三联体为 UAU 或 CUU 时，其翻译效率比 UUC、UCA 或 AGG 时高 20 倍。

5. 转录终止区对外源基因表达效率的影响

克隆基因的末端存在一个强的转录终止区是十分重要的，强终止区可以使转录出的 mRNA 控制在有效的范围内，不会出现通读现象，而且还能够防止非必需序列的合成。

6. 基因拷贝数对表达效率的影响

基因拷贝数的增加能够促进 mRNA 分子的合成，而 mRNA 分子的数量增加是提高克隆基因表达效率的一个有效途径，增加基因拷贝数最简单的方法就是将基因克隆到高拷贝数的质粒载体上。

7. 翻译后的蛋白修饰与基因表达的关系

某些翻译后的蛋白产物是不具有生物活性的，需经过一定的修饰加工后才能获得具有生物活性的蛋白质。

8. 提高表达蛋白的稳定性

有些表达的外源蛋白产物不够稳定，能够被宿主的蛋白酶降解，使外源基因的表达大大降低。采用有效的措施增加表达蛋白产物的稳定性，能够有效提高外源基因的表达水平。

9. 培养条件的控制对表达效率的影响

培养条件对表达效率也有一定的影响，如 pBV220 带有强启动子和编码温度敏感型阻遏蛋白的基因，在培养温度 30～32℃ 时阻遏蛋白阻止启动子进行转录，当温度达42℃时该阻遏蛋白发生构象变化而失活，基因开始转录而表达。

四、外源基因在真核细胞中的表达特点

外源基因在真核细胞中的表达特点为：①在原核细胞中染色体的结构对基因的表达没有明显的调控作用，而在真核细胞中这种作用是明显的；②真核细胞由于有核膜存在，转录和翻译是分开进行的，RNA 在核中合成，必须穿过核膜进入细胞质内才能指导蛋白质合成；③真核细胞是一个结构基因转录生成一条 mRNA，即单顺反子，基本没有操纵子结构，受多个调控序列的共同协调表达；④真核细胞有 3 种 RNA 聚合酶，分别参与不同类型 RNA 的合成；⑤真核细胞具有对转录后的初级产物进行剪接和修饰的能力，而且能够识别和除去外源基因中的内含子，形成成熟的 mRNA；⑥真核细胞产生的 mRNA 比原核细胞的寿命要长；⑦真核细胞具有根据需要以可调控的方式重排 DNA片段和扩增特定基因的机制。

第七节　基因工程在食品工业中的应用

一、改良食品加工原料

利用基因工程技术对动植物进行改良，可获得高品质的食品原料。

（一）改良动物性食品源

利用基因工程技术可以把与动物优良品质有关的基因转入受体动物体内并得以高效表达，使受体动物获得新的性状，培养出具有优良品质的畜禽新品种。如将绵羊乳球蛋白基因（BLG）启动子和人类抗胰蛋白酶（aLAT）基因的编码序列构建基因，转入绵羊中，转基因绵羊的抗胰蛋白酶因子的产量达到 35g/L，改善了羊奶的质量。又如，采用基因工程技术生产的生长激素 BST 注射到母牛身上，能提高产奶量，提高蛋白质对脂肪的比例，产生瘦肉类型，而且个头大，饲料利用率高。

（二）改良植物性食品源

植物性食品原料的品质与食品质量有极大的关系，通过基因工程技术可有效地改良原料品质，提高产品质量。如改良植物的营养价值、改进油料作物的组成和含量、延熟果蔬保鲜等方面。

1. 改良蛋白质类食品

植物是蛋白质的主要供应源，但是各种作物的必需氨基酸组成都有缺陷，利用基因

工程技术可以改善这一缺点。如马铃薯只含有少量的赖氨酸、色氨酸、甲硫氨酸和半胱氨酸，为了改善马铃薯的营养价值，将千穗谷的一个非过敏性球蛋白基因（AMA）转移到马铃薯中表达，结果马铃薯块茎中必需氨基酸有所增加。

2. 改良油脂类食品

利用基因工程的方法可以很方便地改善油料作物的油脂组成和含量，以使其更加适合食用或加工的需要。如通过导入硬脂酸-ACP 脱氢酶的反义基因，可以使转基因油菜籽中硬脂酸的含量从 2% 增加到 40%。

3. 延熟保鲜

通过基因工程技术，可以改变果实的成熟途径。例如，乙烯是果蔬的促熟剂，诱导果蔬成熟和衰老过程中多个基因表达，在果蔬体内乙烯合成的前体是氨基环丙羧酸（ACC），可以将 ACC 合成酶或乙烯合成酶的反义 RNA 植入受体果蔬中，起到保鲜延熟的目的。

此外，基因工程还广泛运用到改良植物性食品源的各个方面，如增加果实的甜度、提高果实的可溶性固形物含量、增加作物器官组织微量元素的含量、培养出抗逆性作物新品种等。

二、改良微生物菌种性能

利用基因工程技术对食品微生物进行改造而成的基因工程菌，可有效地改良食品品质，现已在生产多种添加剂的菌种上使用，如生产氨基酸、维生素、有机酸、乳化剂、增稠剂等菌株。

面包酵母是最早利用基因工程技术改造的食品微生物，为了改善面包的烘烤品质，将麦芽糖透性酶和麦芽糖酶的高效表达基因转移入面包酵母内，以提高面包酵母体内这两种酶的含量和活性，使面包中产生更多的 CO_2，形成膨发性能良好、松软可口的面包。

日本科学家将产香气能力强的遗传因子导入到酵母体内，培育出的新酵母用于制葡萄酒及一些果酒，可提高乙酸异戊酯等 7 种香气含量，使酒香更浓郁。

目前，科学工作者日益关注特殊环境中微生物的生理特征，希望利用基因工程技术将特殊环境微生物的特性基因导入常用菌中，使后者具有特殊的生理功能，这一研究已获得阶段性成果。如将南极海洋中的耐冷型莫拉氏菌 TA144 的脂酶基因导入嗜温性大肠杆菌体内，使大肠杆菌具有脂解的能力。

三、应用于食品酶制剂的生产

凝乳酶是制造干酪过程中起凝乳作用的关键性酶，对干酪的质地及特有风味的形成有非常重要的作用。凝乳酶的传统来源是从小牛皱胃中提取，原料来源非常有限。为了解决这一矛盾，20 世纪 80 年代以来美、英、日等国相继开展了凝乳酶基因工程的研究，1981 年 N. Shimori 等人首次用 DNA 重组技术将小牛凝乳酶原基因克隆到大肠杆菌中并获得成功表达；随后研究人员对酶基因构建及其表达方式进行了更加深入的研究，Geoffrog 等人将编码牛凝乳酶的基因在乳酸克鲁维酵母中成功表达，并已经进行了大规模生产。

α-淀粉酶是商品化生产最早，应用范围最广，用量最大的酶类之一，广泛应用于粮食加工、食品工业、酿造、发酵、纺织品工业和医药工业。采用基因工程技术对该酶的生产菌种进行改良，如 Henahan 分离纯化地衣芽孢杆菌的高产 α-淀粉酶基因，利用质粒转移到枯草杆菌 α-淀粉酶的突变株上，经培养筛选后，再将枯草杆菌的重组体基因引入生产菌株，与原始重组株相比 α-淀粉酶的产量提高 7～10 倍，并广泛应用到食品和酿酒工业中。

糖化酶在工业生产中占有极重要的地位，广泛应用于制糖、酿酒、医药、化工等方面。采用基因工程技术对糖化酶高产菌株进行改良，如从 A. niger 糖化酶高产菌株中克隆出糖化酶 cDNA，克隆到酵母质粒 YFD18 上，再将重组子转化到酿酒酵母中，获得了能有效分泌糖化酶的酿酒酵母工程菌。此菌可直接用于大规模淀粉发酵生产酒精。

超氧化物歧化酶（SOD）能促使超氧自由基分解，从而消除其对人体的损害，并在一定程度上具有防止肿瘤、抗衰老、提高机体免疫力的作用，因此常被用于某些急性炎症、自身免疫性疾病、营养缺乏、肿瘤等的辅助治疗。近年来，利用基因工程手段改良产酶菌株，同样被广泛应用于超氧化物歧化酶的生产。如：Hallewell 等分离了人的 Cu-Zn-SOD 的 cDNA，并进行了分子重组，利用 tacl 启动子使其在大肠杆菌中高效表达；我国学者在这方面的研究也取得了一定的进展，首次从丝状蓝藻中获得这一酶的基因，克隆并转化到大肠杆菌中得到大量表达。

四、改良食品加工工艺

利用基因工程技术将霉菌的淀粉酶基因转入大肠杆菌，并将此基因进一步转入酵母细胞中，使之直接利用淀粉生产酒精，省去了高压蒸煮工序，可节约 60% 能源，缩短了生产周期，降低了生产成本。

多聚糖对葡萄汁、葡萄酒的澄清产生不利的影响，异源性的或同源性的基因被表达可使酶能够将果胶质、葡聚糖及半纤维素降解掉，研究表明，在啤酒酵母菌株中表达 PGU1 基因，能使葡糖酒的过滤时间显著减少。

五、应用实例——利用基因工程生产索马甜

植物甜蛋白是存在于某些植物体内具有高甜度的天然蛋白，它们是索马甜（thaumatin）、莫奈林（monellin）、仙茅蛋白（curculin）、马槟榔蛋白（mabinlin）、培它丁蛋白（pentadin）、奇果蛋白（miraculin）等，见表 2-1。甜蛋白与碳水化合物的糖类相比，有其独特之处：①甜度高，甜蛋白能和味觉受体进行特异结合，具有很高的甜度，其甜味是蔗糖的几百倍甚至几千倍；②热量低，1g 蔗糖产能量 16.7kJ，而同样甜度的蛋白几

表 2-1　甜蛋白种类及某些性质

蛋白名称	产地	来源	分子量/kD	氨基酸数目	肽链结构	相对甜度（蔗糖＝1）
索马甜（thaumatin）	西非	Thaumatococcus daniellii（Benth）	22.2	207	单链	3 000
莫奈林（monellin）	西非	Diosoreophyllum cumminsii	10.7	44（A 链）50（B 链）	双链	3 000
仙茅蛋白（curculin）	马来西亚	Curculingo Latifolia malaysia	24.9	114	单链	550
马槟榔蛋白（mabinlin）	中国	Capparis masakailevl	12.4	33（A 链）72（B 链）	双链	100
培它丁蛋白（pentadin）	西非	Pentadiplandra Brazzena baillon	12.0	—	—	500
奇果蛋白（miraculin）	西非	Richadella dulcifica	98.4	191	单链	遇酸变甜

乎没有能量，既满足了甜味的生理需要又不必担心导致肥胖；③增进食品的风味，作为食品或饮料的添加剂，它们可以改善原有产品的酸味、苦涩味，增加芳香味。

甜蛋白最初是由植物提取得到的，受到季节、产地等多方面的约束。利用基因工程生产甜蛋白，可以有效地改变这一情况，目前这方面的研究相当活跃，并取得了显著成果。

（一）索马甜研究概况

索马甜（thaumatin）是从西非热带植物 *Thaumatococcus daniellii*（Benth）果实的假种皮中分离得到的无臭的白色粉末，极易溶于水，在含水有机溶剂中的溶解性也很好，不溶于丙酮、乙醚、甲苯和醋酸甘油三酯。它的甜度是蔗糖的 3 000 倍。索马甜对温度和酸度都具有良好的稳定性，pH 小于 5.5 时，在 100℃加热数小时其甜度也不减弱；pH 升高，索马甜的稳定性减少。天然索马甜至少有五种活性形式：Ⅰ、Ⅱ、a、b、c，它们之间仅有几个氨基酸的差异。索马甜具有在低浓度下可使风味增强、改善口感、天然无毒等特点，故可广泛应用于饮料、冰淇淋、雪糕、果酱、糖果、调味品、乳制品、速溶咖啡和茶及口香糖中。

（二）利用基因工程法生产索马甜

1. 索马甜基因的合成

要使啤酒酵母高效表达索马甜，首先要合成索马甜基因，根据索马甜基因的空间构象，设计合适的基因合成路线；然后采用酵母偏爱密码子合成索马甜基因，并在索马甜基因的序列中导入多个限制性酶切点，以便对 DNA 序列进行操作，然后以重组 PCR 合成完整的索马甜基因。

2. 质粒构建

新合成的索马甜基因经琼脂糖电泳分离纯化后，在 5′端加上 3-磷酸甘油激酶（PGK）启动子，在 3′端加上 PGK 终止子作为转录终止和多聚腺苷酸信号，采用限制性内切酶分别对新合成的索马甜基因和表达质粒进行切割，以 T_4 DNA 连接酶连接切割后的片段，构成重组表达质粒，将重组表达质粒转移至感受态酵母细胞中。

3. 诱导表达条件的优化

以阳性转化子为对象，研究诱导前生物量、装液量、诱导温度、诱导时间等条件对索马甜基因表达的影响，摸索实现高效表达的最佳条件。

4. 酵母索马甜的提纯

细胞经处理后，可以进行 SDS-聚丙烯酰胺凝胶电泳、离子交换层析以及凝胶过滤等方法除去少量杂蛋白，对索马甜进行纯化。

5. 甜度测定

称取 10mg 纯化后的索马甜，溶于 100ml 去离子水中，配成 0.1g/L 的溶液，并稀释成不同浓度梯度，分别取 1ml 不同浓度的索马甜溶液与同体积 20g/L 的蔗糖溶液品尝比较甜度，通过计算得出索马甜的甜度相对于蔗糖的倍数。

（三）利用基因工程对索马甜进行改性

植物索马甜具有甜度高、持久性长的特点，这对索马甜在食品方面的应用是非常有益的，但对某些产品而言长久的甜味可能是不希望有的，因此其使用范围也受到了一定的限制，通过基因工程技术改变索马甜的氨基酸组成和序列，可以有效地解决这一问题，既保持了索马甜的甜味，又缩短了甜味持续的时间，同时还可以赋予索马甜新的功能。

通过对索马甜生产菌株进行诱变筛选，或插入合成的基因替换索马甜的 DNA 序列得到突变基因。将突变基因与载体相连接构成重组 DNA，将重组 DNA 导入到酵母中，使其分泌索马甜，大多数重组 DNA 能使酵母分泌变异索马甜。经甜度检测分析，证明其中一部分变异索马甜具有很高的甜度，而且与植物索马甜相比，变异索马甜与蔗糖的持续时间更接近，同时在其他功能方面也有比较好的改善效果，这表明经基因工程改造后，可以得到不同特性的索马甜类似物。

本章小结

20 世纪 70 年代诞生的基因工程技术，在短短的几十年间已得到了迅速的发展，它可以实现基因在不同生物之间转移，使生物获得前所未有的新性状或培育出生物新品种，在农业、工业、医学、食品、环境保护等领域有着广泛的应用和深入的研究。

酶是基因工程操作中不可或缺的工具，这些酶种类繁多，特点各异，而且对基因的作用方式也不尽相同，具有对基因进行切割、连接、聚合、甲基化和基团转移等作用。

基因载体可以携带外源基因进入宿主细胞进行复制和表达。根据作用的宿主不同，可将载体分为用于原核细胞的载体、用于真核细胞的载体、用于植物细胞的载体和用于动物细胞的载体。

目的基因的获取是基因工程操作中的关键之一。通常，首先生成基因组文库，然后从基因组文库中筛选而得。如果目的基因的序列以及它的调控等信息研究得清楚，即可以直接通过 PCR 或 cDNA 文库获取。化学合成法很少单独使用，但被广泛应用在合成接头、引物等方面。

基因克隆是指某一基因在体外与载体相连接后，导入到受体细胞当中进行表达和增殖的过程。目的基因与载体的连接有不同的方法，一般为平末端连接和黏性末端连接。在体外构建好的重组子要进一步导入到受体细胞中进行增殖和表达，重组子导入受体细胞的方法有生物学方法、物理方法及化学方法。外源 DNA 转化之后，还需要将重组体细胞筛选出来。

外源基因在受体细胞中的表达，就是外源 DNA 在宿主细胞中的转录和翻译，基因表达的过程是多层次的，受多方面的调控。外源基因要得到正确的表达必须要提供一定的条件，并且它在原核细胞中与在真核细胞中的表达所需要的条件和表达的特点有所不同。

基因工程的发展与应用极大地推进了食品工业的发展。在改良食品加工原料、改良微生物菌种性能、应用于食品酶制剂的生产、改良食品加工工艺等方面都有实际的应用。在利用基因工程技术生产甜蛋白索马甜的例子中，讨论了利用基因对索马甜的生产，包括基因的设计与合成、构建表达载体、表达载体的转化、转化子验证、表达蛋白的检测以及表达蛋白活性测定等步骤。

思 考 题

1. 简述基因工程的含义。
2. DNA 重组技术的一般步骤有哪些？
3. II 类限制性内切酶的基本特性是什么？

4. 什么是目的基因？目的基因的制备有哪些方法？各种方法的适用条件是什么？

5. 基因在体外与载体相连接的方法有哪些？

6. 常见的将重组 DNA 分子导入受体细胞的方法有哪些？

7. 重组克隆的筛选与鉴定有哪些方法？

8. 外源基因在原核细胞中与真核细胞中的表达特点有哪些不同？

9. 查阅资料，综述一种基因工程菌在食品工业中的应用。

第三章　酶工程及其在食品工业中的应用

学习目标

1. 了解酶工程的发展历史、酶的基本概念以及酶的活力测定。
2. 掌握酶的发酵生产过程及其在食品工业中的应用。

第一节　酶工程的概述

一、酶工程的发展历史

酶的生产和应用的技术过程称为酶工程，其主要任务是通过预先设计，经人工操作而获得大量所需的酶，并创造各种条件使酶发挥最有效的催化功能。随着对酶的深入研究、酶提取分离技术的不断出现，酶已广泛应用在各个领域中，利用酶制剂改进生产工艺，提高产品的质量和产率，降低生产成本。

人们对酶的认识经历了一个不断发展、逐步深入的过程。1808 年，胰蛋白酶被用来软化皮革；1917 年，法国人用淀粉酶作纺织工业上的退浆剂；1949 年，日本人采用深层培养法生产淀粉酶。1953 年，德国的格鲁布霍费（Grubhofer）和施莱斯（Schleith）首先将聚氨基苯乙烯树脂重氮化，然后将淀粉酶、胃蛋白酶、羧肽酶和核糖核酸酶等与上述载体结合，制成固定化酶。酶的固定化可解决酶制剂的稳定性和重复使用的问题，是酶工程发展的里程碑。1969 年，日本人首次在工业上应用固定化氨基酰化酶拆分法生产 L-氨基酸；1973 年，日本成功地利用固定化大肠杆菌菌体（死细胞）中的天冬氨酸酶，以反丁烯二酸为底物连续生产 L-天冬氨酸。迄今为止，酶工程应用范围已遍及工业、农业、医药卫生行业、环保、能源开发和生命科学等各个方面。特别是近 20 年来，由于蛋白质工程、基因工程和计算机信息技术等新兴高科技的发展，使酶工程技术得到了迅速发展和应用，各种新成果、新技术、新发明不断涌现。

二、酶的基本概念、分类与命名

1. 酶基本概念

酶是生物催化剂，它与非生物催化剂相比有以下的特性：①催化效率高，酶催化反应速度是相应的无催化反应的 $10^8 \sim 10^{20}$ 倍，比非酶催化反应速度高几个数量级；②专一性高，酶对反应的底物都有极高的专一性，几乎没有副反应发生；③反应条件温和，在常温、常压以及中性的 pH 环境下进行催化反应；④活性可调节，酶的活性通过别构调节、酶的共价修饰、酶的合成与降解等来调节；⑤酶的催化活性离不开辅酶、辅基以及金属离子的作用。

2. 酶的分类

1961 年国际生物化学联合会酶学委员会提出酶的分类与命名的原则，将酶分成 6

类，如表 3-1 所示。

表 3-1 酶的分类

分类	名称	催化类型	反应式	实例
1	氧化还原酶	质子、电子的转移	$A^- + B \longrightarrow A + B^-$	醇脱氢酶
2	转移酶	转移功能基团	$A—B + C \longrightarrow A + B—C$	己糖激酶
3	水解酶	水解反应	$A—B + H_2O \longrightarrow A—H + B—OH$	胰蛋白酶
4	裂合酶	键的断裂，通常形成双键	$A—B \longrightarrow A =\!\!= B + X—Y$（X、Y 在 A、B 下）	丙酮酸脱羧酶
5	异构酶	分子内基团的转移	$A—B \longrightarrow A—B$（X Y → X Y）	顺丁烯二酸异构酶
6	连接酶或合成酶	键形成与 ATP 水解偶联	$A + B \longrightarrow A—B$	丙酮酸羧化酶

(1) 氧化还原酶 在体内参与产能、解毒和某些生理活性物质的合成，包括各种脱氢酶、氧化酶、过氧化物酶、氧合酶、细胞色素氧化酶等。

(2) 转移酶 在体内将某基团从一个化合物转移到另一化合物，参与核酸、蛋白质、糖及脂肪的代谢与合成的酶。

(3) 水解酶 在体内外起降解作用的酶类，水解酶一般不需辅酶。

(4) 裂合酶 脱去底物上某一基团而形成双键，或可在双键处加成某一基团的酶。

(5) 异构酶 催化分子异构化的酶类。

(6) 连接酶或合成酶 这类酶关系很多生命物质的合成，其特点是需要三磷酸腺苷等高能磷酸酯作为结合能源，有的还需金属离子辅助因子。分别形成 C—O 键（与蛋白质合成有关）、C—S 键（与脂肪酸合成有关）、C—C 键和磷酸酯键。

3. 酶的命名

酶的命名有习惯用名和系统命名。

(1) 习惯用名 许多酶是由底物名称加上后缀"—ase"命名。如脲酶（urease）是催化尿素（urea）水解的酶；果糖-1,6-二磷酸酶（fructose-1,6-diphosphatase）是水解果糖-1,6-二磷酸的酶。

(2) 系统命名法 要写出酶作用的所有底物、酶作用的基团及催化反应的类型等详细情况。如在胰蛋白酶（EC 3.4.21.4）中，第一个数字"3"表示它是水解酶；第二个数字"4"表示它是蛋白酶水解肽键；第三个数字"21"表示它是丝氨酸蛋白酶，在活性部位上有一个至关重要的丝氨酸残基；第四个数字"4"表示它是这一类型中被指认的第四个酶。

三、酶的活力测定

1. 酶活力与酶促反应速度

酶活力是指在一定条件下，酶催化某一反应的反应速度。酶促反应速度是指单位时间、单位体积中底物的减少量或产物的增加量。

2. 酶的活力单位（U）

在国际上，酶的活力单位定义为在最适反应条件下，每分钟催化 $1\mu mol$ 底物转化为产物所需的酶量，称一个国际单位（IU）。另一个酶的活力定义为在最适反应条件下，每秒钟催化 1mol 底物转化为产物所需的酶量，称 Kat 单位。

$$1Kat＝6×10^7IU$$

定义中的最适条件是指最适温度、最适 pH、最适缓冲液离子强度以及最适底物浓度。

3．酶的比活力

酶的比活力是指酶蛋白所具有的酶活力，单位为 U/mg 蛋白质，酶的比活力是分析酶的含量与纯度的重要指标。

4．酶活力的测定方法

酶活力的测定方法主要有分光光度法、荧光法、同位素法和电化学法。

四、微生物发酵产酶

（一）产酶细胞的要求

利用细胞（包括微生物细胞、植物细胞和动物细胞）的生命活动生产酶的过程称为酶的发酵生产。优良的产酶细胞应具备以下的条件。

（1）酶的产量高 高产细胞可以通过诱变筛选野生菌株或采用基因工程、细胞工程等技术构建工程菌而获得。对于野生菌株，可以通过含酶菌种的收集、富集培养、分离纯化、条件优化等操作获得。

（2）容易培养和管理 产酶细胞容易生长繁殖，适应性较强，易于控制，便于管理。

（3）产酶稳定性好 在通常的生产条件下，能够稳定地用于生产，不易退化；一旦发生退化，可以经过复壮处理恢复产酶能力。

（4）利于酶的分离纯化 发酵完成后，要求产酶细胞本身及其他杂质易于和酶分离。

（5）安全可靠 细胞及其代谢物安全无毒，不会影响生产人员和环境，不会对酶的应用造成不良的影响。

（二）酶发酵生产常用的微生物

微生物细胞产酶种类多、繁殖快、容易培养、产酶量大，符合上述产酶细胞的要求，是主要的产酶细胞。目前，常用的产酶微生物如下。

（1）枯草芽孢杆菌 用于生产淀粉酶、蛋白酶等胞外酶。如枯草芽孢杆菌 BF7658 是国内生产淀粉酶的主要菌株，枯草芽孢杆菌 S1.39B 用于生产中性蛋白酶和碱性磷酸酶。

（2）大肠杆菌 大肠杆菌可生产多种胞内酶。如天冬氨酸酶、半乳糖苷酶、限制性核酸内切酶、DNA 聚合酶、DNA 连接酶和核酸外切酶等。

（3）黑曲霉 黑曲霉可用于生产多种酶，有胞外酶也有胞内酶。如糖化酶、淀粉酶、酸性蛋白酶、果胶酶、葡萄糖氧化酶、过氧化氢酶、核糖核酸酶、脂肪酶、纤维素酶等。

（4）米曲霉 米曲霉可用于生产糖化酶和蛋白酶、氨基酰化酶和磷酸二酯酶等。

（5）青霉 产黄青霉用于生产葡萄糖氧化酶、苯氧甲基青霉素酰化酶、果胶酶、纤维素酶。桔青霉用于生产磷酸二酯酶、脂肪酶、葡萄糖氧化酶、凝乳蛋白酶、核酸酶 S1 等。

（6）木霉　生产纤维素酶的重要菌株。木霉产生的纤维素酶有 C_1 酶、C_x 酶和纤维二糖酶等；还含有较强的 17α-羟化酶，常用于甾体转化。

（7）根霉　用于生产糖化酶、淀粉酶、转化酶、酸性蛋白酶、核酸酶、脂肪酶、果胶酶、纤维素酶、半纤维素酶等。

（8）毛霉　用于生产蛋白酶、糖化酶、淀粉酶、脂肪酶、果胶酶、凝乳酶等。

（9）链霉菌　链霉菌是一种放线菌，是生产葡萄糖异构酶的主要菌株，还用于生产青霉素酰化酶、纤维素酶、碱性蛋白酶、中性蛋白酶、几丁质酶等。

（10）啤酒酵母　用于转化酶、丙酮酸脱羧酶、醇脱氢酶等的生产。

（11）假丝酵母　用于生产脂肪酶、尿酸酶、尿囊素酶、醇脱氢酶。假丝酵母具有烷烃代谢的酶系，可用于石油发酵，具有较强的 17α-羟化酶。

（三）提高酶产量的措施

在酶的发酵生产中，为了提高酶产量，应选育优良的产酶细胞，优化生产工艺，并采用有效措施，如添加诱导物、表面活性剂或其他促进剂等。

1. 添加诱导物

发酵培养基中添加适当的诱导物，可使诱导酶的合成大量提高。不同的酶有各自不同的诱导物。

2. 控制阻遏物浓度

酶的阻遏作用有产物阻遏和分解代谢物阻遏（容易利用的碳源）两种。

（1）产物阻遏作用　如枯草杆菌碱性磷酸酶受其反应产物无机磷酸的阻遏：当培养基中无机磷含量在 $1.0\mu mol/mL$ 以上时，该酶的合成完全受阻遏。为提高碱性磷酸酶的产量，必须限制培养基中无机磷的含量。

（2）分解代谢物阻遏作用　在培养基中有葡萄糖时，即使有半乳糖苷诱导物存在，半乳糖苷酶受葡萄糖分解代谢物阻遏而无法产生。

减少或解除分解代谢物阻遏作用的方法有控制葡萄糖等容易利用的碳源的浓度；采用其他较难利用的碳源（如淀粉等）；采用补料，即分次添加碳源的方法；在分解代谢物存在的情况下，加一定量的 cAMP，可以解除分解代谢物阻遏作用。

3. 添加表面活性剂

表面活性剂可分为离子型和非离子型两大类。前者又有阳离子型、阴离子型和两性离子型。离子型表面活性剂有些对细胞有毒害作用，不能用于发酵生产；非离子型表面活性剂，如吐温（Tween）、特里顿（Triton）等，可积聚在细胞膜上，增加细胞的通透性，有利于酶的分泌，所以可增加酶的产量；还有利于提高某些酶的稳定性和催化能力。例如，在霉菌发酵生产纤维素酶的培养基中，添加 1% 的吐温，可使产量提高 1~20 倍。

4. 添加产酶促进剂

产酶促进剂是指可以促进产酶量，但作用机制并未阐明清楚的物质。植酸钙可提高霉菌蛋白酶和桔青霉磷酸二酯酶的产量 1～20 倍。聚乙烯醇（Polyvinyl alcohol）可提高糖化酶的产量。

五、酶的提取与分离纯化

酶的提取是指在一定条件下，用适当的溶剂处理含酶原料，使酶充分溶解到溶剂中的过程。酶的提取时首先应根据酶结构和溶解性质，选择适当的溶剂。选择溶剂的原则是：①尽可能多地溶解目标酶蛋白；②防止蛋白酶的变性失活，采用经预冷处理的溶剂；③采用缓冲液，保持 pH 的稳定。

（一）酶提取的主要方法

酶的提取方法主要有盐溶液提取、酸溶液提取、碱溶液提取和有机溶剂提取等。

1. 盐溶液提取

大多数酶溶于水，在一定的盐浓度条件下，酶的溶解度增加；但盐的浓度太高，则酶溶解度反而降低，出现酶沉淀析出。因此，一般采用稀盐溶液进行酶的提取，盐浓度一般控制在 0.02～0.5mol/L 的范围内。例如，固体发酵生产的麸曲中的淀粉酶、糖化酶、蛋白酶等胞外酶，用 0.15mol/L 的 NaCl 溶液或 0.02～0.05mol/L 的磷酸缓冲液提取；酵母醇脱氢酶用 0.5～0.6mol/L 的磷酸氢二钠溶液提取；6-磷酸葡萄糖脱氢酶用 0.1mol/L 的碳酸钠提取；枯草杆菌碱性磷酸酶用 0.1mol/L 的氯化镁提取等。

2. 酸溶液提取

有些酶在酸性条件下溶解度较大，且稳定性较好，适宜用酸液提取。例如从胰脏中提取胰蛋白酶和胰凝乳蛋白酶用 0.12mol/L 的硫酸溶液进行提取。

3. 碱溶液提取

有些酶在碱性条件下溶解度较大且稳定性较好，应采用碱溶液提取。例如，细菌 L-天冬酰胺酶的提取是将含酶菌体悬浮在 pH11～12.5 的碱溶液中。

4. 有机溶剂提取

有些与脂质结合比较牢固或分子中含非极性基团较多的酶，不溶或难溶于水、稀酸、稀碱和稀盐溶液中，需用有机溶剂提取。常用的有机溶剂是与水能够混溶的乙醇、丙酮和丁醇等。其中丁醇对脂蛋白的解离能力较强，提取效果较好，已成功地用于琥珀酸脱氢酶、细胞色素氧化酶、胆碱酯酶等的提取。

（二）酶提取过程的注意事项

在酶的提取过程中，为了提高酶的提取率并防止酶变性失活，必须注意到以下几点。

1. 温度

为了防止酶的变性失活，提取时温度不宜高。特别是采用有机溶剂提取时，温度应控制在 -4℃。有些酶对温度的耐受性较高，如酵母醇脱氢酶、细菌碱性磷酸酶、胃蛋白酶，可在室温下提取。

2. pH

提取时溶液的 pH 应该远离酶的等电点，可增加酶的溶解度。除了酸溶液提取或碱溶液提取，提取时溶液的 pH 不宜过高或过低，以防止酶的变性失活。

3. 提取液的体积

提取液的用量增加，可提高提取率，但是过量的提取液，使酶浓度降低，对进一步的分离纯化不利，故提取液的用量一般为含酶原料体积的 3～5 倍，可一次提取。

4. 添加保护剂

在酶提取过程中，为了提高酶的稳定性，防止酶变性失活，可以加入适量的酶作用底物或其辅酶，或加入某些抗氧化剂等保护剂。

（三）酶的分离纯化的一般原则

酶的分离纯化就是将酶从细胞或培养基中提取出来，获得与使用目的相适应的有一定纯度和浓度的酶产品的过程。理想的提取和分离纯化方法是在提高酶的比活力的同时，要求酶回收率高，提取步骤少、工艺简单，成本低。

在分离纯化过程中应主要考虑的方面是：酶产品的质量要求、纯度级别；提取过程的设计应尽可能防止酶的损失；提取方法的经济性；剂型（液体浓缩酶、粉状酶、精制酶、结晶酶等）的选择。

酶的分离纯化应遵循的一般原则如下。

1. 原料

来源广泛，成本低廉；目标酶含量高、活力强；可溶性和稳定性好。

2. 注意防止酶的变性和失活

细胞破碎后，目标酶和溶酶体中水解酶等会混合在一起，变性的机会大大增加。因此，破碎细胞的条件要尽可能温和，尽早、尽可能多地去除各种杂质等；设法避免过酸、过碱、重金属离子、变性剂、去污剂、高温、剧烈震动等不利因素；加入蛋白水解酶的抑制剂。

3. 建立适宜的检测手段

建立灵敏、特异、精确的检测手段是评估目标酶蛋白的产量、活性、纯度的前提。

4. 纯化策略的选择

充分利用目标酶蛋白的特点，如溶菌酶热稳定性好，可在高温下处理，使杂蛋白变性；如目标酶蛋白的性质并不特异，通常先运用非特异、快速、低分辨的方法，如硫酸铵沉淀、超滤和吸附等操作尽快缩小样品体积，提高目标酶蛋白的浓度，实现粗分离；随后可利用具有高选择性的凝胶过滤、离子交换、色谱聚焦、疏水作用、亲和分离等操作进行精分离。

5. 细胞破碎

为了分离提取胞内酶，应先收集细胞并破碎。细胞破碎的方法有机械破碎法、物理破碎法、化学破碎法和酶学破碎法等。实际使用时可根据具体情况选用一种方法进行破碎，有时也可两种或两种以上方法联合使用，以达到细胞破碎的目的。

六、酶与细胞固定化

随着酶学研究的不断深入和酶工程的发展，工业化生产的酶越来越多，酶的应用也越来越广泛。酶在食品工业、轻工业、医药工业、化工工业、分析检测、环境保护和科学研究等方面的应用已取得了很大的发展。但是，在实际使用酶的过程中，酶也存在一些缺点：①酶的稳定性较差，在温度、pH 和无机离子等一些外界条件的影响下，酶容易变性失活；②酶难以反复使用，在酶反应结束后，即使酶仍有较高的活力，也很难回收利用；③酶难分离，酶反应体系为混合物，这给分离纯化会带来很大的困难。

酶的固定化技术的应用就是针对酶的上述缺点而设计的，具有以下一些特点：①酶的固定化是指把酶固定在不溶于水的大分子上，酶可在一定的空间范围内进行催化反应；②固定化酶既保留了其催化特性，又克服了游离酶的稳定性差的缺点；③固定化酶具有可反复或连续使用及易于与反应产物分开的优点。

固定化酶的研究从 20 世纪 50 年代开始，从酶的固定化发展到细胞的固定化，而后者又从死细胞发展到活细胞，从微生物细胞发展到植物和动物细胞。

七、酶的分子修饰

人为通过各种方法使酶的分子结构发生某些改变，从而改变酶的某些特性和功能的过程，称为酶的分子修饰。酶具有完整的化学结构和空间结构，酶的结构决定了酶的性质和功能，酶的结构如果发生了某些精细的改变，就有可能使酶的某些特性和功能随着改变。

在酶的分子结构中，起着稳定蛋白酶三维结构的作用力主要有：①强相互作用的共价键，包括肽键和二硫键；②弱相互作用的非共价键或次级键，包括盐键（离子键）；氢键；疏水作用；③范德华力。

酶分子修饰的方法主要有金属离子置换修饰、大分子结合修饰、肽链有限水解修饰、酶蛋白侧链基团修饰、氨基酸置换修饰以及物理修饰等。通过基因定位（点）突变技术，可把酶分子修饰后的信息贮存在 DNA 之中，经过基因克隆和表达，就可通过生物合成方法获得具有新特性和功能的酶，使酶分子修饰展现出更广阔的前景。

八、酶反应器

酶进行催化反应时，必须在一定的反应容器中进行，以便控制酶催化反应的各种条件和催化反应速度。用于酶进行催化反应的容器及其附属设备称为酶反应器。

酶反应器是用于完成酶促反应的核心装置，它为酶催化反应提供合适的场所和最适宜的反应条件，以便在酶的催化下，使底物最大限度地转化成产物。酶反应器是酶催化反应过程的中心环节，是连接原料和产物的桥梁。

1. 常见的酶反应器的类型和特点

酶反应器按结构区分可分为搅拌罐式反应器（stirred tank reactor，STR）、鼓泡式反应器（bubble column reactor，BCR）、填充床式反应器（packed column reactor，PCR）、流化床式反应器（fluidized bed reactor，FBR）和膜式反应器（membrane reactor，MR）。

酶反应器的酶反应可分为分批式反应（batch）、连续式反应（continuous）和流加分批式反应（feeding batch）。

酶反应器按混合形式可分为连续搅拌罐反应器（continuous stirred tank reactor，CSTR）和分批搅拌罐反应器（batch stirred rank reactor，BSTR）。

各种酶反应器的比较见表 3-2。

表 3-2　各种酶反应器的比较

反应器类型	适用的操作方式	适用的酶	特　　点
搅拌罐式反应器	分批式 流加分批式 连续式	游离酶 固定化酶	反应比较完全,反应条件容易调节控制
填充床式反应器	连续式	固定化酶	密度大,可以提高酶催化反应的速度。在工业生产中普遍使用
流化床式反应器	分批式 流加分批式 连续式	固定化酶	流化床反应器具有混合均匀,传质和传热效果好,温度和 pH 的调节控制比较容易,不易堵塞,对黏度较大反应液也可进行催化反应

2. 酶反应器的选择和使用

在选择酶反应器时,可以综合考虑酶的形式(游离/固定化)、固定化酶的形状、底物的物理性质、酶反应动力学性质、酶的稳定性、操作要求、反应器制造成本等因素。

在应用游离酶进行催化反应时,酶与底物均溶解在反应溶液中进行催化反应。可以选用搅拌罐式反应器、膜反应器、鼓泡式反应器、喷射式反应器等。对于颗粒、片状、膜状或纤维状的固定化酶可采用填充床式反应器。可溶性底物适用于所有的反应器;难溶底物或者底物溶液呈胶体状者,易堵塞柱床,可选用 FBR;颗粒状底物溶液可适用于 CSTR。当反应过程需要控制温度、调节 pH 时,选用 CSTR 较为方便。

3. 酶反应器使用中应注意的问题

酶的稳定性对酶反应器的功效是很重要的。在操作过程中,有时需要用酸或碱来调节反应液的 pH。如果局部的 pH 过高或过低,就会引起酶的失活,或者使底物和产物发生水解反应,可以提高搅拌速度;如果底物和产物在反应器中不够稳定,可以采用高浓度的酶,以减少底物和产物在反应器中的停留时间。

在酶反应器操作中,会造成生产能力的逐渐降低,主要原因是固定化酶的活性降低或损失,而造成固定化酶活性损失的原因主要有酶本身的失活、酶从载体上脱落以及酶破碎或溶解。另外,要注意防止杂菌的污染。

第二节　酶工程在食品工业中的应用

一、酶工程应用于水解纤维素

纤维素类物质是世界上年产量巨大的可再生资源,利用纤维素酶可将其转化为能源、食物和化工原料,这对于人类社会的可持续发展具有非常重要的意义。

近年来,人们开始利用纤维素酶代替酸水解法来水解纤维素,以期达到水解率高、污染低的目的,对纤维素酶的研究也越来越引起重视,自从 1904 年在蜗牛消化液中发现该酶以来,至今已经历了三个发展阶段。第一阶段是 20 世纪 80 年代以前,主要是利用生物化学的方法对纤维素酶进行分离纯化,但因其原料来源广泛、组成复杂,纯化比较困难;第二阶段是利用基因工程的方法对纤维素酶的基因进行克隆和一级结构的测定;第三阶段主要是利用结构生物学及蛋白质工程的方法对纤维素酶分子的结构和功能进行研究。

1. 纤维素的预处理

天然的纤维素原料主要由纤维素、半纤维素和木质素组成，结构非常复杂，具有很大的结晶度。由于目前筛选的许多高酶活性的纤维分解菌其半纤维素酶和木质素酶活性不高，很难将天然纤维素的组分全部降解；另一方面，由于这些组分本身结构的复杂性，又直接影响着纤维素酶发生作用。所以在酶法水解之前需要预处理，改变天然纤维素的结构，降低它的结晶度，脱去木质素，以增加纤维素酶系与纤维素的有效接触，从而提高酶解效率。常用的方法主要有：碾磨、蒸汽和盐、酸、碱、酶处理等。

2. 纤维素的酶解机制

纤维素酶的作用机制至今仍不很清楚，普遍认为是三种组分协同作用的结果，但各组分如何作用，尤其是 C_1 和 C_x 的作用方式，许多研究者提出了不同看法，将其中最普遍认同的 C_1-C_x 理论介绍如下。

1950 年，Reese 等对纤维素酶的作用方式提出了一个著名的 C_1-C_x 假说，该假说认为首先由于 C_1 酶作用于纤维素的结晶区引起纤维素膨胀，形成变性纤维素，再由内切 β-葡萄糖苷酶、纤维二糖水解酶和 β-葡萄糖苷酶分别作用产生寡糖、纤维二糖和葡萄糖。在协同降解过程中首先由内切型葡聚糖酶（C_2）在纤维素聚合物的内部起作用，在纤维素的非结晶部位进行切割，产生新的末端，然后再由外切型葡聚糖酶（C_1 酶）以纤维二糖为单位由末端进行水解，最后由纤维二糖酶（CB）将纤维二糖水解为葡萄糖。

3. 纤维素酶法水解的应用

纤维素酶在工业、农业、医药工业等领域上的应用十分广泛，利用纤维素酶水解纤维素，可直接获得葡萄糖，后者通过发酵可生产乙醇、甲醇等重要的化工原料和再生能源；利用纤维素酶处理废料，既可防治污染，又可获得有用的工业产品，如利用纤维素酶充分水解秸秆等农作物废料可生产葡萄糖。因此，充分利用纤维素酶水解纤维素对解决人类所面临的能源、粮食、环境等问题有着重要的意义。随着人们对纤维素酶研究的深入，纤维素酶必将在食品、饲料、环保、能源和资源开发等各个领域中发挥越来越大的作用。

二、酶工程应用于各种功能性糖类的生产

低聚糖亦称寡糖，是由 2～10 个单糖通过糖苷键连接形成直链或支链的低度聚合糖，分普通低聚糖和功能性低聚糖两类。

蔗糖、麦芽糖、乳糖、海藻糖和麦芽三糖等属于普通低聚糖，它们可以被机体消化吸收；功能性低聚糖包括水苏糖、棉籽糖、帕拉金糖、乳酮糖、低聚果糖、低聚木糖、低聚半乳糖、低聚乳果糖、低聚异麦芽糖、低聚帕拉金糖和低聚龙胆糖等，人体肠胃道内没有水解这些低聚糖的酶系统，故无法消化吸收而直接进入大肠内为双歧杆菌所利用，是肠道有益菌的增殖因子。

低聚糖种类不同，其功能各异，在功能性食品的应用方面，主要以双歧杆菌增殖因子、抗龋齿、防肥胖、防止胆固醇积累为代表。另外，某些低聚糖对人体及动植物具有特殊的生理作用，在医药及农业方面的应用潜力极大。

1. 低聚半乳糖的酶法生产

低聚半乳糖（galactooligosaccharide，GOS）是大量存在于动物的乳汁和乳清中的一组功能性低聚糖，它是由 β-半乳糖苷酶作用于乳糖而制得的 β-低聚半乳糖，即在乳糖分子的半乳糖一侧连接 $1\sim4$ 个半乳糖，属于葡萄糖和半乳糖组成的杂低聚糖。目前，世界上低聚半乳糖的工业产品主要利用生物技术，以糖苷水解酶的酶法水解和酶法转移活性来进行生产。

低聚半乳糖的生产方法主要有从天然原料提取、天然多糖的酶水解、天然多糖的酸水解、化学合成、酶法合成。但是，自然界中低聚半乳糖含量少，且无色、不带电荷，难以分离提取。天然多糖转化产品得率低，产物复杂，不宜得到纯品。化学法步骤繁琐，得率不高，环境污染严重，在实际生产中也不可行。酶法合成主要是以乳糖或乳清为原料，由乳糖酶催化生成低聚半乳糖。此反应简单，产酶量大，是目前大量合成低聚糖的有效方法。

（1）游离酶合成　低聚半乳糖以高浓度的乳糖为基料，在具有转糖基活性的 β-半乳糖苷酶的作用下，乳糖首先被水解成半乳糖和葡萄糖，半乳糖然后被转移到乳糖的半乳糖基上。自然界中的许多细菌和霉菌都可产生 β-半乳糖苷酶。通过这种方法制得的低聚半乳糖一般是在乳糖的半乳糖基一侧结合 $1\sim4$ 个分子的半乳糖混合物。此法糖基供体为寡糖，价格便宜，来源丰富，性质稳定，充分体现了酶法大量合成低聚糖的实用性。

（2）固定化酶合成　将 β-半乳糖苷酶以交联、吸附或包埋的方式固定在一定载体上制成固定化酶。固定化酶催化合成低聚糖的能力优于游离酶，原因是固定化酶结构牢固，热稳定性增加，可批次反应，产物易于分离。

2. 低聚异麦芽糖的酶法生产

低聚异麦芽糖是由葡萄糖以 α-1,6-糖苷键结合而成的单糖数为 $2\sim5$ 不等的分枝低聚糖，是产量最大、应用最广的一种以淀粉为原料采用全酶法工艺生产的功能性低聚糖。自然界中低聚异麦芽糖很少以游离状态存在，而是作为支链淀粉、右旋糖和多糖等的组成部分。随聚合度的增加，其甜度降低甚至消失。低聚异麦芽糖具有良好的保湿性，能抑制食品中淀粉回生、老化和结晶糖的析出。其酶法生产工艺流程为：木薯淀粉→调浆→液化→糖化转苷→精制→浓缩→产品。

3. 低聚木糖的酶法生产

低聚木糖是由木聚糖经水解而制得的，木聚糖是一种半纤维素，在棉籽壳、玉米芯、甘蔗渣等原料中含量较多。由于低聚木糖独特的理化性质及生物学性质，近年来，已引起了人们的广泛关注。

根据木质纤维材料的性质，半纤维素的主链由木聚糖、阿拉伯聚糖或甘露聚糖构成。主链可以通过酯键或醚键连接侧链，如：α-D-葡萄糖吡喃型糖醛酸或它的 4-O-甲基衍生物、乙酰基团和乙酸。用于生产低聚木糖的原料有硬木、玉米芯、麦秆、甘蔗渣、稻谷壳、啤酒糖化糟和麸皮。

生产低聚木糖的原理比较简单：选用含有木聚糖的物料，水解其中木聚糖主链上的一些糖苷键，就可以得到较低聚合度的水解产物。

生产低聚木糖主要有三种不同的方法：

① 酶法直接处理天然的、含木聚糖的木质纤维材料；

② 先用化学方法从木质纤维材料中分离得到木聚糖,再用酶水解木聚糖得到低聚木糖;

③ 通过蒸汽、水或稀的无机酸来水解木聚糖,生成低聚木糖。

其中,直接酶法制取低聚木糖要求含有木聚糖的原料易于被酶水解,而大多数原料中的木聚糖与纤维素等紧密结合不易被酶水解,因此,这种方法应用受到限制。而化学-酶法结合制取低聚木糖的方法更有实际应用的价值,其工艺流程如下:

含木聚糖的木质纤维材料→化学试剂处理→分离的木聚糖或可溶性的木聚糖降解片断→加酶水解→低聚木糖→纤维素、木质素和木质素降解物。

4. 低聚壳聚糖的酶法生产

壳聚糖分相对分子质量高和相对分子质量低两种,而相对分子质量低的壳聚糖能溶于水,它既能保持壳聚糖大分子所具有的某些功能性质,如降低胆固醇、降血压、防治糖尿病等,还可通过活化人体中的淋巴细胞,抑制瘤细胞的繁殖和扩散,达到抗癌、抑癌作用。因此,对相对分子质量低的壳聚糖的开发更具有应用价值。

相对分子质量低的壳聚糖的制备可分为化学降解法、物理降解法和酶降解法三大类。这里主要介绍酶降解法。

由于酶法降解可特异性地、选择性地切断壳聚糖的 β-1,4-糖苷键,降解过程和降解产物的相对分子质量易于控制,这样可以有效地对降解过程进行监控,得到所需相对分子质量范围的低聚壳聚糖;而且,酶法降解是在较温和的条件下直接进行的,不需要加入大量的化学试剂,对环境污染较少。现已发现 30 多种专一或非专一性酶可用于壳聚糖的降解反应。这些酶包括专一性水解酶如壳聚糖酶;非专一性酶如脂肪酶、溶菌酶和蛋白酶等。

三、酶工程应用于干酪制品的生产

干酪是将原料乳通过酶凝处理,再将凝块进行加工、成型、发酵成熟而制成的一种浓缩乳制品。联合国粮农组织和世界卫生组织(FAO/WHO)对干酪的定义为:"干酪是通过将牛乳、脱脂乳或部分脱脂乳,或以上乳的混合物凝结并排放出液体后得到的新鲜或成熟产品"。干酪含丰富的蛋白质、脂肪及全部必需氨基酸,还含有糖类、有机酸、矿物质和维生素等多种营养成分。

在干酪生产的最初阶段,牛乳在酸或凝乳酶的作用下形成凝乳,凝胶形成后对凝乳的处理决定了干酪的特性。用于制备干酪的牛乳往往需要经过热处理和标准化,然后加入发酵剂使牛乳酸化,发酵剂产生的酸能使牛乳凝固,或者加入凝乳酶形成凝乳,以便更有效地除去水分。发酵剂用量和牛乳热处理的温度决定了干酪整个生产过程中产酸的水平,牛乳的酸度和凝乳时的温度决定了凝乳酶的需要量和凝胶形成的速度。

四、酶工程应用于环状糊精的生产

环状糊精可以与各种生理活性物质形成包囊物,可以加强活性物质的稳定性,改善其色泽、外观、气味等物理性质,还可以使一些液体活性物质转变成固体粉末状,以满足某种特殊的要求。除了作为包囊材料应用在功能性食品上,环状糊精本身也有一定的生理作用。

五、酶工程在食品加工中的其他应用

1. 海藻糖的生产

海藻糖（trehalose）是一种非还原性双糖，是由两个葡萄糖分子通过半缩醛羟基结合而成的。海藻糖最初是 Wiggers 从黑麦的麦角菌中提取的，随后在自然界的动植物和微生物中也有发现。在霉菌和酵母的休眠状态，海藻糖作为贮藏糖类的形式存在。近年来，对海藻糖独特的生物学性质及功能的研究已成为热点，对海藻糖的生产开发也在不断地进行。这里主要介绍酶法生产海藻糖。

酶转化法是采用葡萄糖、麦芽糖或淀粉为底物，通过有关的酶的作用转化而合成海藻糖。

（1）以葡萄糖为底物　在生物体中最广泛存在的一条海藻糖合成途径是利用海藻糖-6-磷酸合成酶（EC2.4.1.15）和海藻糖-6-磷酸酯酶（EC3.1.3.12）催化葡萄糖生成海藻糖。

（2）以麦芽糖为底物　以麦芽糖为底物的酶转化法合成海藻糖的途径如下：

$$\text{麦芽糖}+\text{Pi} \xrightarrow{\text{麦芽糖磷酸化酶}} \text{葡萄糖}+\beta\text{-}1\text{-磷酸葡萄糖} \xrightarrow{\text{海藻糖磷酸化酶}} \text{海藻糖}+\text{磷酸}$$

该法具有较高的特异性以及快速、温和的特点，但反应需要高能物质 UDP 或高浓度磷酸盐，而且磷酸化酶极不稳定，转化率只有 60%，难以实现大规模的工业化生产。

（3）以淀粉为底物　以淀粉为底物生产海藻糖的途径是利用葡萄糖基转移酶（glycosyltransferase GTase）和淀粉酶（amylase）将淀粉转化成海藻糖，转化率可达 81.5%。这类酶广泛存在于硫化叶菌科中，第一种酶是分子内转糖基酶，将麦芽寡糖水解产生的葡糖基转移到麦芽寡糖还原末端葡糖基 C_1—OH 的位置上，产生 $\alpha,\alpha\text{-}1,1$-葡糖基海藻糖；淀粉酶水解葡糖基海藻糖生成海藻糖和麦芽寡糖，该酶仅切割各种葡糖基海藻糖中与海藻糖相邻的 $\alpha,\alpha\text{-}1,4$-糖苷键，是一种新型 α-淀粉酶，该方法有可能成为工业生产海藻糖的新途径。

2. 大豆肽的酶法生产

大豆肽是经蛋白酶作用后，再经特殊处理而得到的大豆蛋白的酶水解产物。通常是由 3～6 个氨基酸组成的低肽混合物，相对分子质量低于 1 000，主要分布在 300～700 范围内。它的水解过程是：完整蛋白质→大分子肽→小分子肽→游离氨基酸。

制备大豆多肽的原料主要有大豆、大豆分离蛋白和大豆粉。大豆多肽的生产方法最初是采用酸、碱化学试剂在一定条件下促使蛋白质分子的肽链断裂形成小分子物质，即多肽。但酸、碱水解会造成如营养成分损失、水解无特异性、副反应多、水解产物感官性能差等，而酶水解因其反应条件温和、对氨基酸破坏小等优点，成为当前主要的大豆多肽制备方法。酶法制备大豆肽的工艺流程如下：

大豆→浸泡→磨浆分离→胶体磨→精滤→超滤→匀浆→稀释→酶水解→分离→脱苦、脱色→浓缩→喷雾干燥→成品。

3. 酶法应用于食品保鲜

酶法保鲜技术是利用生物酶高效的催化作用，防止或消除外界因素对食品的不良影响，从而保持食品原有的优良品质和特性的技术。由于酶具有专一性强、催化效率高、作用条件温和的特点，可广泛应用于各种食品的保鲜，特别是氧化和微生物对食品所造成的影响。

葡萄糖氧化酶是一种氧化还原酶，可催化葡萄糖和氧反应，生成葡萄糖酸和双氧水。将葡萄糖氧化酶与食品一起置于密闭容器中，在有葡萄糖的条件下，该酶能降低或消除密闭容器中的氧气，从而有效地防止食品成分的氧化作用，起到食品保藏的作用。

在有氧条件下，葡萄糖氧化酶可以将蛋制品中少量的葡萄糖除去，从而有效地防止蛋制品的褐变，提高产品的质量；对于容易发生氧化作用的花生、奶粉、面制品、冰淇淋、油炸食品等富含油脂的食品，以及易发生褐变的马铃薯、苹果、梨、果酱类食品，可利用葡萄糖氧化酶作为除氧保鲜剂，有效地防止食品氧化的发生。

从鸡蛋蛋清中得到的溶菌酶是一种催化细菌细胞壁中的肽多糖水解的酶，能专一地作用于肽多糖分子中 N-乙酰胞壁酸与 N-乙酰氨基葡萄糖之间的 β-1,4-糖苷键，从而破坏细菌的细胞壁，使细菌溶解死亡。用溶菌酶处理食品，能有效地防止和消除细菌对食品的污染，起到防腐保鲜作用，可用于各种食品的防腐保鲜。

4. 酶在果蔬加工中的应用

在各种果蔬加工生产中，为了提高产品产量和质量，常用果胶酶处理果汁、果酒、果冻、果蔬罐头等。在果汁加工中，采用果胶酶处理，有利于压榨、提高出汁率。经酶处理后的果汁比较稳定，可防止浑浊。用于果汁处理的果胶酶一般是混合果胶酶，在实际应用中，还要注意 pH、温度、作用时间、酶量等对果汁澄清的影响。

浓缩果汁在高浓度糖存在下，可以凝结形成果冻。但糖含量太多不仅影响风味，而且不符合对健康食品的要求。如要生产低糖果冻，可用酶法处理，使果胶的甲基化程度降低。

酶还可以用在果蔬制品的脱色上，很多果蔬都含有花青素，它是一类水溶性植物色素。其颜色随 pH 的不同而异，在光照和稍高的温度下，很快变为褐色，与金属离子反应则呈灰紫色。因此，对于含有花青素的果蔬制品，如葡萄汁、草莓酱、芹菜汁等，可用花青素酶处理，使花青素水解为葡萄糖和配基。

本章小结

酶工程是研究酶的生产和应用的一门技术性学科。本章阐述了酶和酶工程的一般概念及其发展和应用的基本理论与技术。酶工程的主要任务是通过预先设计，经人工操作而获得大量所需的酶，并利用各种方法使酶发挥其最大的催化功能。酶工程的应用现已遍及工业、农业、医药、环保、能源开发和生命科学等各个方面。

酶是一类具有高效率、高度专一性、活性可调节的生物催化剂。按照 1961 年国际生物化学联合会酶学委员会提出酶的分类与命名的原则，将酶分成 6 类：氧化还原酶、转移酶、水解酶、裂合酶、异构酶、连接酶或合成酶，其命名有习惯用名和系统命名。酶的活力用酶的活力单位（U）表示。

酶的发酵生产是经过预先设计，通过人工操作控制，利用细胞（包括微生物细胞、植物细胞和动物细胞）的生命活动，产生人们所需要酶的过程。微生物细胞是理想的产酶细胞，植物细胞和动物细胞也是重要的产酶细胞。酶的发酵生产主要有固体培养发酵、液体深层发酵、固定化细胞或固定化原生质体发酵等。

酶的发酵生产除了选择性能优良的产酶细胞外，还必须满足细胞生长繁殖和发酵产酶的各种工艺条件，并要根据发酵过程的变化进行优化控制。

酶的提取方法主要有盐溶液提取、酸溶液提取、碱溶液提取和有机溶剂提取等。理想的提取和分离纯化方法是在提高酶的比活的同时，要求酶回收率高，提取步骤少、工艺简单，成本低。

随着酶学研究的不断深入和酶工程的发展，酶与细胞固定化、酶的分子修饰、酶反应器等方面的应用越来越广泛。

酶工程技术在食品工业中的应用方面，主要介绍了酶工程应用于水解纤维素、酶工程生产功能性糖类、酶工程应用于干酪制品的生产、酶工程应用于环状糊精的生产等；另外，对酶工程在食品加工中的应用介绍了海藻糖的生产、大豆肽的酶法生产、酶法应用于食品保鲜、酶在果蔬加工中的应用等。

思 考 题

1. 酶的分离纯化的一般原则是什么？
2. 试述酶修饰的主要方法。
3. 试述酶的发酵生产工艺条件及控制。
4. 试述酶工程在食品工业中有哪些应用。

第四章　发酵工程及其在食品工业中的应用

第一节　发酵工程的概述

人们熟知的利用酵母菌发酵制造啤酒、果酒、工业酒精；利用乳酸菌发酵制造奶酪和酸牛奶；利用真菌大规模生产青霉素等都是发酵的例子。随着科学技术的进步，发酵技术也有了很大的发展，现已经进入能够人为控制的现代发酵工程阶段。现代发酵工程作为现代生物技术的一个重要组成部分，具有广阔的应用前景。例如，用基因工程的方法有目的地改造原有的菌种并且提高其产量；利用微生物发酵生产药品，如人胰岛素、干扰素和生长激素等。

一、发酵工程的概念

发酵工程也称微生物工程，是指利用微生物的生长繁殖和代谢活动来大量生产人们所需要的产品的技术，它主要包括菌种选育、微生物代谢产物的发酵和分离纯化等环节，同时也包括微生物生理功能的工业化利用等。

二、发酵工程的发展历史

发酵工程按人类对微生物技术的利用程度可分为如下阶段。

1. 天然发酵时期

人类利用微生物的代谢产物作为食品和药品，已有几千年的历史。如先民用蘖制造饴糖，用散曲中的黄曲霉制造酱和酿醋，用盐水制作泡菜等。在这一时期，人们还没有对微生物有深入的研究，并不知道微生物与发酵的关系，很难人为控制发酵过程。生产也只能凭经验，所以被称为天然发酵时期。

2. 纯培养技术的建立时期

1680 年，荷兰人列文·虎克发明显微镜后，人类用显微镜观察到了微生物。生物学家巴斯德用巴氏瓶证明了发酵是由微生物引起的。之后，德国人柯赫发明了固体培养基，建立了微生物的纯培养技术，第一次分离得到了微生物纯种。由此，人类开始人为地控制发酵过程。

3. 深层培养技术的建立时期

随着发酵技术的不断提高，人们发现对于发酵的不同时期，改变发酵条件可以改变代谢工艺和提高发酵效率。20 世纪 40 年代，弗莱明发现了青霉素，由于需求量的不断增大，开始采用深层发酵法大量生产。该法使用用液体深层发酵罐从底部送入无菌空气并由搅拌桨使之分散成微小气泡以促进氧的溶解。这种由罐底部通气搅拌的培养方法称为深层培养法。

4. 微生物工程时期

1953 年，美国的 Watson 和 Crick 发现了 DNA 双螺旋结构，为基因工程的理论和实际应用奠定了基础。20 世纪 70 年代，基因重组技术、细胞融合等生物工程技术的飞速发展，为人类定向培育微生物开辟了新途径，微生物工程应运而生。通过 DNA 的重组或细胞工程手段，能按照人类的设计创造出具有新能够的"工程菌"和"超级菌"，然后通过发酵生产出目的产品。传统的发酵技术，与现代生物工程中的基因工程、细胞工程、蛋白质工程和酶工程等相结合，使发酵工业进入到微生物工程的阶段。微生物工程是大规模发酵生产工艺的总称。

三、发酵工程的研究内容

发酵工程主要包括了菌种的选育、培养基的配制、种子扩大培养、发酵过程中发酵条件的控制、产品的分离提纯等内容。

1. 菌种的选育

欲通过发酵工程获得令人满意的产品，首先需要有优良的菌种。最初，人们是从自然界寻找所需要的菌种，工作量极大，且不能完全满足工业上大规模生产的需要。随后，人类开始用人工诱变的方法，从突变菌株中筛选出符合要求的优良菌种。这一方法已在氨基酸、核苷酸、某些抗生素等的菌株筛选中获得成功。随着生物技术的发展，现在生物学家开始用细胞工程、基因工程等方法，构建工程细胞或工程菌，再用它们进行发酵，不但可以提高产品的产量和品质，还能针对性地生产出人们需要的产品。

2. 培养基的配制

确定菌种之后，需要根据培养基的配制原则，选择原料制备培养基。由于培养基的组成对菌种、工艺和经济等方面有影响，因此，培养基的配方要经过反复的试验并综合考虑之后才能确定。

3. 种子扩大培养

在大规模的发酵生产中，菌种要达到一定数量才能够满足接种的需要。种子扩大培养是指将保存在砂土管、冷冻干燥管或冰箱中处于休眠状态的生产菌种，接入试管斜面活化后，再经过摇瓶及种子罐逐级扩大培养而获得一定数量和质量的纯种培养物的过程。这些纯种培养物称为种子。发酵产物的产量和成品的质量与菌种性能及种子的制备情况密切相关。

4. 发酵条件的控制

在发酵过程中，菌株的生长和产物代谢与细胞所处的环境息息相关。因此，除了取样检测培养液中的细菌数目、产物浓度等，还要及时添加必需的培养基组分，严格控制温度、pH、溶氧、通气量与搅拌速度等发酵条件。随时检测影响发酵过程的各种环境条件，并予以控制，才能保持发酵的正常进行。

5. 发酵产物的分离提纯

应用发酵工程生产的产品有两类：一类是代谢产物，另一类是菌体本身，如酵母菌和细菌等。产品不同，分离提纯的方法也不同。如果产品是菌体，可采用过滤、沉淀等方法将菌体从培养液中分离出来；如果产品是代谢产物，可采用蒸馏、萃取、离子交换等方法进行提取。目前，分离提纯是整个发酵生产中成本最高的一部分，开发出高效、经济的分离提纯技术对降低成本至关重要。

四、发酵工程有关设备与技术

1. 生物反应器

微生物在培养及产生代谢产物的生产过程中，需要对其提供合适的条件，才能保证细胞能更快、更好地生长，得到更多的生物量或代谢产物。这些条件包括：温度、pH、溶氧量、水分、适宜的营养物质的浓度、细胞与营养物合适的混合强度等。生物反应器就是提供并可控制这些条件的一类装置。目前常用的生物反应器主要包括以下几种类型。

（1）搅拌釜生物反应器　气体经加压喷雾进入培养基，搅拌器的搅拌使气泡分散于培养基中，并可延长气泡在生物反应器中停留的时间。

（2）气泡柱式生物反应器　气体由反应器底部高压泵入，利用气泡上升的动力带动生物反应器中的液体搅动，使反应液混合均匀。

（3）气升式生物反应器　适合于需要高密度培养或培养基黏稠度较大的微生物，与气泡柱式生物反应器相比，其混合程度更均匀，气泡更分散。

2. 微生物发酵技术

微生物发酵技术是指各种微生物技术在发酵工程中的应用。微生物发酵技术在食品、医药、农业等领域被越来越多地运用。微生物发酵技术具有如下的特点：①反应耗能少，反应条件温和，通常在常温常压下进行；②能有效利用工业废水、生产辅料等作为发酵原料，有利于生产的综合利用；③产物专一，副反应少，污染小；④对于复杂化合物的发酵生产具有高度选择性。

3. 发酵工程控制技术

在发酵过程中，为了对生产过程进行必要的控制，需要对有关工艺参数（如：温度、压力、转速、发酵液黏度、pH 等）进行检测和控制。发酵工程控制技术就是将计算机、传感器等现代监测手段运用于发酵工程之中，实现对发酵过程中实时数据的监控。如：发酵温度控制，可通过温度探头或电信转换进行检测。同样，可通过自动控制向发酵罐的夹套或蛇形管中通入冷水、热水或蒸汽；可用覆膜氧电极来检测发酵液中的溶解氧浓度并加以控制；可通过溶氧探头及其控制元件调节搅拌转速或通气速率来控制溶氧量等。

4. 下游处理技术

发酵液的下游处理工艺一般包括发酵液的预处理、过滤、提取、精制、成品加工等步骤。微生物发酵液是复杂的多相系统，培养液中杂质含量很高，如微生物细胞碎片、残留的培养基等。在微生物工程产品的生产过程中，获得发酵产物后还有一个重要的生产环节：分离和纯化。为了得到纯度较高的产品需要采取一些分离纯化技术对发酵液进行处理，如絮凝、离心、过滤、膜分离、萃取、层析等操作。

膜分离技术是一种重要的分离手段。该技术是以选择性透过膜为分离介质，在膜两侧压力差的作用下，使原料中的某一组分选择性地透过膜，从而使混合物得以分离，以达到提纯、浓缩等目的。膜分离技术在常温下进行，特别适用于对热敏性物质的处理，能够防止食品品质的恶化和营养成分及香味物质的损失；食品的色泽变化小，能保持食品的自然状态。

第二节　发酵工程在食品工业中的应用

发酵工程已广泛应用于食品工业生产各种各样的产品：维生素、氨基酸、酵母制剂、微生物多糖、环状糊精、低聚糖、不饱和脂肪酸、核酸类鲜味剂、有机酸味剂、低热量甜味剂和乳酸菌类等。发酵工程在食品工业上的应用，概括来讲主要包括以下三方面。

（1）生产传统的发酵产品，如啤酒、果酒、食醋等，并在不断改进发酵技术的同时，使产品的产量和质量得到明显的提高。

（2）生产各种各样的食品添加剂，改善了食品的品质及色、香、味。例如，由红发夫酵母发酵后分离、提取制得的虾青素，它有极强的抗氧化性能，具有抑制肿瘤、增强免疫力等保健功能。

（3）生产可食用的蛋白质。粮食短缺已成为严重的社会问题之一，而发酵工程的发展将为根本解决这一问题开辟了新的途径。例如，用酵母菌等生产的单细胞蛋白可作为食品添加剂，甚至制成"人造肉"供人们直接食用。单细胞蛋白用作饲料，还能使家畜、家禽增重快，产奶或产蛋量显著提高。

一、发酵法生产单细胞蛋白

单细胞蛋白（single cell protein，SCP）又称微生物蛋白、菌体蛋白，按其产生菌的种类不同，又可以分为细菌蛋白、真菌蛋白等。单细胞蛋白所含的营养物质极为丰富。其中，蛋白质含量高达 40%～80%，比大豆高 10%～20%，比肉、鱼、奶酪高 20% 以上；单细胞蛋白含有多种必需的氨基酸，尤其是谷物中含量较少的赖氨酸。单细胞蛋白中还含有多种维生素、碳水化合物、脂类、矿物质，以及丰富的酶类和生物活性物质，如辅酶 A、辅酶 Q、谷胱甘肽、麦角固醇等。单细胞蛋白不仅能制成"人造肉"，供人们直接食用，还常作为食品添加剂，用以补充蛋白质、维生素和矿物质等。此外，单细胞蛋白还能提高食品的某些物理性能，如意大利烘饼中加入活性酵母，可以提高饼的延薄性能。酵母的浓缩蛋白具有显著的鲜味，已广泛用作食品的增鲜剂。

（一）SCP 的生产菌种和原料

1. 生产 SCP 的菌种

用于生产单细胞蛋白的微生物种类很多，包括细菌、藻类、酵母菌、丝状真菌等。在单细胞蛋白中，酵母 SCP 与丝状真菌、细菌、藻类等微生物蛋白相比，产品质量更具竞争力。酵母蛋白质含量丰富、氨基酸种类齐全、且含丰富的 B 族维生素、微量元素、酶、碳水化合物，是一种营养价值高且能替代鱼粉的优质蛋白。因此，生产 SCP 多以酵母为生产菌株，它们中的一些菌株除能利用己糖外，还可以利用戊糖、有机酸等。酿酒酵母、假丝酵母、红酵母等许多种属的酵母菌都是良好的单细胞蛋白的生产菌种。

2. SCP 生产的原料

用于单细胞蛋白生产的原料来源有：有机工业废水、城市废弃物，农畜牧业废弃物等，这些废弃物中含有大量残余的淀粉、糖、纤维素水解物等营养物质。利用这些废物进行 SCP 蛋白生产，不仅可获得优质的蛋白质，还可以减轻环境污染的压力。目前，工业中常用于生产酵母 SCP 的原料主要有：糖蜜、纤维素水解物、淀粉、工业生产的发酵废液。

（二）SCP 的发酵生产工艺

大多数 SCP 生产过程是在无菌条件下进行的，生产过程中不能有杂菌污染，尤其是人体病原菌的污染。在工业生产中，由于设备投资大，操作费用高，为获得最优的经济效益，尽量采用连续培养技术进行生产。

SCP 的生产可综合利用淀粉厂、豆制品厂、味精生产厂等工业生产废水。但是对于不同来源的工业废水，原料处理的方式有所不同。用酵母作为菌种生产 SCP，所用的工业废水需先经过淀粉水解，然后加入一定比例的营养盐，灭菌后配制成培养基。酵母的培养有种子的扩大培养和发酵两个阶段，前者的培养基一般采用麦芽汁，而后者则需采用上述的原料，培养基接种前需要进行空罐灭菌（空消）和实罐灭菌（实消）。在发酵过程中需液体深层通气，一般的发酵条件为：pH 为 4.0～4.5，温度为 26～30℃，发酵时间为 13～15h。发酵结束后及早将酵母从培养基中分离出来。生产 SCP 的工艺流程见图 4-1。

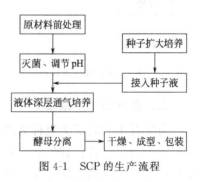

图 4-1 SCP 的生产流程

（三）SCP 的分离和纯化

如发酵后不及时分离，则可使酵母菌发生自溶，不仅影响产量，也影响产品质量，一般最好在 1h 内就进行分离。SCP 的发酵产品为菌体本身，分离工艺比较简单，只需过滤就可以得到菌体。经第一次过滤，酵母菌体上还会带有培养基中的物质，需用冷水洗涤，再过滤。得到的酵母浓缩物，以 30℃ 的热风干燥，并制成块状或粒状。

（四）高活性干酵母的生产实例

活性干酵母是指生长健壮、经脱水处理并且有生命活力的酵母。活性干酵母起源于面包压榨酵母，但含水量远远小于压榨酵母，仅为后者的 3%～7% 左右。细胞含量超过 200 亿 CFU/g，含水量小于 6% 的活性干酵母被称为高活性干酵母。高活性酵母具有体积小、便于运输、贮藏时间长、贮藏方法简便、复水快、使用方便等优点。

1. 高活性干酵母的生产

高活性干酵母的生产过程有发酵培养液的预处理、菌种的扩大培养、接种发酵、分离洗涤、干燥等主要步骤。

（1）发酵培养液预处理　发酵培养液可以使用淀粉厂、豆制品厂、味精厂等的工业生产废水。这些富含养分的生产废液先经过水稀释、澄清除渣、高压蒸汽灭菌等预处理后备用。

（2）菌种的扩大培养　这一步直接关系到发酵产品的质量，并且这个阶段接种量少，培养时间长，因此对杂菌的控制要求较高。用于扩大培养的种子罐要采用全封闭的发酵罐，培养基和空罐都要严格灭菌，通入发酵罐的空气是无菌空气。待培养至一定量的酵母后，可作为种子接入发酵罐的培养基中。

（3）接种发酵　接种后，严格监控温度、酸碱度及培养基的流加量等影响因素。

（4）分离洗涤　将发酵醪进行固液分离，然后反复洗涤酵母中的夹带废液直至为白色液体，可放低温下贮存，也直接干燥成产品。

（5）干燥　采用真空转鼓吸滤机除水，干燥器热风干燥成含水量约为 $4\%\sim4.5\%$ 的干酵母。由于干燥温度低，速度快，因此成品酵母活性高，损失少。

高活性干酵母的生产流程见图 4-2。

2. 高活性干酵母的应用

在食品行业中，高活性干酵母作为优质的生物膨松剂和发酵剂被广泛用于糕点、面包、苏打饼干等食品的加工。高活性干酵母的作用时间短、使用方便、发酵力强，发酵后不需要用碱中和。在酿酒行业中，高活性干酵母被用于酒精和白酒的生产，用高活性干酵母制酒，提高了发酵的安全性和稳定性，并且节约能耗，提高了出酒率。

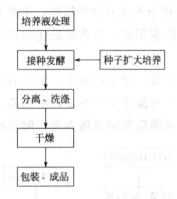

图 4-2　高活性干酵母的生产流程

二、发酵法生产微藻

肉眼看不到的藻类统称为微藻。它们具有很高的营养价值。藻类除供食用外，还有一些能作为生产资料和生活原料，如提炼燃油、化工原料等。随着微藻开发技术的不断发展，微藻的养殖和应用在世界范围内已进入商业化阶段，但是已经开发利用的微藻还很少。本节简要介绍商业生产最多的螺旋藻和小球藻。

（一）螺旋藻的生产

螺旋藻俗称蓝藻，呈墨绿色，是生长在碱性湖泊中的一种深青色的丝状微藻，因呈螺旋形得名，其细胞长度不到1mm。螺旋藻是地球上最早出现的原始生物之一，含有丰富的蛋白质、氨基酸、维生素、矿物质、藻多糖、藻蓝素、β-胡萝卜素、叶绿素和亚麻酸等营养活性物质。其产品剂型有粉剂、丸剂、块剂；有固体、液体；有食品、饮料；有化工产品、药品以及饲料添加剂等，我国卫生部已认定其为新资源营养食品。

1. 螺旋藻的形态、分类及生态

螺旋藻是一种多细胞丝状微藻。其细胞结构简单，属原核生物，个体为丝状螺旋型。藻丝直径约 $1\sim12\mu m$，长 $50\sim500\mu m$。目前，螺旋藻的分类主要还是依据其形态特征。螺旋藻是蓝藻门段殖藻目颤藻科的一个属。已知这个属在全世界有 36 个种，多为在淡水中生长，少数几个种分布在海洋中。现今国内外工业化生产的螺旋藻主要为钝顶螺旋藻和极大螺旋藻两个种。

从生态环境来看，螺旋藻分布很广，在土壤、沼泽、淡水、海水和温泉中都有发现。在我国主要生长在热带、亚热带的盐碱湖中，大多数螺旋藻喜欢高温、高碱和高盐环境。

2. 螺旋藻的化学组成、营养和性质

(1) 螺旋藻的化学组成　从螺旋藻的化学组成可以看到螺旋藻作为人类天然食品、保健品和药品的潜力。螺旋藻含有优质的蛋白质，蛋白质含量高达55%～70%，是高蛋白的肉类、鱼类的3.6倍，由18种氨基酸组成，含有人体所需的必需氨基酸。螺旋藻中的氨基酸不但种类齐全，而且组成平衡，符合联合国粮农组织的营养标准。螺旋藻主要化学组成见表4-1。

表 4-1　螺旋藻主要化学成分含量（每100g干重螺旋藻所含成分）

化　学　成　分		含　　　量	化　学　成　分		含　　　量
维生素	维生素 A	100～200mg	活性物质	γ-亚麻酸	800～1 300mg
	维生素 B$_1$	1.5～4mg		小分子多糖	3g
	维生素 B$_2$	3～5mg		超氧化物歧化酶(SOD)	10万～40万单位
	维生素 B$_3$	10～30mg		蛋白质	55～70g
	维生素 B$_6$	0.5～0.7mg	一般成分	碳水化合物	15～20g
	维生素 B$_{12}$	0.05～0.2mg		脂肪	3～6g
	维生素 E	5～20mg		纤维	2～4g
	肌醇	40～100mg	色素类	叶绿素	800～2 000mg
	泛酸钙	1mg		胡萝卜素	200～400mg
	叶酸	0.05mg		藻蓝蛋白	7 000～10 000mg
	生物素	0.05～0.1mg			
矿物质	钙	400～800mg			
	铁	50～100mg			
	钾	1000～2 000mg			
	镁	200～300mg			

(2) 螺旋藻的营养和性质　螺旋藻是迄今为止发现的营养最丰富、最均衡的物种之一。螺旋藻含有65%蛋白质和氨基酸、20%碳水化合物、5%脂类、7%矿物质和3%水分，在营养方面比任何其他动物、植物、谷类等食物都更为全面、有效，1g螺旋藻的营养成分含量，相当于1 000g蔬菜、水果的营养总和。其用途已由原来单纯动物饲料迅速转为人类的营养食品、医疗和保健食品。目前，全球已有60多个国家认定其为人类营养食品。螺旋藻中的γ-亚麻酸，有促进钙吸收、提高免疫力、防止代谢紊乱和防止衰老的功能。螺旋藻中的多糖，有抗辐射的功能，并通过增强机体免疫力间接抑制癌细胞的增生。螺旋藻多糖能提高血浆中的SOD的活性，减少脂质过氧化物的生成，有抗衰老的作用。螺旋藻含多种人体必需的微量元素，钙、镁、钠、钾、磷、碘、硒、铁、铜、锌等，缺铁会导致贫血，缺锌会导致发育不良；硒能降低或抵抗体内某些金属的毒性，抑制一些致癌物质的致癌作用。螺旋藻含丰富的β-胡萝卜素，为胡萝卜的15倍，为菠菜的40～60倍。服用螺旋藻可保护眼睛，使粗糙的皮肤变得细腻，使口腔、肠胃溃疡快速愈合。螺旋藻含丰富的维生素 B$_1$、维生素 B$_2$、维生素 B$_{12}$、维生素 E 等，缺乏其中的任何一种维生素都可能导致疾病。螺旋藻中所含的叶绿素 A 有其独特的造血、净血功能等。由于螺旋藻的营养价值高，其除了应用于保健食品和医药上外，在饲料、食品添加剂、美容方面都具有极大的应用潜力。

3. 螺旋藻的培养工艺

螺旋藻是一种专性光合自养生物，以光作为能量还原 CO_2 为碳水化合物，因此，可以直接利用空气中的 CO_2 进行生长。目前，螺旋藻工业化生产培养大多是在开放条件下进行，即利用水平池培养，或利用天然的湖泊等。

螺旋藻的培养池应选择在水质好、光照条件适宜、场地开阔的地方。池深 0.5m 左右，面积 $500 \sim 5\,000\,m^2$ 为宜。在培养过程中为保证通气，可采用桨板轮、螺旋桨或空气喷射器等搅拌，这样可以使藻丝多见光而提高光效。应选择优质藻种，并做好提纯复壮工作。投放藻种前应使其适应强光，接种量以使藻池呈淡绿色为宜。当螺旋藻的培养池达到深蓝绿色即可收获。过滤的藻液可以重新利用或更新。室外大规模培养用水要采用新鲜干净的淡水。水源可用经暴晒的井水。若是用自来水或河水，则需经药物处理才能使用。藻池培养液保持在深度 $15 \sim 40cm$ 左右，pH 保持在 8.5～10 之间，水温 18～35℃。另外还需添加化学盐类，市场供应的化肥可以作为营养盐使用，但需注意其中重金属的含量。为保证产品质量，藻池的管理需有严格的操作规程。藻池要配有清除杂物的设施，外来的杂物要及时清除。在每次采收前后，各种管道都需要彻底清洗、消毒，以免细菌污染，造成经济损失。螺旋藻的水池培养工艺流程见图 4-3。

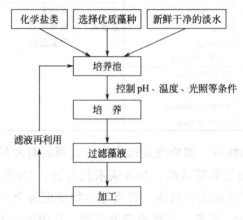

图 4-3　螺旋藻水池培养工艺流程

4. 培养螺旋藻的影响因素

培养螺旋藻的影响因素主要是营养条件、温度、光照和 pH。营养盐浓度的变化、温度的高低以及稳定与否、光照强度与质量、通风情况和培养时间等，都可以影响螺旋藻的生物量、化学成分和含量的积累。

（1）温度的影响　螺旋藻的生长及化学组成含量都受温度的影响。螺旋藻的最适生长温度为 27～36℃。一般室内培养的螺旋藻比室外培养的螺旋藻对温度更敏感。研究表明，随着培养温度的增加，螺旋藻的叶绿素、碳水化合物、糖脂、脂肪酸的含量会明显增加，而随着培养温度的降低，螺旋藻磷脂含量将提高。

（2）pH 的影响　不同生物生长繁殖都需要适宜的 pH，当 pH 适宜其他藻类及微生物生长时，螺旋藻的生长就会受到竞争，这将严重影响螺旋藻的养殖。因此，一般培养螺旋藻的水池要控制 pH 为 8.6～10.6 之间。pH 过低，易被其他藻类污染；pH 过高，

则螺旋藻对 CO_2 的利用将受到限制，甚至出现细胞溶解现象。

（3）光照的影响　由于螺旋藻是光合自养型生物，光照强度将直接影响螺旋藻的生长速率和最终的生物量。一般情况下，生物量尤其是蛋白质含量随着光照强度的增加而增加。另外，光照强度还可影响螺旋藻的色素含量和脂肪酸的组成。在室外培养的螺旋藻，夏季光照强度是其主要的生长限制因子，使培养的螺旋藻均匀地受到光照，减小培养密度，提高个体细胞对光的利用率，有利于生物量的增加。

（4）营养条件的影响　作为光合自养型微藻的螺旋藻，可以利用无机碳源，即直接利用空气中的 CO_2 进行生长。在光照条件下，螺旋藻还可以利用有机碳作为碳源，如：在培养液中加入适量的葡萄糖可以提高螺旋藻的生长速率。将无机碳和有机碳二者作为混合碳源培养螺旋藻，将获得更高的生物量。氮源对螺旋藻的化合物组成起着重要的作用。低氮培养条件对螺旋藻生物量积累影响不太明显，但却有利于螺旋藻胞外多糖的积累。在缺氮条件下，螺旋藻的脂类含量会增加，反之则会降低。在螺旋藻的生长旺盛期加入适当的氮源还有利于 γ-亚麻酸的积累。在螺旋藻的培养过程中，适当的磷和硫将使螺旋藻的生物量增加。缺磷或硫时，螺旋藻中的可溶性蛋白质和结构蛋白会有不同程度的减少；特别是缺磷，短期内蛋白质含量就会下降。钾盐和钠盐都是螺旋藻生长所必需的，但是当钾盐与钠盐的比例过高时，螺旋藻的生长就会受到抑制。在螺旋藻的生长培育过程中，各种因素的影响往往是交叉的。例如：当 pH 过高，会影响螺旋藻对 CO_2 的利用；温度和光照强度相互作用而影响螺旋藻的生长的等。因此在培养螺旋藻时，各种因素要综合考虑。

5. 螺旋藻的采收和干燥工艺

螺旋藻的个体形态为丝状、螺旋形，且藻丝有一定长度，因此螺旋藻的采收相对其他微藻容易。可以直接用振动筛网、微孔滤网、布等工具过滤。在采收时需注意避免使藻丝细胞破裂，以免污染需循环使用的培养液。经采收后的藻泥如果是用于饲料生产，可采用日光下晒干或是烘干。由于这种方法干燥时间较长，不易控制产品的品质，所以一般不用于食品的生产。作为食品级产品的螺旋藻干燥，一般采用喷雾干燥。喷雾干燥法是一种高温（120～128℃）瞬间干燥方法。由于加热时间短，使产品能较好地保持原有的营养成分而不被破坏。螺旋藻的采收和干燥流程见图 4-4。

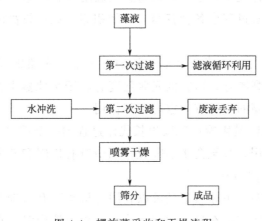

图 4-4　螺旋藻采收和干燥流程

（二）小球藻的生产

小球藻为绿藻，属真核生物，蛋白质含量高达50%～65%，氨基酸组成极佳，并含有大量的维生素、叶绿素，特别是含有令人瞩目的生物活性物质——糖蛋白、多糖体以及高达13%的核酸等物质。具有增强人体免疫、防止病毒增殖、抑制癌细胞增殖、抑制血糖上升，降低血清胆固醇含量、排除毒素、迅速修复机体的损伤等功能。小球藻中富含CGF（小球藻生长因子），能迅速恢复机体造成的损伤，并可作为食品风味改良剂，广泛应用于食品及医用领域。

1. 小球藻的性质

小球藻在分类上属于绿藻门绿藻纲绿球藻目卵孢藻科小球藻属。我国常见种为：小球藻、椭圆小球藻和蛋白核小球藻。小球藻属都是单细胞，单生或聚集成群体。细胞呈球形或椭圆形，直径$3～10\mu m$，生殖时期直径可达$23\mu m$。小球藻以光合自养生长繁殖，在我国分布甚广，常生活于含有机质的小河、沟渠、池塘等水体中。小球藻蛋白质含量高达50%以上，还富含脂肪、糖类、微量元素和多种维生素。小球藻主要营养成分及含量见表4-2。

表4-2　小球藻主要营养成分及含量

成　分	含　量	成　分	含　量
蛋白质	50～65g	维生素 B_1	1.0～3.0mg
脂肪	5～10g	维生素 B_{12}	0.2～0.4mg
碳水化合物	10～20g	维生素 C	20～50mg
纤维素	2～5g	维生素 E	12～30mg
叶绿素	2～4g	泛酸	0.8～2mg
小球藻生长因子	2 000～5 000mg	生物素(维生素 H)	3～20mg
β-胡萝卜素	100～200mg	叶酸	3～10mg
矿物质	5～7g	烟酸(尼克酸)	10～30mg
维生素 B_1	1.0～3.0mg	胆碱	60～160mg
维生素 B_2	3.0～6.0mg	肌醇	6～20mg

注：数据为每100g成品中所含的营养成分。

2. 培养小球藻的影响因素

（1）温度的影响　温度是影响藻类生理代谢的一个重要因素。一般小球藻在10～36℃温度范围内都能迅速地生长繁殖，最适宜的温度为25℃左右。温度除了影响小球藻的生长外，还可影响生长过程中各种营养成分的积累，如：较高的温度可以增加类胡萝卜素的含量。

（2）光照的影响　当小球藻营养不充足的情况下，光照则成了培养的最重要的因素。光照强度并不是越高越好，适宜的光照强度有利于小球藻生物量的积累，但当光照强度过高时，会对小球藻的生长有一定的抑制作用。

（3）pH的影响　pH是影响小球藻生长代谢过程的一个重要因素，它影响小球藻在光合作用中对CO_2的利用，甚至会影响呼吸作用中对有机碳和营养离子的吸收利用。一般适宜培养的酸碱度为pH6～8左右。

（4）营养条件的影响　小球藻也是可以利用无机碳和有机碳两种碳源进行生长的藻类。当培养液的酸碱度适宜，有足够的CO_2溶解在培养液中时，小球藻就可以自养的方

式利用 CO_2 作为碳源生长。而在无光条件下，小球藻可以利用糖等有机物作为生长所需的碳源。在生产培养中尿素可作为生长所需的氮源被利用。适当的氮有利于生物量的积累，但当氮浓度过高时（高于 2.1g/L），则小球藻的生长反而会被抑制。其他矿物质等微量元素在小球藻的生长过程中也起到重要的作用，如：磷、钾、镁、钙等。适当浓度的微量元素有利于小球藻在生长过程中生物量及营养物质的积累。

3. 小球藻的生产工艺

小球藻可以自养生长，也可以异养生长。自养条件下是利用光能和二氧化碳进行生长；在异养条件下利用有机碳源进行生长和繁殖；小球藻也可以混养，即在生长过程中无机碳源和有机碳源都利用。培养可采用封闭式也可采用开放式。封闭式培养主要使用密闭发酵罐和玻璃管道光合生物反应器。封闭式培养便于控制、抗污染、产率高，生物系统的稳定性好，产品质量和产量比较稳定，但设备投入大。目前国内大规模培养主要考虑成本，多采用水泥池式的开放式培养，在培养过程中可通过人工搅拌的方法促进空气中的 CO_2 的溶解。小球藻与其他藻类相比，由于个体体积小，藻产物培养液比较稀，因此不宜采用过滤的方法采收，目前多用离心的方法采收，滤液可以循环使用。小球藻生产的工艺流程见图 4-5。

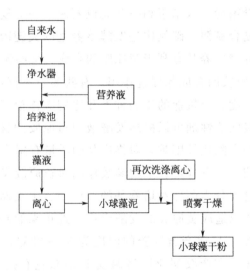

图 4-5　小球藻生产的工艺流程

三、发酵法生产新型食品胶

20 世纪 50 年代以来，发酵法生产食品胶取得了巨大的进展。食品胶作为一种新型的食品添加剂现在已经被广泛应用于食品工业，常用的新型食品胶有黄原胶和结冷胶。

（一）黄原胶

黄原胶是黄单孢杆菌发酵产生的细胞外杂多糖。1969 年美国食品与药品管理局（FDA）批准黄原胶作为食品添加剂，1983 年联合国世界卫生组织（WHO）和粮农组织（FAO）也批准黄原胶作为食品工业用稳定剂、乳化剂和增稠剂。

黄原胶的工业化生产技术比较完善，尤其是生物技术的发展使得黄原胶的发酵产率、糖转化率、发酵液胶浓度等指标都大大提高，发酵周期大大缩短，生产成本降低了很多。我国于 20 世纪 70 年代后期才开始黄原胶的研究，中国科学院微生物研究所、山东大学、南开大学等科研单位均研究成功具有各自特色的生产工艺，在 80 年代中期分别通过中试鉴定，并陆续转化为工业生产。

黄原胶的发酵可以采用分批发酵、半连续发酵和连续发酵等方式，可以采用传统的搅拌发酵罐、外循环或内循环气升式发酵罐等发酵设备进行生产。目前，最常用的发酵方式为分批发酵。

1. 黄原胶的发酵工艺

我国黄原胶生产菌株多数为野油菜黄单孢杆菌，其发酵工艺主要涉及种子培养、发酵培养基以及发酵条件的控制等。

（1）种子培养　种子培养基通常由葡萄糖或蔗糖、酵母膏、牛肉膏、蛋白胨、氯化钠等加水配置而成，经高压灭菌冷却后接入生长良好的试管斜面菌，在 28～30℃下培养 24～48d，即得种子培养液。镜检合格后转入种子罐中通风培养。

（2）发酵培养基　黄原胶发酵的工业培养基的成分包括碳源、氮源、无机盐和微量元素等。碳源主要有葡萄糖、蔗糖和淀粉等，一般认为葡萄糖是黄原胶生产的最佳碳源，但是有的菌株适合用蔗糖做碳源。在淀粉类的碳源中一般选择玉米淀粉最为适宜。氮源主要有蛋白胨、酵母精粉、玉米浆和一些无机氮源，一般复合氮源比单一氮源效果好，因此生产中多采用复合氮源。碳氮比是发酵培养基的关键因素，通常在限制氮的条件下，采用高碳氮比的发酵培养基有利于黄原胶的合成。某些无机离子如 P、S、Mg^{2+}、Ca^{2+}、K^+ 等对菌体和黄原胶的合成起促进作用。有些离子不仅可以提高黄原胶的产量，还可以改变胶的结构和黏度。无机盐的添加种类和比例应该根据菌种特性和发酵工艺通过试验来确定。此外，表面活性剂可以提高发酵液中黄原胶的含量，但是在产品分离提取的过程中表面活性剂的去除比较困难，对终产品的质量有副作用。

（3）发酵条件及其控制　发酵过程中的参数控制对黄原胶发酵的产量和质量具有重要影响。黄原胶的发酵过程分为菌株对培养基的适应期、生长期和产胶期，部分发酵参数应采用分段控制的方法以适应黄原胶的发酵生产。近年来的研究表明：黄单孢杆菌的最适生长温度为 24～27℃，最适产黄原胶的温度为 30～33℃，因此在发酵过程当中应采用分段控制温度的方法，在产胶期应该将温度由 27℃左右提高到 32℃左右。发酵过程中的最适 pH 为 7.0，pH 控制必须严格，否则会影响黄原胶的发酵产率和质量。另外，搅拌速度和搅拌强度既影响供氧情况也影响发酵基质的传递。在黄原胶的发酵过程中氧气的溶解情况既影响黄原胶的代谢速度，也影响黄原胶分子的相对分子质量。氧气的溶解情况既与搅拌的速度和强度有关，也与发酵罐本身的性能有关。在生产实践中，解决高黏度发酵过程中供氧的发酵设备有气升式发酵罐，也可以采用增加通风量、加大罐压、提高搅拌速度、充入含氧量高的空气或在发酵液中加入活性氧释放剂等方法来提高氧的溶解度。

2. 黄原胶的分离提取

黄原胶的发酵液中黄原胶的含量一般为 2.5% 左右，还含有大量的菌体、无机盐和其他不溶物质等杂质。提取分离路线是否恰当既影响成本，又关系到黄原胶的质量和应用范围。从发酵液中提取黄原胶的工艺路线应根据产品的形式和纯度级别来确定。其常见的提取工艺路线包括以下步骤。

（1）发酵液的预处理 预处理的常用方法有三种。第一是物理方法，如采用热处理方法可以使菌体细胞和蛋白质变性凝集，再通过过滤除去这些杂质。也可以采用一些新型材料或过滤技术来对发酵液进行分离除杂。第二是化学方法，如加盐可以絮凝颗粒。用乙二醛、甲醛等有机物可以提高终产品的分散性。第三是生物化学方法，如采用碱性蛋白酶降解细胞成为可溶性物质或碎片，既可以得到澄清的发酵液，还可以改善黄原胶的黏度和稳定性。

（2）黄原胶的分离提取 黄原胶通常采用沉淀分离法进行分离提取，该法是采用一些能够使多糖溶解度降低、相分离和脱水的有机溶剂，或能与多糖结合絮凝沉淀的物质以达到分离的一种方法。常用的沉淀分离方法有醇沉淀法和盐析法。

（3）脱水干燥 经沉淀分离得到的产物含有大量的水和溶剂，一般先进行压榨或离心脱水处理，除去部分溶剂和水，然后采用气流干燥或真空干燥。终产品的水分一般控制在10%左右。

3. 黄原胶的性能及其在食品工业中的运用

黄原胶具有强亲水性、增稠性、稳定性、悬浮性和乳化性。黄原胶用于食品加工中能控制产品的流变学特征而显著改善食品的质地、口感、外观品质，从而提高食品的商业价值。黄原胶可以作为耐酸、耐盐的增稠稳定剂应用于果汁和调味料，可以作为乳化剂、稳定的高黏度填充剂等。黄原胶还可以提高肉制品的嫩度、色泽和风味，以及用于水果、蔬菜的保鲜加工处理等。

（二）结冷胶

结冷胶是一种新型的微生物多糖，其凝胶性能比黄原胶更为优越，如凝胶形成能力强、透明度高、稳定性强、不需要加热或稍微加热即可形成凝胶等。结冷胶于20世纪80年代初开发成功，1992年美国食品与药品管理局（FDA）批准结冷胶作为食品添加剂。

1. 结冷胶的发酵工艺

结冷胶的原始生产菌为假单孢菌伊乐藻属微生物，1987年以后，归为少动鞘脂单胞菌。结冷胶的原始生产菌产胶能力低，Deckwer和Lobas等人用一种新的筛选方法选育出了两株结冷胶生产菌DSM6314和DSM6318，经发酵对比实验表明，其产胶能力比原有生产菌株提高了4～5倍。结冷胶生产菌株的保存方法可以用琼脂斜面或平板低温保藏，也可于−20℃冻结保藏或真空冻干包藏。

结冷胶有两种产品：天然结冷胶和透明型的脱酰基结冷胶。结冷胶的发酵生产工艺包括种子培养、发酵产胶、发酵液预处理、沉淀分离和干燥粉碎等基本过程，如图4-6所示。

（1）发酵培养基 应根据菌种特性和生产工艺来进行调整培养基成分，尽可能适应菌种的发酵产胶，尤其是碳氮比非常重要。碳源一般采用葡萄糖或蔗糖，浓度为3%～7%。氮源一般采用复合氮源，无机氮一般使用NH_4NO_3，有机氮一般采用酵母提取物

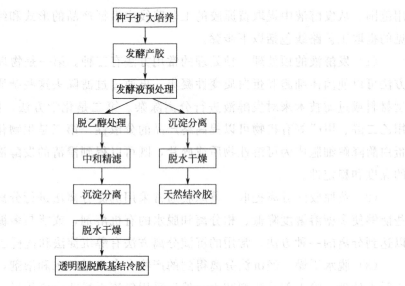

图 4-6　结冷胶发酵生产工艺流程图

或浓缩大豆蛋白。无机离子包括 Mg^{2+}、Mn^{2+}、Ca^{2+}、Fe^{2+}、K^+、Na^+ 等，这些离子对发酵产胶有重要的影响，适量的无机盐能激活生产菌株中的多糖合成酶系，加速生产菌株的多糖合成速率，起到提高产胶量的作用。

（2）结冷胶的发酵工艺　有一步发酵法和中间补料发酵法两种。在生产实践中，一般采用后一种发酵工艺。中间补料发酵法即是待菌株由生长对数期进入发酵产胶期后再补充碳源，这样可以缩短菌株生长周期。另一方面，在发酵产胶期补充碳源，提高碳氮比，有利于促进发酵产胶，提高产率，同时可以降低分离纯化过程中溶剂的用量，降低生产成本。

（3）发酵条件及其控制　温度的控制一般采用分段控温法，在发酵前期一般控制在 $27\sim28℃$ 之间，产胶期一般控制在 $30℃$ 左右。pH 全程控制在 6.5 至 7.0 之间。溶氧对发酵产胶有显著影响，因此，在发酵过程当中，尤其在发酵后期，应该提高搅拌速度和强度，或者提高通气量和罐压来增加溶氧量。

2. 结冷胶的分离提取

首先对发酵液进行预处理，主要是采用加热灭酶和絮凝除菌株的方法。经预处理好的发酵液用异丙醇或乙醇分离沉淀，再经压榨或离心除去大部分溶剂，然后经真空干燥或流化床造粒干燥，粉碎后得到天然结冷胶。

经预处理的发酵液加入碱溶液，搅拌处理 10min 左右，然后用酸中和至中性，精滤除去不溶性杂质，再用异丙醇或乙醇沉淀，在干燥粉碎即得脱酰基结冷胶。

3. 结冷胶的特性及其在食品工业中的应用

结冷胶具有假塑性、流变性、溶解性，是一种广谱的胶凝剂。在食品工业中，结冷胶不仅可以作为一种胶凝剂来使用，更重要的是可以赋予食品优良的质地和口感。结冷胶通常和其他食品胶配合使用，使产品获得最佳的品质和稳定性。

四、发酵法生产食用色素

在食品添加剂中有一类是以食品着色为目的的添加剂，通常称为食用色素。按其来源可分为纯天然色素、仿天然色素和合成色素三大类。近年，由于毒性问题，某些合成色素的应用受到了限制，因此，开发和利用无毒的天然色素日益受到人们的重视，是我国食品添加剂工业"十五"期间的发展重点。天然色素的来源包括从植物中提取和采用微生物发酵生产。与提取法相比，微生物发酵法不受气候、土地等条件的限制。

1. 发酵法生产红曲色素

红曲色素是由红曲霉菌经固态发酵或液态发酵两种方法培养产生的色素。

（1）固态发酵法　常用的工艺流程为：大米→浸洗→沥干→蒸料→冷却→接种→堆积升温→上花培养→浸水→透心培养→出曲→晒干→成品。

① 蒸料。选优质大米 250kg，洗净浸泡 5h，沥干。倒入蒸锅中常压蒸煮，待料层全部上汽后加盖继续蒸煮 10min，视米料透心为准出锅冷却。

② 堆积升温。接入红曲霉菌种或菌液，接种量为 0.6％左右，充分拌匀，将拌匀的曲料转入曲池堆积升温，料面盖麻袋保温，将感应温度计调到 50℃，插入曲料中，接通电铃开关。当品温上升至 50℃时，电铃自动响铃，此时进行第一次翻曲。然后依次将感应温度计调到 40℃和 35℃进行堆积升温。

（2）液态深层发酵法　固态发酵法劳动强度大，生产周期长，品质难以控制，发酵转化率低。因此，红曲色素大规模工业化生产的方向是进行液态深层发酵。上海工业微生物研究所采用液态深层发酵法生产红曲色素，具有色素含量高、杂质少、节约工业用粮等优点。

中型试验采用饴糖为原料，经发酵 72～80h，100kg 饴糖可得固体醇色素 2.7kg。其工艺流程为：P1248 斜面接种→种子罐培养（29～30h，33℃）→发酵罐培养（70～80h，33℃）→过滤→浸泡（93％酒精）→离心去渣→浓缩→成品。

2. 发酵法生产 β-胡萝卜素

β-胡萝卜素是维生素 A 或维生素 A 原的前体物质，在动物、人体中不能合成，只能靠高等植物或微生物提供。β-胡萝卜素作为食品添加剂主要用于着色。β-胡萝卜素具有刺激免疫、降血脂、预防心血管疾病等功能，在医疗保健方面具有广阔的应用前景。从胡萝卜、番茄等富含 β-胡萝卜素的天然果蔬中提取，存在着成本高、工艺复杂和着色力差等问题。由真菌发酵生产 β-胡萝卜素主要有两种菌株：一是布拉克须霉菌，生成 β-胡萝卜素可达 2.6mg/L；二是三泡布拉霉菌，生产 β-胡萝卜素的能力较强，约为 0.8g/L。第二种菌种是实现工业化生产的菌种。

五、发酵法生产有机酸

1. 生产 γ-亚麻酸

γ-亚麻酸是 α-亚麻酸的同分异构体，为十八碳三烯酸，在月见草油中的含量较为丰富。γ-亚麻酸是人体必需脂肪酸之一，是合成人体一系列前列腺素的前体物质，可广泛应用于食品、医药、化妆品以及饲料等领域。

用微生物发酵法生产富含 γ-亚麻酸的油脂，其 γ-亚麻酸含量达到 8％～15％，可与月见草油相媲美。能用于生产含 γ-亚麻酸油脂的微生物包括被孢霉菌、根菌属、小克银汉曲霉、枝霉属和螺旋藻属的某些菌株，通过选育可得到 γ-亚麻酸的高产变异菌株。

一种实验室用的发酵条件是将选育好的深黄被孢霉（*Mortierella isabellina*）菌种接种至斜面培养基上，在28℃保温培养4d以活化菌种，活化后菌种转接至装有100mL种子培养基的三角瓶中，30℃下摇瓶（150r/min）培养4d，成为发酵母液。在装液量为30L发酵罐中，接种5%的发酵母液，搅拌速度400r/min，在此条件下发酵培养4d。生产发酵培养液以葡萄糖、麦芽汁或糖蜜为基础，添加有机氮，如酵母膏、蛋白胨、鱼粉等；无机氮，如$(NH_4)_2SO_4$、尿素、$(NH_4)_2HPO_4$等；无机盐，如$NaNO_3$、Mg_2SO_4等。

螺旋藻属（*Spirulina*）是γ-亚麻酸的另一种来源，大约含有10%类脂物，其中γ-亚麻酸占类脂物总量的20%～25%。螺旋藻是中美、中非国家的传统食品，现广泛出现在欧洲和北美洲的特殊营养品商店里，以一般的推荐量每日10g螺旋藻计算，可提供200～250mg的γ-亚麻酸。此外，根霉属（*Rhizopus*）和被孢霉属（*Mortierella*）之类真菌也能产生含γ-亚麻酸的油脂。

2. 生产EPA和DHA

二十碳五烯酸（简称EPA）和二十二碳六烯酸（简称DHA）均属于高烯不饱和脂肪酸，广泛存在于深海鱼油之中。EPA和DHA是组成磷脂、胆固醇酯的重要脂肪酸。生活在海边的居民比较健康和长寿，这与他们的食物中含有较多的EPA和DHA是有关系的。大量的科学研究表明EPA和DHA对人的大脑、心血管、人体免疫力等有特殊的作用和影响，能够预防和治疗动脉粥样硬化、血栓形成和高血压，并且可以治疗气喘、关节炎、周期性偏头痛和肾炎。还能治疗前列腺癌和结肠癌等疾病。20世纪70年代以来，我国科学家从深海鱼油中提取EPA和DHA来作为保健食品的原料，但从自然界中直接提取存在着受自然条件限制、油脂不稳定、容易氧化等缺点。所以，从80年代开始，人们开始探索用微生物发酵的方法来生产EPA和DHA。

微生物合成多不饱和脂肪酸的代谢途径如图4-7所示。微生物的脂肪酸组成受环境因素的影响，多不饱和脂肪酸合成影响参数主要有培养基组分、通气量、光强度、温度、菌龄等因素。

3. 生产花生四烯酸

花生四烯酸（AA）的系统名为全顺-5,8,11,14-二十碳四烯酸。它具有保护皮肤，提高免疫能力，促进胎儿发育，促进生物体内脂肪代谢，降低血脂、降低血糖、降低胆固醇等功能，已引起人们的高度重视。AA缺乏可导致机体代谢紊乱而引发多种疾病。在功能性食品方面，AA和其他多不饱和脂肪酸被誉为"21世纪功能性食品的主角"，可作为食品添加剂或营养强化剂，改善人类的膳食结构，增强机体的免疫力。

动物的肾上腺、肝脏、沙丁鱼油、蛋黄中都含有低量的AA，一般仅为0.2%（质量分数）。因此，国外很早就开展了微生物生产AA的研究，现在日本、美国、瑞典等已经实现大规模工业化生产。目前，国内有数家单位也开始发酵生产研究。1987年，山田等人从土壤中分离到多株AA产生菌，经选育获得1株高产菌高山被孢霉（*Malpinal* S-4），它用葡萄糖作碳源时产生AA达0.43g/L。1998年，福建师范大学黄建忠等人以深黄被孢霉（*Misabellina* AS3.3410）为出发菌株，经UV（紫外线）、DES（硫酸二乙酯）、NTG（亚硝基胍）复合诱变选育出M018，摇瓶发酵后油脂含量比出发株提高了

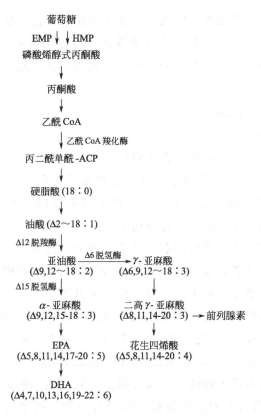

图 4-7　微生物合成多不饱和脂肪酸的代谢途径

133％。1999 年，华南理工大学朱法科等人以 1 株产 AA 的被孢霉为出发菌株，经 UV 诱变选育了突变株 *Mortierellasp* M10，其油脂得率为 8.3g/L，气相色谱分析表明 AA 占总脂的 10.06％。2001 年武汉工业学院何东平等人对 11 株产脂丝状真菌通过拟定的 7 项指标诱变筛选出一产脂优良株，并进行了中试发酵研究，AA 含量达 46％。

1997 年，华南理工大学鲍时翔等人采用正交试验对 *Morrierellasp* M10 进行培养基和发酵条件的优化，其发酵结果是，细胞干重和 AA 产量分别为 33.51g/L 和 0.827g/L。1999 年，鲍时翔等人又研究了碳源种类、葡萄糖浓度、添加植物油等对 AA 产量的影响，并进行了 5L 罐放大试验，细胞干重和 AA 产量分别提高到 38.4g/L 和 0.95g/L。2002 年，华中科技大学余龙江等人研究了不同浓度谷氨酸对高山被孢霉 M3-18 菌株的影响，发现发酵第 7d 时总脂和 AA 产量达最高值，生物量、油脂和 AA 产量分别为 24.43g/L、9.21g/L、1.41g/L，分别比对照组提高了 1.13 倍、1.15 倍和 1.69 倍。2002 年，武汉烯王生物工程公司尚耘等人研究了温度、pH、培养时间等对高山被孢霉的细胞生长、油脂合成和 AA 积累的影响，确定了最佳培养基和条件，使得其干菌体重达到 25.9g/L。

AA 是胞内产物，因其产量受到菌体得率、总脂回收、AA 得率等因素的制约，而且 AA 在油脂中的绝对含量低，毛油成分复杂，在分离纯化过程中极易受到氧、光、热等的作用而发生氧化、聚合、降解、异构等反应，产生对人体有害的成分，因此，分离提取工艺显得十分重要，尤其是油脂的精炼和 AA 的提取这两个环节。2000 年，何东平等人建立了水化脱胶、碱炼脱酸、脱色、脱臭 4 步精炼工艺，所得的微生物油脂经过色泽、气味、杂质、酸值、加热试验、含皂量等多项指标的检测达到食用标准。AA 的富集还可以采用低温结晶、尿素包合、分子蒸馏、吸附分离、超临界流体萃取、脂肪酶浓缩等方法。

六、发酵法生产多元糖醇

1. 木糖醇的发酵法生产

木糖醇是一种五碳糖醇，木糖醇在体内代谢不需要胰岛素的参与，食用后不会提高血糖浓度，而且能够促进胰岛素分泌，可用于糖尿病人的食品中。木糖醇还可以防龋齿，在口腔中不会被微生物发酵。此外，木糖醇能明显降低转氨酶，促进肝糖原的增加，是良好的护肝药品。木糖醇正广泛应用于食品、医疗、化工、皮革等行业。

木糖醇有三种生产方法：直接提取、化学合成和生物发酵。目前，工业生产主要采用化学合成法，但其产率低，成本高，且环境污染大。生物发酵法是利用微生物中还原酶来产生木糖醇，不需要很纯的木糖，对原料要求粗放。

研究得最多的以木糖为原料产木糖醇的微生物是酵母菌，也可以采用细菌和真菌。酵母转化木糖生产木糖醇的能力很大，其中，*Candia* 属酵母转化能力最强，如 *C. guilliermondij*，*C. tropicalis*，*C. mogii*，*C. parasilosis*。

氧气是影响酵母菌利用木糖的一个重要因素。氧在葡萄糖的运输、辅酶的再生和氧化过程中 ATP 的产生等环节对微生物的代谢进行调控，溶解氧不仅影响木糖醇的产量而且对副产物的形成和菌体生长都有影响。在发酵早期，可以通过提高溶氧来积累足量的菌体，但是在此后的发酵过程如果一直保持高水平的溶氧，不仅会导致产生的木糖醇形成木酮糖，而且会使更大比例的木糖用于过量的菌体生长和呼吸作用中，不利于木糖醇的积累。因此一般采用分段通气发酵：第一阶段高通气量，有利于菌体的生长；第二阶段，较低通气量形成合适的限氧环境，促进木糖醇的产生。

发酵液的 pH 也影响着代谢过程和产物的形成。一般酵母适宜的 pH 范围是 3.5～5.5，但不同的菌株也有差别，而且产木糖醇的最适 pH 也不尽相同。因此，在生产实践中，应根据菌株的特性来确定适宜的 pH。

有机氮源有酵母浸膏、蛋白胨、胰蛋白胨等，无机氮源有尿素、乙酸铵、硫酸铵、磷酸氢二铵等。酵母浸膏是最好的有机氮源，富含维生素 B_1、维生素 B_2、维生素 B_6、维生素 B_{12}、叶酸、泛酸、生物素等，含有多种氨基酸，生物素是酵母菌生长的必需营养物质。铵盐也是很好的氮源，使用无机氮源并不比有机氮源差。

我国是一个农业大国，木糖醇生产原料极为丰富。近几年来木糖醇的应用领域不断扩大，人民生活水平的不断提高，木糖醇的需求量不断增长。我国是化学法生产木糖醇的少数国家之一，但工艺较落后、成本高、收率低。所以充分利用农副产品，大力发展木糖醇的生产，对提高经济效益和社会效益有着现实和长远的意义。

2. 甘露醇的发酵法生产

甘露醇是一种六元醇，与山梨醇为同分异构体。甘露醇具有令人愉快的甜味，其甜度为蔗糖的 60％左右，它具有多元糖醇的通性。最早发现存在于南瓜、蘑菇、洋葱与海藻等植物中。在自然界中广泛存在于海藻及某些水果、树木中。甘露醇不易吸潮，同时具有甜度适宜、热量低、无毒副作用的特点，在人体生理代谢中，它与其他功能糖醇一样，具有与胰岛素无关、不提高血糖值、不致龋齿等特点，可用作糖尿病人、肥胖病人的甜味剂。

目前已知的甘露醇的生产方法共有三种：植物提取法、化学合成法和生物发酵法。丝状真菌、酵母和细菌均可用于发酵生产甘露醇。其中，接合酵母菌属的兽氏接合酵母，以葡萄糖、蔗糖、果糖或山梨醇为碳源，在 37℃条件下，发酵 3～5d，培养基中甘露醇的浓度可以达到 70～110g/L。

本章小结

发酵工程是指利用微生物的生长繁殖和代谢活动来生产人们所需产品的技术。发酵工程技术主要涉及菌种选育、菌种保藏、菌种扩大培养、发酵工艺技术、微生物代谢产物分离纯化等内容。发酵工程在食品工业上有着广泛的应用，主要包括：①生产传统的发酵产品；②生产各种食品添加剂；③生产可食用的蛋白质。

在食品工业中，发酵工程技术常应用于以下产品的生产。①单细胞蛋白的生产，本章重点介绍了 SCP 生产的菌种和原料选择、SCP 的发酵生产工艺、SCP 的分离纯化、高活性干酵母的生产及其应用等内容。②螺旋藻的生产，重点介绍了螺旋藻的形态、分类及生态，螺旋藻的化学组成、营养和性质，螺旋藻的培养工艺，培养螺旋藻的影响因素以及螺旋藻的采收和干燥工艺等。③小球藻的生产，本章重点介绍了小球藻的性质，培养小球藻的影响因素，小球藻的生产工艺等内容。④黄原胶生产，本章介绍了黄原胶的发酵工艺关键技术、黄原胶的提取工艺技术、黄原胶的性能及其在食品工业中的运用等。⑤结冷胶的生产，本章重点介绍了结冷胶的发酵工艺、提取工艺、结冷胶的特性及其在食品工业中的应用等内容。

在此基础上，本章简要介绍了发酵法生产红曲色素、β-胡萝卜素、γ-亚麻酸、EPA、DHA、花生四烯酸和多元糖醇的生产实例。

思　考　题

1. 什么是发酵工程？其主要内容包括哪些？
2. 影响发酵的因素有哪些？如何控制？
3. 单细胞蛋白的生产菌有哪些？
4. 简述小球藻的生产过程。
5. 简述黄原胶发酵工艺的关键技术。
6. 简述固态发酵法生产红曲色素的基本工艺流程。

第五章 细胞工程及其在食品工业中的应用

第一节　细胞工程的概述

一、细胞工程的概念

细胞工程是现代生物技术的重要组成部分之一，是应用细胞生物学的方法，有目的、有计划地改造细胞遗传物质并使之增殖，从而快速繁殖生物个体、改良品种、生产生物产品等。一般认为，细胞工程是指以细胞为基本单位，在体外条件下进行培养、繁殖或人为地使细胞的某些生物学特性按人们的意愿发生改变，从而达到改良品种、创造新品种、加速繁育动植物个体以及获得某种有用的物质的目的。细胞工程是在细胞生物学、遗传学、生物化学、生理学、分子生物学、发育生物学、发酵工程等学科交叉渗透、互相促进的基础上发展起来的。

二、细胞工程的研究内容

细胞工程的研究对象包括动物、植物和微生物，但一般来说细胞工程主要指高等生物的细胞工程，可分为植物细胞工程和动物细胞工程。按照需要改造的遗传物质的不同操作层次，可将细胞工程分为细胞培养、细胞融合、细胞拆合、胚胎工程（胚胎培养、胚胎移植）、染色体工程等。

1. 细胞培养

细胞是生物体基本的结构与功能单位。细胞培养指的是微生物细胞、植物细胞和动物细胞在人工提供的体外条件下的生长及分化。在大多数情况下，将微生物细胞的培养划分到发酵工程的范畴。以微生物为材料进行细胞遗传的研究有很多优点，最典型的是微生物细胞繁殖速度快、繁殖周期短、培养条件简单等，高等动植物细胞没有这些有利条件，因此在细胞遗传的研究上受到很大的限制。然而，自从"细胞全能性"理论的提出以及被证实，使得近代细胞生物学获得了长足的发展。虽然动植物细胞在营养要求及培养条件等方面存在很多差异，但它们在细胞培养中也有共同之处。首先，要进行材料的除菌处理。除了淋巴细胞可直接抽取外，动植物材料都要进行严格的表面清洗和消毒工作，保证材料的无菌状态；其次，配制合适的培养基。根据培养细胞的特点，配制细胞培养基，对培养基进行灭菌处理；然后，采用无菌操作技术在培养基中接入生物材料，将接种后的培养基放入培养箱或培养室中培养，当培养达到一定的生物量时及时收获或传代。

2. 细胞融合

细胞融合是在 20 世纪 60 年代以后发展起来的，它是指两个或多个细胞融合形成一个细胞的过程。细胞融合的操作对象包括微生物细胞、植物细胞和动物细胞，其主要过程如下。

（1）细胞标记　进行细胞融合之前，必须对所有亲本细胞进行遗传标记，通常利用药物抗性、营养缺陷等方法进行遗传标记。

（2）制备原生质体　微生物细胞及植物细胞具有坚韧的细胞壁，阻碍细胞间细胞膜的接触，故在进行细胞融合之前用生物酶去除其细胞壁，得到原生质体。

（3）诱导细胞融合　将两种细胞（原生质体）的悬浮液按照一定的比例（一般是 1:1），进行混合，向混合液中加入诱导剂或采用物理方法促进细胞的融合。

（4）筛选杂合细胞　将处理后的混合液转移到特定的筛选培养基中，按照预先做好的遗传标记筛选出具有双亲遗传特性的杂合细胞。

3. 细胞拆合

将完整细胞的细胞核和细胞质用特殊的方法分离开，或把细胞核从细胞质中吸取出来，或杀死细胞核，然后把同种或异种的细胞核和细胞质重新组合起来，培育成新的细胞或新的生物个体的过程称为细胞拆合。细胞拆合技术可分为物理拆合法和化学拆合法。最早采用的核、质分离方法是用紫外线或激光将核破坏，再用微玻璃针或微吸管将其他细胞核注入。后来将细胞融合技术与显微外科手术结合起来，用微吸管将细胞核连同周围少量细胞质吸出，再吸入等量的灭活的病毒悬液，一并注入去核细胞中，让其发生融合。1967 年 Carter 发现细胞松弛素 B（CB）能诱发体外培养的小鼠 L 细胞的排核作用，这一发现引起生物学家的极大关注，将其应用在细胞拆合技术中。但在一般情况下，CB 的自然脱核率最高只有 30% 左右，现将离心技术结合 CB 诱导，获得的胞质体（除去细胞核后由膜包裹的无核细胞）纯度达到 90% 以上，纯化技术日臻完善。

4. 胚胎工程

胚胎工程是一项综合性的繁殖技术，主要用于胚胎移植、分割、卵母细胞体外成熟、胚胎冷冻保存及临床移植治疗疾病等。

（1）胚胎移植技术　将良种母畜配种后的早期胚胎取出，移植到同种的生理状态相同的母畜体内，使之继续发育成新个体即胚胎移植。胚胎移植的相关技术体系主要应用于对优良品种的快速扩繁，主要技术环节包括供、受体的同期发情、供体的超数排卵、胚胎的采集、胚胎的检查与鉴定和胚胎的移植。

（2）胚胎冷冻保存技术　该技术是采取一定的降温程序和保护措施，使胚胎及卵母细胞在 -196℃ 的条件下停止代谢，而升温后可恢复代谢能力的一种长期保存胚胎和卵母细胞的操作。目前已经广泛应用于畜牧生产，常用的保护剂有乙二醇、蔗糖、血清 PBS 等。

（3）胚胎分割技术　该技术是运用显微操作系统将哺乳动物胚胎分为若干个具有继

续发育潜力的部分的操作，运用该技术可获得同卵双生或同卵多生的后代。大多数哺乳动物早期卵裂阶段的胚胎，至少在 8 细胞以前每个卵裂球都有相同的发育能力。现在常用的分割方法有显微操作仪分割法和徒手分割法。

（4）体外受精技术　体外受精是指通过人为操作使精细胞和卵细胞在体外环境下完成受精过程，然后对受精卵进行体外培养并移植到母体培育，从而获得生物个体。

5. 其他技术

随着各个领域的快速发展，细胞工程中出现了很多新的亮点，动物克隆和干细胞技术、染色体技术等发展迅猛。同时这些技术在食品、医药等领域中广泛应用。虽然基因工程是生物技术的核心技术，但生物技术中的很多高新技术是在细胞工程的基础上发展起来的。毋庸置疑，细胞工程的发展必将带动生命科学领域中相关学科的发展。

三、细胞工程的应用现状

细胞工程是在细胞水平上改造生物的遗传物质，细胞工程的各项技术已经投入到各个领域中得以运用，获得了许多研究成果，产生了显著的经济效益和社会效益。

1. 植物细胞工程

植物中存在许多具有显著药用或经济价值且难以人工合成的有效成分，环境的恶化使得植物资源日益衰竭，利用植物组织或细胞大规模培养可生产人类所需的目的产物。例如人参细胞的培养，不仅比人工栽种所需的时间大大缩短，而且细胞内有效成分也比天然人参的含量高出 5 倍。目前利用植物组织或细胞生产的次生代谢产物有保健食品、药物、香料、色素等，并且很多已经投入工业化生产。

利用组织培养技术可以大规模地进行无性繁殖，并且不受季节、气候等因素的影响，可以实现工业化生产。现在很多发达国家对一些具有高价值的药用植物、观赏植物以及农作物都采用快速繁殖技术进行育苗，从而实现大批量生产。但是细胞融合及再生技术至今主要在茄科、十字花科、散形花科植物内进行，而在粮食作物、经济作物中的应用较少，所得植株的性能也不够稳定。

2. 动物细胞工程

20 世纪 50 年代动物细胞的大规模培养使得大量的生物活性物质得以生产，如药品、疫苗、激素等。更为重要的是杂交瘤技术的建立，这是当今生命科学领域中又一重大成就。利用杂交瘤技术制备的单克隆抗体是一种良好的抗癌剂，又可用作免疫诊断试剂。目前，已有几千种单克隆抗体产品投入市场，应用范围从早孕检测到过敏源的鉴定、抗肿瘤和其他多种疾病的治疗之中。

采用动物胚胎细胞和体细胞核移植技术，目前已经成功地克隆了包括鼠、猪、牛、羊、兔和猴等多种动物。这些技术的应用和发展，为加速动物繁殖、培育优良品种、保护珍稀动物等方面带来了良好的应用前景。动物细胞工程的另一突出成就是胚胎移植，使得畜牧业迅速发展。运用这种技术许多国家实现了奶牛的良种化。

细胞工程在食品业、畜牧业、能源、环保等方面都取得了可喜的成绩，为人类带来了巨大的经济效益和良好的社会效益。

第二节　细胞融合技术

一、细胞融合技术的研究进展

早在 1838 年，Muller 就发现肿瘤细胞能在体内自发地融合产生多核的肿瘤细胞，因此 Muller 被认为是发现脊椎动物多核细胞第一人。1858 年 Virchow 发现了正常组织、发炎组织以及肿瘤组织中的多核情况。1873 年 Luginbuhl 发现天花病人的血液中也有多核的血细胞存在。1875 年，Lange 第一个观察到脊椎动物（蛙类）的血液细胞发生合并现象，以后陆续又有科学家发现无脊椎动物中也存在细胞合并现象。

自从 1907 年 Harrison 开展组织培养工作以来，Lambert 首先报告体外培养的肿瘤细胞也会自发地融合，只是机率较低，在 $10^{-6} \sim 10^{-4}$ 之间。1958 年日本的冈田善雄发现灭活仙台病毒能诱导艾氏腹水瘤细胞发生融合，仙台病毒促进细胞融合的有效部位在于它的膜，被超声波打碎的病毒膜片仍具有促进细胞融合的能力。20 世纪 70 年代，成功地进行了几十种细胞之间的融合，进行融合的细胞并不是局限在同种细胞间，有植物间、动物间、动植物间、甚至还有人体细胞与动植物细胞间发生的成功融合。1978 年德国科学家梅歇尔斯将番茄和马铃薯进行原生质体融合，成功地得到一种地上结番茄，地下结马铃薯的植株。尽管果实的品质不甚理想，但这一成果证实细胞融合在开发新型品种方面已经不存在技术方面的限制。1974 年，加拿大科学家 Kao 等发现高分子量的聚乙二醇（PEG）在 Ca^{2+} 存在的情况下能促进植物原生质体的融合并有效提高其融合率，后来的研究表明 PEG 的促融作用不仅发生在植物原生质体之间，还能促进动物、微生物之间的细胞融合，同时在植物原生质体与动物细胞、植物原生质体与微生物原生质体、动物细胞与微生物原生质体之间都有一定的促融作用。除了用化学试剂诱导细胞融合以外，20 世纪 80 年代以来又发展了电融合法、电磁融合法、激光融合法等技术手段，这些新型的技术手段大大提高了细胞间的融合率，细胞融合技术被广泛地运用在各个领域。

二、细胞融合技术的涵义

细胞融合是指在外力因素的作用下，两个或多个异源细胞相互接触后，其细胞膜发生分子重排，导致细胞合并、染色体等遗传物质重组的过程。植物细胞和微生物细胞因为有坚韧的细胞壁，在进行融合之前必须通过酶法去除细胞壁得到原生质体，再进行原生质体的融合，这种融合又称为原生质体融合。

细胞进行融合过程中会发生一系列的变化，在促融剂的作用下细胞之间发生凝集现象，首先是细胞膜发生变化，凝集的细胞间发生膜粘连，继而融合形成多核细胞，然后在培养的过程中多核细胞发生核融合现象，形成杂种细胞。细胞融合技术的应用范围已涉及到生物学的各个分支学科，还应用到医学中的免疫学、病毒学等，对农业中遗传育种特别是创建新品种具有重要的实践意义。

三、促进细胞融合的方法

虽然在自然界中有"自发融合"的现象存在，但融合频率极低，体外培养的细胞发生"自发融合"几率更低（$10^{-6} \sim 10^{-4}$），因此必须采用人为的方式提高细胞融合频率。目前，不管是动物、植物还是微生物，细胞融合的方法主要有以下几种。

1. 病毒诱导融合

病毒是发现最早的促融剂，研究证实一些致病、致癌病毒，如疱疹病毒、天花病毒、副流感型病毒、副黏液病毒等均能诱导细胞发生融合。仙台病毒是一类被膜病毒，属于副黏液病毒族，直径为 $50 \sim 600$nm，由两层磷脂组成外膜，包裹着 RNA 和蛋白质的复合体。仙台病毒具有毒力低、对人危害小、而且容易被紫外线或 β-丙炔内酯所灭活等优点，使其成为生物学法中最常用的细胞融合剂。

细胞的融合与病毒的数量有着密切的关系，每一个细胞必须有足够数量的病毒颗粒附于细胞膜上，细胞才能凝集。另外，细胞凝集和细胞融合所需的温度是不同的，凝集要在较低的温度下进行，细胞间发生融合要在较高的温度下进行，一般是 37℃，各种细胞的融合的速度也不一致，快的只需要 5min 即可。仙台病毒诱导动物细胞融合的过程如图 5-1 所示。

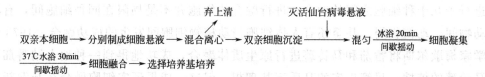

图 5-1　仙台病毒诱导动物细胞融合的过程

本方法虽然较早建立，但由于病毒的致病性、寄生性、制备比较困难以及本方法诱导产生的细胞融合率还比较低，重复性不够高，所以近年来已不多用。

2. 化学诱导融合

20 世纪 70 年代以来，越来越多地使用化学融合剂，主要包括盐类融合剂、聚乙二醇（PEG）、二甲亚砜（DMSO）、甘油乙酸酯、油酸盐、脂质、Ca^{2+} 配合物等。

PEG 是众多融合剂中应用最广泛的化学融合剂，因为 PEG 作为融合剂比病毒更易制备和控制，活性稳定、使用方便，而且促进细胞融合的能力最强。PEG 诱导细胞融合的机理一般认为是 PEG 与水分子以氢键结合，使溶液中自由水消失，由于高度脱水引起原生质体凝集融合。使用化学融合剂时，必须有 Ca^{2+} 的存在，Ca^{2+} 与 PO_4^{3-} 形成不溶于水的化合物，成为细胞间的钙桥，由此引起细胞融合。

3. 电处理融合

20 世纪 80 年代初，Zimnermann 等人发展了电诱导原生质体融合技术。发生细胞降解所需的膜电压为 1V 以上，4μm 球状细胞压强为 3kV/cm，如果两极之间距离为 200μm，要达到 3kV/cm 强度所需电压为 60V，操作温度为 4℃。当细胞处于电场中，细胞膜两面产生电势，其大小与外加电场的强度以及细胞的半径成正比。由于细胞膜两面相对电荷正负相吸，使细胞膜变薄，随着外加电场强度升高，膜电场加强，当膜电势增强到临界电势时，细胞膜处于临界膜厚度，导致发生局部不稳定和降解，从而形成微孔。在可逆电降解条件下，电场诱导的细胞膜微孔的存在时间主要取决于温度，在 4℃时膜微孔可存在 30min，而 37℃时膜微孔的寿命仅为几秒至几分钟。仅仅依靠电场脉冲使细胞膜产生微孔还不能够使原生质体发生融合，促进原生质体融合的另一条件是原生质体的紧密接触，采用双向电泳技术使原生质体受到一个非均匀交流电场的作用，一个一个相互靠拢形成链状紧密排列。电融合法优点较多，对原生质体没有毒害作用，融合率高，重复性好，操作简便，同时融合的条件便于控制。但该法不适合大小相差较大的原生质体融合，加上设备昂贵，在实际应用上有一定的限制性。

为了使制备好的动物细胞及植物原生质体、微生物原生质体能融合在一起，选择适宜有效的促融方法是很关键的。一般来说，诱导动物细胞融合，仙台病毒诱导法、PEG法、电融合法都适用；诱导植物原生质体融合适用PEG法和电融合法；诱导微生物原生质体融合只适用于PEG法。

四、细胞融合技术在食品工业中的应用

1. 酵母菌的育种

酵母菌是人类应用最早的微生物，在现代食品工业中占据非常重要的地位，对它的研究非常广泛。目前用于生产酒精和酿酒的酵母，是经过物理、化学方法诱变而得到的菌种，虽然具有生长快、耐酒精的优点，但是不能分解淀粉或糊精，也不发酵乳糖。克鲁维酵母具有很好的乳糖发酵能力，将克鲁维酵母与酿酒酵母通过聚乙二醇诱导融合，获得种间融合子，它不仅能发酵葡萄糖、蔗糖、麦芽糖、棉子糖和蜜二糖，而且可以发酵乳糖，在以乳糖为碳源的培养基中其发酵能力是亲本克鲁维酵母的两倍。

现代啤酒发酵工业中，大罐发酵是广泛使用的方法，理想的啤酒酵母除了要求具有发酵力强、赋予啤酒独特的风味外，最好还具有一定的凝集性，在发酵终了时菌体能够凝集在一起，利于下游的工艺操作。糖化酵母（$S.\ diastaticus$）1376能发酵淀粉但不具凝集性，$S. cervisiae$1161具有高度的凝集性，将两种菌株进行融合获得的融合子既具有凝集特性，又能分解淀粉。这样就可以改善工艺流程，降低生产成本。

在环境温度比较高的地区，普通酵母菌难以进行正常发酵，必须利用制冷设备才能维持正常的生产。文铁桥和赵学慧（1999）采用酿酒酵母 A_{001} 和克鲁维酵母 Y_{034} 作为亲本菌株进行原生质体融合，酿酒酵母 A_{001} 能发酵麦芽糖但在45℃条件下不能生长，克鲁维酵母 Y_{034} 不能发酵麦芽糖但可以在45℃下生长，通过PEG进行融合后得到 AY_{023} 和 AY_{680}，遗传性状比较稳定，获得了双亲的优良性状，具有在45℃培养条件下产酒率7.4%的能力。

2. 氨基酸生产菌的育种

L-谷氨酸生产菌自1956年首次从自然界中分离获得，几十年来经过了各种方法的人工诱变和菌株筛选。生产谷氨酸的高产优良菌株FM84-415不够稳定，易被噬菌体感染，对生产带来极大的损失。赵广铃等人选用FM84-415和FM242-4作为亲本菌株进行了原生质体融合，目的是筛选出性能稳定并能抗噬菌体感染的菌株，采用PEG融合后将在HMM（高渗固体及半固体培养基）平板上生长的菌落点种于CM（完全培养基）平板和含噬菌体的双层平板上培养，检出抗性菌株63株，进行复筛后得到的菌株产酸能力比亲本高，而且对噬菌体有抗性。

乳酸发酵短杆菌和黄色短杆菌是两种重要的氨基酸生产菌，后者是赖氨酸高产菌，但是生长缓慢，发酵周期长，生产中染菌的机会大，增加了生产成本。将两种菌株作为亲本进行原生质体融合后得到的赖氨酸生产菌，不仅对葡萄糖的转化率提高了，而且发酵周期大大缩短，与亲本比较缩短了 11％。

3. 酶制剂生产菌株的育种

芽孢杆菌是淀粉酶、蛋白酶等酶制剂的生产菌株，也是细胞融合技术研究较多的一类菌株。自 1976 年以来，关于芽孢杆菌原生质体融合的应用有大量的报道。将产蛋白酶的枯草芽孢杆菌和地衣芽孢杆菌进行原生质体的融合，得到了一种产酶能力比亲本提高了 15％～20％的菌株。再经过紫外诱变，得到的菌株产酶能力进一步提高了 20％～30％，具有极大的工业生产价值。

细胞融合技术广泛应用于食品、发酵产业，应用此项技术获得高产量的菌种已经成为常规方法，由此可见该技术在食品工业育种中的巨大潜力。

第三节　动物细胞工程及其应用

动物细胞工程是细胞工程的一个重要分支，它主要是从细胞生物学和分子生物学方面，根据人类的需要，一方面改造生物遗传种性，另一方面应用工程技术的手段，大量培养细胞或繁育动物本身，以获得细胞或其代谢产物以及可供利用的动物体。在 20 世纪 70 年代后期，基因工程使得外源基因成功地在微生物中得以表达，由于它的简单快速、生产效率高，逐渐形成了以原核细胞为培养对象的基因工程技术和大规模微生物培养技术，并且获得了很多特殊的基因产物，一度大有取代动物细胞培养之势，似乎许多原来由动物细胞培养生产的产物转而可以由微生物培养所取代。但是，在后来的生产中发现，许多生物活性蛋白质不能在微生物细胞中表达，而只能在动物细胞中表达。研究表明，这是因为原核细胞本身缺乏蛋白质转录后修饰能力；另外，在原核细胞的培养过程中，极易受到外源毒素的污染。相比之下，动物细胞培养就没有上述的缺点。由此看来，动物细胞培养技术生产各种特殊生物制品是其他植物、微生物细胞培养所无法取代的。

体外培养的细胞来自各种分化程度不同的组织，各种细胞之间的生物学特性差异很大，在体外培养时所要求的条件也有所不同。因此，不能用同一种方法培养所有的细胞。但是动物细胞的结构与组成以及生存环境基本相同，所以动物细胞培养总体说来有以下特点：动物细胞无细胞壁，大多数哺乳动物细胞需附着在固体或半固体表面才能生长；动物细胞培养除了需要与培养微生物、植物细胞一样的培养基成分外，还需要血清成分，特别是动物激素的存在；动物细胞对环境更敏感，培养条件的控制更加严格；要适应无菌状态下高密度、长时间的培养。下面介绍基本的培养条件和培养技术。

一、培养基的制备

培养基是维持体外培养细胞生长、生活的基本营养物质。一般可分为三类：平衡盐溶液（BSS）、天然培养基和合成培养基。BSS 又称为平衡盐水，本身具有维持渗透压，控制酸碱的平衡作用，同时也能供给细胞生长所需的能量和无机离子，主要用于冲洗组织和细胞以及配制各种培养用液的基础溶液。天然培养基使用最早，营养价值高，也最有效，但成分复杂，个体差异较大，来源也有一定的限制。合成培养基是根据天然培养基的成分，用化学物质模拟合成的，具有确定的成分组成，是一种理想的培养基。

1. 平衡盐溶液

BSS 是在 Ringer 的生理盐水基础上发展起来的，主要由无机盐和葡萄糖组成，无机离子不仅是细胞生命所必需，而且在维持渗透压、缓冲和调节溶液的酸碱度方面起着重要作用。各种 BSS 溶液的区别主要是离子的种类、浓度以及缓冲系统的差异。BSS 溶液内一般加入 0.001%～0.005% 的酚红作为酸碱指示剂，用来观察 pH 的变化。pH7.4 时 BSS 为红色，pH7.0 为橙色，pH6.5 为黄色，pH7.6 略呈蓝红色，pH7.8 则为紫色。

2. 天然培养基

直接采用动物的体液或从组织中提取的天然成分作为动物细胞或组织培养的培养基即为天然培养基，主要有血清、血浆、胚胎浸出液和鼠尾胶原等。

血清是动物细胞培养中最常用的天然培养基，血清中含有丰富的营养物质，包括无机离子、脂类、蛋白质、维生素、激素等有效成分，能维持细胞正常的生长繁殖，同时保护细胞各种生物学性状。但是血清中存在的一些成分对细胞的生长和繁殖有害，如免疫球蛋白、生长抑制因子等。另外，血清的组成复杂，还含有一些未知的成分，不同动物、不同批次的血清成分和活性差别较大，导致培养结果不稳定。常用的动物血清主要有牛血清和马血清，其中胎牛血清质量最好，但是来源有限，价格较高，实验室常用的是犊牛血清，即刚产下尚未哺乳的小牛，因为哺乳后的小牛血清中含有更复杂的成分。

3. 合成培养基

天然培养基虽然适合动物细胞的生长与繁殖，但是成分复杂、来源有限，为了创造与动物体内相似的环境供细胞在体外生长，人们开始研制合成培养基。1951 年，Earle 首先研制成功供细胞体外生长的人工合成培养基。合成培养基是根据细胞所需的营养成分，用化学物质进行人工模拟而得，其主要成分包括氨基酸、维生素、碳水化合物、无机离子和一些特殊成分。不同动物细胞对氨基酸的需求有所不同，但必需氨基酸必须在培养基中添加。虽然各种合成培养基是针对不同的细胞设计的，但实际上每种培养基适合于多种细胞的培养。合成培养基的成分已知，便于控制实验设计条件，对动物细胞培养技术的发展有很大的推动力。

由于天然培养基中的一些重要成分目前尚未研究清楚，而这些成分与细胞的生长繁殖有关，所以现有的多数人工合成培养基只能满足于维持细胞的生存，为了动物细胞更好地生长繁殖，在合成培养基中还需要添加部分天然培养基，最常添加的是一定量的血清。基本合成培养基添加血清即为完全培养基。

4. 无血清培养基

为了深入研究细胞生长发育、分裂繁殖以及衰老分化的生物学机制，科学家开发研制了无血清培养基。无血清培养基是全部采用已知的营养成分，其中包括血清的有效成分——细胞生长因子，从而替代血清。这些代血清的细胞生长因子现已发现的多达几十种，有表皮生长因子、成纤维生长因子、神经生长因子、血小板生长因子等。同时，激素也是动物细胞培养所必需的补充因子，胰岛素、生长激素、胰高血糖素、氢化可的松是常见的补充因子。无血清培养基内由于缺乏天然成分中大分子物质对细胞的保护作用，因此，培养的细胞对外界刺激耐受性较差，因而对配制溶液的蒸馏水要求较高，一般采用三次蒸馏以上的水，即三蒸水。

虽然无血清培养基的使用保证了实验结果的准确性、可重复性和稳定性，但是目前所使用的无血清培养基有很多不足之处，如增加了成本，针对性更强，一种无血清培养基一般只适用于一种或一类细胞的培养，到目前还未研制出普遍适用的无血清培养基。

二、动物细胞培养方法

将动物组织或细胞分散成单个细胞，在体外条件下模拟机体内生长环境，使其能继续正常生长繁殖的过程称为细胞培养。细胞的体外培养可分为原代培养和传代培养。原代培养是指将机体取出的组织或细胞进行初次培养的过程。初次培养的细胞大约增殖 10 代左右，这样的细胞称为原代细胞。从原代培养的细胞继续转接培养称为传代培养。在体外环境条件下持续传代培养的细胞称为传代细胞。原则上各种动物细胞都能进行体外培养，实际上幼体组织比老龄组织更容易培养，肿瘤组织比正常组织容易培养。根据细胞生长方式的不同，体外培养细胞可分为贴壁依赖性细胞和非贴壁依赖性细胞两种。贴壁依赖性细胞生长时需要附着在某些带适量正电荷的固体或半固体表面，大多数动物细胞属于此类细胞；非贴壁依赖性细胞体外生长时不必贴壁，可在培养基中悬浮生长，如血细胞、淋巴细胞、肿瘤细胞、杂交瘤细胞、转化细胞系等都属于这一类。

（一）培养步骤

培养动物细胞一般按以下步骤进行。

1. 取材

无菌取出动物组织，用培养液漂洗干净。

2. 解离细胞

用无菌刀具切去材料的多余部分后将其切成小组织块，将小组织块放入解离液中离散细胞，不同的组织选择不同的解离液，主要包括胰蛋白酶、胶原酶、蜗牛酶、透明质酸酶等，有需要时也可将几种酶联合使用。

3. 转移培养

低速离心洗涤细胞后，将离散细胞吸移至培养瓶中培养。

（二）培养方法

1. 悬浮培养

悬浮细胞培养是利用旋转、振荡或搅拌的方式让细胞在培养器中自由悬浮生长，主要适用于非贴壁依赖性细胞的培养。用于悬浮细胞培养的装置与微生物细胞的发酵相似，但是动物细胞比微生物细胞脆弱，因此不能耐受剧烈的搅拌。现已用于动物细胞悬浮培养的装置很多，例如，可在培养容器中放入一个螺旋搅拌器，搅拌器为外膜包裹的磁棒，将培养器放在磁力搅拌器上，可使培养器内的搅拌子转动；也可将培养瓶固定在恒温摇床上震荡培养。

2. 贴壁培养

贴壁培养是指细胞贴附在固体介质表面上生长，主要用于贴壁依赖性细胞的培养。原来是圆形的细胞一经贴壁就迅速铺展，然后进行有丝分裂，一般在数天后就铺满整个生长表面，形成致密的细胞单层。最初对于这种细胞的培养采用滚瓶系统，其结构简单、投资少、技术成熟、重复性好，但是劳动强度大而且细胞产率低。1967年开发了微载体系统以后，在动物细胞的大量生产和各种生物制品的制备中已逐渐取代了滚瓶系统。采用微载体系统，细胞在生长的过程中可以贴附在微载体表面上，并悬浮于培养基中，这种方法的优点是比表面积大，因此单位体积细胞产率高。同时，细胞的生长环境均一，容易控制和检测细胞生长情况，培养基利用率高，这些优点使得微载体系统的应用越来越广。

3. 大规模培养

实验室培养一般是将细胞培养在培养板、培养皿、培养瓶等容器中，这些容器的体积有限，最大为1~2L，因此培养的细胞数量和分泌的产物都是有限的。对细胞的大规模培养不仅可以获得大量有价值的细胞，还可以利用细胞的代谢获得生物活性成分，包括各种疫苗、干扰素、单克隆抗体等。但是动物细胞没有细胞壁的保护，对外界环境的适应力差，而且生长速度缓慢、对营养要求严格，最关键的是，大多数动物细胞具有贴壁依赖性，因此在动物细胞的大规模培养时，对培养系统的要求较高。目前已经根据这些要求开发出了一些适用于大规模培养动物细胞的反应器。

（1）中空纤维培养系统　中空纤维反应器是由多层中空纤维构成培养系统的核心，使用的中空纤维是一种醋酸纤维素和硝酸纤维素混合组成的可透性滤膜，表面具有海绵状多孔结构，可使水分子、营养物质和气体透过。培养时中空纤维全部浸没在培养基中，将动物细胞接种于空心纤维的外腔，空心纤维的内腔中流动的培养液供给细胞营养物质。当培养一段时间后，细胞密度达到 $10^7 \sim 10^8$ 个/mL，就用无血清培养基取代含血清培养基，此时细胞不再增殖，但细胞依然存活并继续分泌所需的蛋白质或其他有用的因子。

（2）微载体培养系统　利用固体小颗粒作为载体，使细胞在载体的表面附着，通过连续搅拌悬浮于培养液中，细胞在载体表面单层生长，因此这种技术兼具单层细胞培养和悬浮培养的优点。微载体是指直径在 $50\,\mu m$ 到数百微米不等的微珠，制备材料主要是葡聚糖类、各种合成的高分子聚合物、纤维素、明胶和玻璃等。但由于细胞生长在微载体表面，易受到剪切损伤，不适合贴壁不牢固的细胞生长；微载体价格较贵，一般不能重复使用；在培养后期老化的细胞容易从微载体上脱落下来。

（3）微囊培养系统　在无菌条件下，将细胞悬浮在海藻酸钠溶液中，经微囊发生器将含有细胞的悬液形成一定大小的液滴，滴入氯化钙溶液中，形成内含细胞的凝胶小珠，再将凝胶小珠用多聚赖氨酸处理，颗粒表面形成坚韧、多孔、可通透的外膜，最后将颗粒放入柠檬酸钠溶液中，液化凝胶小珠，就得到由多孔外膜包被的细胞。微囊培养系统就是将包裹细胞的微囊在培养基中悬浮培养，细胞在微小的环境中受到一定的保护，减少了搅拌对细胞的伤害，而且只有小分子物质可以进出微囊，细胞分泌的大分子产物都留在微囊内，收集时破开微囊即可得到高度纯化的大分子产物。

三、动物细胞大规模培养的应用

动物细胞的大规模培养直接应用在食品工业中的非常少，主要是生产植物和微生物难于生产的具有特殊功能的生物活性物质，比如激素、疫苗、药用蛋白质等。可以预见，大规模动物细胞培养技术的不断成熟将在多个领域发挥它的优势。

第四节　植物细胞工程及其应用

植物细胞工程主要是指在离体条件下对植物组织细胞的操作。因此，它也是广义上的植物组织培养。通常我们所说的广义的组织培养，是指通过无菌操作分离植物体的一部分（即外植体），接种到培养基上，在人工控制的条件进行培养，使其生成完整的植株。

一、植物细胞培养的涵义

最常见的植物组织细胞培养技术按培养对象可分为植株培养、器官培养、愈伤组织培养、细胞培养和原生质体培养等。植株培养是对完整植株材料的培养，如幼苗及较大植株的培养。器官培养即离体器官的培养，根据作物和需要的不同，可以分离茎尖、茎段、根尖、叶片、叶原基、子叶、花瓣、雄蕊、雌蕊、胚珠、胚、子房、果实等外植体的培养。愈伤组织培养为狭义的组织培养，是对植物体的各部分组织进行培养，如茎尖分生组织、表皮组织、胚乳组织和薄壁组织等，诱导产生愈伤组织进行培养，通过再分化诱导形成植株。细胞培养是指在无菌条件下，将植物细胞从机体内分离出来，在营养培养基上使其生存和生长的过程。原生质体培养是用酶及物理方法除去植物细胞细胞壁形成原生质体后进行培养。

植物组织细胞培养是本世纪发展起来的一门技术，由于科学技术的进步，使得植物组织培养不仅从理论上为相关学科提出了可靠的实验证据，而且一跃成为一种大规模、批量化生产种苗的新方法，并在生产上越来越得到广泛的应用。

二、植物细胞培养的类型与技术

植物细胞培养是指在离体条件下对植物单个细胞或小的细胞团进行培养或使其增殖的技术。由于研究目的的不同和细胞的种类不同，细胞培养有多种不同的方法。根据培养规模的大小，可分为小规模培养和大批量培养；根据培养方式的不同，可分为悬浮培养、平板培养、看护培养、固定化培养。植物细胞的培养方式如图 5-2 所示。植物细胞培养技术不仅为研究细胞分化、发育的分子机制等提供了良好的平台，同时利用细胞的大规模培养技术在植物次生代谢物的生产上也具有较大的应用前景。

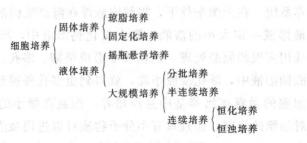

图 5-2　植物细胞的培养系统

1. 植物细胞悬浮培养

植物细胞的悬浮培养是将组织离散成单细胞，悬浮于液体培养基中，在保持细胞良好分散状态下进行培养的技术。它是从愈伤组织的液体培养基础上发展起来的一种培养技术。在液体状态下，便于细胞和营养物质的充分接触与交换，细胞状态基本保持一致，因此有利于在细胞水平上进行各种遗传操作和生理生化活动的研究，同时为植物细胞大规模培养提供了科学依据。悬浮培养首先要获得大量分散的个体细胞，在早期，多采用叶肉细胞和根尖细胞作为细胞来源，细胞分离方法采用机械分离和酶分离。但是，直接分离来自植物个体的组织细胞，由于分化程度的差异，生理的一致性较差，影响培养效果。因而现在建立的悬浮培养系统一般采用愈伤组织作为起始细胞来源。

（1）分批培养　分批培养是指先将细胞和培养液一次性装入反应器内进行培养，细胞不断生长，同时产物也不断形成，经过一段时间的培养后，终止培养。在细胞分批培养过程中，不向培养系统补加营养物质，也不从培养系统中放出培养液。因此细胞所处的生长环境随着营养物质的消耗和产物、副产物的积累时刻都在发生变化，不能使细胞自始至终处于最优的条件下培养，因而分批培养不是一种理想的培养方式。在整个生长周期中，细胞数的增加大致为 S 曲线，细胞在初期要经过延迟期，才进入对数生长期，随后细胞数量不再增加时达到平衡，最后因为营养物质的缺乏和有害代谢物的积累，细胞数量开始下降。

（2）半连续培养　在反应器中投料和接种培养一段时间后，将部分培养液和新鲜培养液进行交换的培养方法即为半连续培养。反应过程通常在一定时间间隔进行数次反复操作以达到培养细胞和生产有用物质。这种方法可不断补充培养液中的营养成分，减少接种次数，但培养细胞所处环境与分批培养一样，随时间变化。工业生产中为了简化操作过程，确保细胞增殖量，常采用半连续培养法。有些植物细胞及其他物质产量，用半连续培养法比分批培养高。

（3）连续培养　在培养过程中，不断排出悬浮培养物并注入等量新鲜的培养基，使培养物不断得到营养物质补充。这种培养方法，细胞增殖速度快，适于大规模工业化生产。

2. 植物细胞固定化培养技术

将植物细胞固定在载体上培养，与细胞悬浮培养相比，固定化细胞生长较慢，有利于次生代谢物的积累；易于控制生长环境和收获产物；有利于进行连续培养和生物转化。植物细胞固定化的方法有包埋法、吸附法和共价结合法。植物细胞常用的包埋剂主要是一些多糖和多聚化合物，如海藻酸盐、琼脂糖、聚丙烯酰胺等。

海藻酸钙包埋法比较温和，同时高聚物又能耐受高温灭菌，因此广泛应用于各种类型的细胞固定化。海藻酸盐是由葡萄糖醛酸和甘露糖醛酸组成的多糖，在钙离子存在时，糖中的羧基与阳离子之间形成离子键，从而形成凝胶；若加入钙离子配合剂如 EDTA，这种凝胶就能溶解释放出细胞。

三、植物细胞培养在食品工业中的应用

植物次生代谢产物是许多食品和药品的重要原料，目前已知的 30 000 多种天然化合物中有 80％来源于植物，包括香料、色素、调味品、药物蛋白等。但是常规的农业培养受到气候、病虫害等环境因素的影响，使得这些资源远远不能满足人们的需要。植物细胞培养技术相比之下有优势，能够对上述化合物进行批量生产，提供物美价廉的产品。如 1983 年 Curtiny 报道，在日本已经建立起紫草细胞培养商业化体系，培养规模达到750L，得到的紫草细胞可作为消炎剂和色素使用。近几年，利用生物反应器大规模生产植物次生代谢物已取得重大进展，很多产品加快了商业化步伐。

1. 食品添加剂的生产

直到 20 世纪 70 年代，人们才开始利用植物细胞培养生产天然食品添加剂。如在甜菊叶中含有一种类皂角苷，即甜菊苷，是一种天然甜味剂，甜度大约是蔗糖的 300 倍，将甜菊叶愈伤组织进行细胞培养，经薄层色谱检验证实了愈伤组织和悬浮培养物的提取液中都含有甜菊苷。近年来研究发现用培养细胞的磷酸二酯酶从 RNA 生产 5′-核苷酸，利用长春花细胞株进行大规模的悬浮培养，在细胞匀浆液中加入酵母 RNA 和 NaF，经过一段时间的酶反应，可以得到 AMP、GMP、CMP 和 UMP。

2. 香料的生产

利用植物细胞大规模培养技术已经生产出多种香料物质。在玫瑰的细胞培养中发现增加成熟的不分裂细胞能产生除五倍子酸、儿茶酚之外的更多的酚。在洋葱细胞培养中，从蒜碱酶抑制剂羟基胺中提取出了香料物质的前体物质——烷基半胱氨酸磺胺化合物。在热带栀子花的细胞培养中产生的单萜葡糖苷、格尼帕苷和乌口树苷的产量很高。

3. 天然食品的生产

利用植物细胞培养技术还可生产天然食品，从咖啡培养细胞中可收集到可可碱和咖啡碱，从海藻（石花菜、江蓠等）的愈伤组织培养物中可得到琼脂。

第五节　细胞工程在食品工业中的应用实例

一、细胞工程法生产人参

植物细胞大规模培养的产物首先是植物细胞，细胞也是重要的产品之一。如将培养后收集的人参细胞冻干，得到活性人参粉，既可以作为保健食品原料，也可作为药材，其中除了人参的活性成分人参皂苷外，还含有酶类及其他活性成分，保健作用高于天然人参。

（一）西洋参愈伤组织的培养工艺

西洋参属五加科人参属植物，为名贵的中药材之一，具有降血脂、镇静、造血及健胃作用，所含的主要有效成分是皂苷，目前尚不能人工合成。

1. 工艺流程

工艺流程见图 5-3。

2. 工艺步骤

（1）外植体的选择　取人工栽培的西洋参根，用干净的刷子在流动的自来水下充分洗刷，除去根部的土壤，然后将其切成 50～100mm 厚的片段，放入 70％乙醇中 30s，取

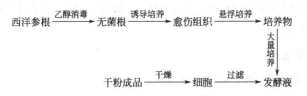

图 5-3　西洋参愈伤组织培养的工艺流程

出，浸于 10%漂白粉和 0.1%升汞（HgCl₂）溶液中 10～20min，取出后用无菌水漂洗几次，除净残留的消毒剂。

（2）愈伤组织的诱导　在 MS 培养基中添加 2.5mg/L 的 2,4-D（2,4-二氯苯氧乙酸）、0.8mg/L 的 KT（激动素）和 0.7g/L 酪蛋白水解物，即为诱导西洋参愈伤组织的培养基。取已消毒的西洋参根的片段切成 1mm×4～5mm×4～5mm 的小块组织，在每个培养瓶中接入 1g 左右的小组织块，于 25～26℃培养 20d 即长成愈伤组织。然后进行移植继代培养，移植过程中每瓶均用同一块愈伤组织切割分散和接种培养。如此循环，进行 20～30 次后即可获得多个西洋参愈伤组织无性系。

（3）悬浮培养　在 MS 培养基中添加 1.25mg/L 的 2,4-D、0.4mg/L 的 KT 和 0.7g/L 酪蛋白水解物即为悬浮培养的培养基。将愈伤组织用培养基洗下来并通过筛网流入无菌量筒中，沉淀 10～15min，倾去上清液，每瓶接种 1～2g/L（细胞干重），置于摇床中在 27～29℃以 120r/min 速度振荡培养，培养 20～25d 后即得悬浮培养物。

（4）细胞大量培养　所用培养基与悬浮培养基相同，反应器为 10L 通气搅拌罐，培养基充满系数为 0.7～0.8。将上述悬浮细胞培养物直接接种到反应器中，接种量为 1～2g/L（细胞干重），在 27～29℃下，以 50～70r/min 速度搅拌，0.6～0.8m³/(m³·min) 通气量培养 18～20d，即得西洋参细胞培养物。

（5）细胞收集与干燥　培养结束后，用过滤或离心方法收集细胞，用去离子水洗涤 3～5 次，每次抽干，然后于 50℃以下真空干燥或冻干制得培养的西洋参细胞干粉，收率一般为 3～5g/L（干重）。

（二）人参再生器官的培养工艺

在人参组织培养中，利用愈伤组织可以分化成不同的组织和器官，如再生形成的根、茎、叶和花等器官，甚至可以再生成完全的植株。

1. 再生根的分化

在人参组织培养中，比较容易分化形成的是再生根。在培养基上利用人参的组织器官诱导形成愈伤组织时，愈伤组织块上可以形成很多已分化的再生根，随着继代培养次数的增加，愈伤组织生长速度加快，再生根逐渐减少，直至不再形成。

2. 再生根的培养

将分化形成的再生根接种到含 5mg/L NAA（萘乙酸）的固体培养基上进行培养，接种时将组织块一起接种，再生根迅速增长，若将再生根从组织块上剥离下来单独培养，则再生根不易生长。将布满再生根的组织块转移到含 5mg/L NAA 的液体培养基上，以 108r/min 进行振荡培养，此时再生根可以离开组织块分散生长，形成团簇状。

研究表明，利用愈伤组织培养分化的再生根生长效果良好，但是所含皂苷仅为人参细胞悬浮培养物中的50％。

二、代谢产物的生产

（一）天然植物色素紫草宁的生产实例

紫草属紫草科多年生药用草本植物，紫草根中的萘醌类混合物（又称紫草宁）具有清热解毒、消炎杀菌、促进伤口愈合的功效，对皮肤烧伤、烫伤有显著的疗效。紫草宁不仅是一种天然的药物成分，也是天然的植物红色素，研究证实，紫草色素色彩鲜艳、染色力强、物理化学性质稳定、耐高温、抗氧化，可广泛应用于药品、食品、化妆品等领域，是不可多得的对人体安全无毒、有多种有益功能的天然植物色素。

1. 工艺流程

工艺流程见图5-4。

图5-4 紫草愈伤组织培养生产紫草宁的工艺流程

2. 工艺步骤

（1）愈伤组织的诱导 将紫草种子置于含有10^{-6}mol/L 2,4-D 和10^{-6}mol/L 激动素的 LS 琼脂培养基上，在暗室于25℃下培养，种子萌发后于幼根部形成愈伤组织，再将愈伤组织移植于含10^{-6}mol/L IAA（吲哚-3-乙酸）和10^{-5}mol/L 激动素的 LS 琼脂培养基中。

（2）继代培养 将获得的1.5g 鲜重愈伤组织移入装有80mL 含有10^{-6}mol/L IAA 和10^{-5}mol/L 激动素的 LS 液体培养基的300mL 三角瓶中，在100r/min 转速下振荡培养，使细胞增殖。

（3）一级培养 接种在 LS 培养基中继代培养14d，用不锈钢制孔径为40μm 的筛网收集细胞，将1.5g 鲜重细胞接种在80mL 的基本培养基中，进行振荡培养，在细胞增殖6～7倍后，自第10～11d 起对数增殖期结束，增殖速度开始降低。

（4）二级培养 按前述方法收集一级培养所得的细胞，将2.4g 鲜重细胞移入装有80mL 的基本培养基的300mL 三角瓶中，在100r/min 转速下振荡培养。培养2d，一部分细胞即呈红色，7d 全部细胞团完全呈鲜红色。经14d 培养的细胞中紫草宁含量达1.5％，即1L 培养基中紫草宁的收获量约为15g。

（二）超氧化物歧化酶的生产实例

超氧化物歧化酶（SOD）是生物体内清除超氧阴离子自由基的一种重要酶，具有重要的生理功能，在功能性食品的生产中有广泛的应用前景。SOD 虽然可以直接从动植物组织中分离提取，但是成本高，经济效益低，大蒜是 SOD 含量较高的天然植物之一，利用大蒜细胞培养生产 SOD 具有成本低、实用性强等优点。

1. 工艺流程

工艺流程见图 5-5。

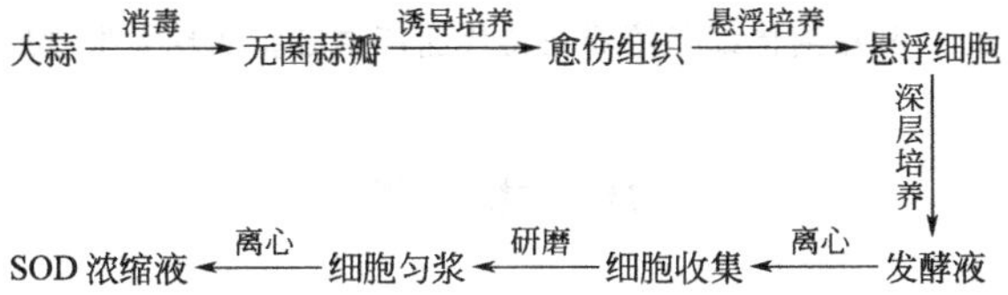

图 5-5 大蒜细胞培养生产 SOD 的工艺流程

2. 工艺步骤

（1）大蒜愈伤组织的诱导和培养　将大蒜放在 8℃的低温环境中贮藏 1 个月，打破其休眠状态，用无菌水冲洗剥去保护叶的蒜瓣，冲洗干净后，进行消毒处理，用 70％乙醇漂洗 15～30s，置于 0.1％升汞溶液中消毒 8min，再用无菌水冲洗 3 遍。消毒处理后的蒜瓣切成蒜块后接种于盛有愈伤组织诱导培养基的三角瓶中，培养温度 25℃，每天循环光照 12h，培养 20d 左右移植到盛有增殖培养基的三角瓶中，继续培养 20d。

（2）大蒜细胞的悬浮培养　将培养好的大蒜愈伤组织接种到悬浮培养基中进行液体培养，培养温度为 25～30℃，培养 7d 以后，单细胞和部分小细胞团从愈伤组织上脱落下来，由此获得的单细胞作为深层发酵的种子进行发酵。大蒜细胞在经过短暂的适应期后迅速进入对数生长期，到 15d 时，大蒜细胞的生长速率达到最大值，细胞量鲜重达 121g/L，细胞内的 SOD 的积累也达到最高峰，细胞单位酶活力 312.9U/g，总酶活力 $3.8×10^4$U/L。

（3）超氧化物歧化酶浓缩液的提取　大蒜细胞深层发酵结束后，经离心处理，收集沉积的细胞，用水冲洗数次，然后加入 2～3 倍体积的 K_3PO_4 缓冲溶液（50mmol/L，pH7.8）研磨或破壁匀浆，再次离心后取上清液，经超滤浓缩后即得 SOD 浓缩液。

本章小结

细胞工程是以细胞为操作对象，实现细胞的体外培养以及改造。本章介绍了动、植物细胞工程的发展概况和基本理论知识，以及在具体操作中的基本实验技术。具体内容包括：细胞培养技术，主要介绍动植物离体细胞的特性、如何配制培养基、培养动植物细胞的各种方法；细胞融合技术，介绍植物细胞和微生物细胞去除细胞壁的方法、诱导细胞发生融合的方法；对于细胞拆合、胚胎工程、染色体工程也作了一定的讲述。

细胞工程的基本技术是细胞培养，严格的无菌操作是实验成功的前提条件。植物细胞工程中的细胞培养包括对单个细胞的培养和细胞团的培养，植物组织培养在农作物以及花卉的快速繁殖方面的应用尤为突出。利用植物悬浮细胞培养得到的代谢产物广泛地应用在食品添加剂的使用中，利用离体动物细胞获得大量有用的代谢产物则主要应用在医药领域。将动物细胞培养技术和细胞融合技术结合起来获得的单克隆抗体目前已成为临床检验快速而灵敏的方法。细胞融合技术的发展为人们提供了大量优良性状的动物细胞、植物细胞以及微生物细胞，无需像发酵工程中繁琐地筛选菌种才能得到优良菌种。采用动物胚胎细胞和体细胞核移植技术，目前已经成功地克隆了包括鼠、猪、牛、羊、兔和猴等多种动物。这些技术的应用和发展，为加速动物繁殖、培育优良品种、保护珍稀动物等方面带来了良好的应用前景。动物细胞工程的另一突出成就是胚胎移植，使得畜牧业迅速发展。运用这种技术许多国家实现了奶牛的良种化。

细胞工程正在食品业、畜牧业、能源、环保等方面都取得了可喜的成绩，为人类带来了巨大的经济效益和良好的社会效益。细胞工程的起步虽然比较晚，很多技术尚处于实验室研究阶段，未进入实际应用阶段，但毋庸置疑，在21世纪，利用离体细胞培养获得代谢产物必将实现大批量地工业化生产。

思 考 题

1. 细胞工程的基本技术有哪些？
2. 促进细胞融合的方法有哪些？各有何优缺点？
3. 为什么说无血清培养基终将取代其他培养基培养动物细胞？
4. 大批量培养动物细胞有哪些方法？
5. 植物细胞悬浮培养有哪些方法？各有何优缺点？
6. 动物细胞体外培养的应用有哪些？
7. 利用细胞培养方法生产西洋参细胞的工艺流程如何？

第六章　蛋白质工程及其在食品工业中的应用

学习目标

1. 掌握蛋白质工程的研究内容和技术方法、发展历史以及研究意义。
2. 了解蛋白质工程在风味修饰蛋白、功能性食品开发方面的应用。

第一节　蛋白质工程的概述

一、蛋白质工程的概念

随着对生命过程研究与探讨的逐步深入，人们的认识已经不仅仅局限于对生命现象的描述以及对生命本质规律的了解上，人们希望能够在掌握现象与本质规律的基础上，人为地干预生命过程，依照人们自己的意愿改良、改造生物，甚至能够创造自然界所未曾有过的生物新种。生物科学理论和技术的迅速发展，使人们在相关方面的技术能力上达到了一个新的水平，分子遗传学、基因工程、蛋白质结构与功能以及计算机技术的发展，为这一目标的实现打下了坚实的基础。作为生物最基本的功能大分子之一的"蛋白质"，它是几乎所有生物功能的体现者，弄清蛋白质的结构、功能及两者相互关系的规律，并且定向地改良蛋白质，甚至构建全新的蛋白质分子已成为客观的迫切需要。1982年 Winter 等首次报道通过基因定位诱变获得改性酪氨酰-tRNA 合成酶；1983 年 Ulmer 在 "Science" 上发表以 "Protein Engineering"（蛋白质工程）为题的专论，这标志着一个新的独立学术领域 "蛋白质工程" 的诞生。

蛋白质工程是以蛋白质结构和功能的研究为基础，运用遗传工程的方法，借助计算机信息处理技术，从改变或合成基因入手，定向地改造天然蛋白质或设计全新的人工蛋白质分子，使之具有特定的结构、性质和功能，能更好地为人类服务的一种生物技术。

蛋白质工程是继基因工程以后又一个可根据人们自己的意愿改造天然生物大分子，甚至可以设计和创造全新的非天然的生物大分子的生物技术。蛋白质工程可赋予蛋白质特殊的性质和功能，满足人们在某些特定条件下的特殊需要。选择蛋白质为研究对象，是基于蛋白质具有多种多样的功能，以及它在各行各业的广泛应用，因而会使这一技术更具有实用价值和开发前景。通常蛋白质工程是以基因操作为基础的，是基因工程技术的发展和延伸，所以又被称为 "第二代遗传工程"。

天然蛋白质经历了自然界长期的进化过程，已经能够很好地适应生物所处的内外环境，有序而协调地发挥其功能。可以说天然的正常构象是蛋白质的最佳状态，它既能高效地发挥功能，又便于机体的正常调控，因而极易失活而中止作用。但在生物体外的条件下，特别是工业化的粗放生产条件下，这种可被灵敏调节的特性就表现为酶分子性质的极不稳定性，导致难以持续发挥应有的功能，成为限制其推广应用的主要原因。如温度、压力、机械力、重金属、有机溶剂、氧化剂以及极端 pH 等都会影响酶的作用。蛋白质工程技术针对这一问题，对天然蛋白质进行改造、改良或全新设计模拟，使目的蛋白质具有特殊的结构和性质，能够抵御外界的不良环境，即使在极端恶劣条件下也能继续发挥作用，因而蛋白质工程具有广阔的应用前景。

二、蛋白质工程的研究内容和技术方法

（一）蛋白质工程的研究内容

由于蛋白质工程技术还存在一系列问题，特别是蛋白质结构功能方面的理论和技术还远不能满足蛋白质工程的需要，要发展到成熟的水平还需要较长的时间。为使这一情况发生根本的改变，人们在实际运用蛋白质工程时，很自然地会采用一些其他的生物学方法或战略来弥补，以取得较好的效果，我们称这些为"广义的蛋白质工程"，不拘泥于所谓"严格的"蛋白质工程概念，在指导研究工作和实际应用时扩大了使用范围，较好地适应和满足了当前蛋白质工程研究的实际需要。

广义的蛋白质工程，即蛋白质工程的工作定义，也就是当前蛋白质工程的主要研究内容，概括起来主要有以下几个方面。

1. 建立蛋白质工程的研究方法系统

这是指在研究某些蛋白质一级结构及其与结构功能元件相互关系的基础上建立起应用蛋白质工程技术的系统。

现代蛋白质结构理论研究显示，蛋白质或多肽的立体结构实际上可以是由一些相对稳定的结构元件组装而成，而且蛋白质或多肽的实际功能也与这些结构元件相对应。这就启发我们可以通过对这些蛋白质或多肽的"结构-功能元件"的分解、组合，即采用"分子裁剪"的方法获得具有特定结构功能的新蛋白质。在研究过程中不必对整体蛋白质的一级结构及高级结构的关系过于苛求，只要了解这些元件的结构和功能关系就能够满足需要了，这样就大大简化了蛋白质工程的难度，使其操作的可行性增加。实际上，蛋白质在自然界的进化过程也极有可能就是采用这一方式进行的，因为这种方式可以在较短的时间内获得具有新性状蛋白质分子，同时也节约使用有限的遗传信息资源，具有较强的适应能力。对蛋白质工程而言，已知基因的蛋白质也可以很容易地通过基因定位诱变的方法，根据"中性突变"原则，把蛋白质结构功能元件两端的 DNA 序列修饰成限制性内切酶位点而不改变蛋白质的氨基酸顺序，实现某段基因编码 DNA 的重组，最后实现对蛋白质结构功能区域的分解重组。这类方法应用较多的是抗体免疫球蛋白分子的实验，在轻链、重链 12 个结构域中，有实验将人的抗体分子重链上的抗原互补决定簇换成了小鼠的抗原决定簇，结果小鼠的单抗分子所具备的抗原结合专一性的确转移到了人的抗体上。这就可以用小鼠制备单抗，然后转移给人的抗体，使重组体具有与人的单抗一致的效果，这种制备的方法要比直接制备方法简单、方便。有些蛋白质的功能特性与特定的氨基酸侧链有关，这类蛋白质的改造一般来说不需要以完整的空间结构为基础进行分子设计，只要改变相应的氨基酸种类即可，但是如何进行改变，换成哪种氨基酸，置换后将会对蛋白质结构功能有何影响，则需要进行仔细研究和筛选。

2. 随机诱变基因库的定向筛选

这一方法是利用目的基因表型具有高效检测筛选系统这一特性，在目标条件下从随机诱变基因库中分离出目标基因，最终获得突变蛋白质。此方法对结构以及结构与功能关系还不很清楚的蛋白质分子也能适用。

对许多蛋白质而言，精确结构以及结构与功能关系均不易明确，人们就不能用严格定义的蛋白质工程方法来对其进行改造或构建，但有许多蛋白质功能明确，而且有灵敏、快速、高效、简便的功能检测方法。如果我们对目的蛋白质基因或基因上某个区域在体内或体外进行随机诱变，建立突变型基因库，并通过载体系统表达突变蛋白质，用高效检测系统在预定条件下筛选，就可能获得预期的突变蛋白质。这一方法具有构思新颖、方法可行、背景知识要求低等突出的优点。

3. 研究蛋白质结构与功能的关系

这是指利用各种方法，包括蛋白质工程的方法，研究和阐明蛋白质分子结构与功能关系，并且尽可能达到定量描述的水平。

虽然蛋白质结构与功能关系的研究不属于严格意义上的蛋白质工程的研究范围，但是应该看到它是蛋白质工程研究的基础，能为蛋白质的分子改造或分子构建等设计过程提供基本参考数据。该研究内容包括：蛋白质活性中心（催化中心和调节中心）的鉴定、蛋白质中各个关键氨基酸残基在结构和功能中的作用和贡献、蛋白质的折叠过程及其折叠中间体的能量状态和稳定性、蛋白质与蛋白质之间以及蛋白质与其他生物大分子之间的相互作用和相互识别等。

4. 严格意义上的蛋白质工程

这是指在深入了解某一个蛋白质结构与功能关系的基础上，经过有目标的、严格的分子设计，定向地改造或构建一个具有特定性质和功能的目的蛋白质，这也是蛋白质工程的最终目标，是人们研究的主要方向。

严格意义的蛋白质工程内容包括：一是对天然蛋白质的改造，包括小改（只改变蛋白质中的少数几个氨基酸残基）、中改（进行适当的分子剪裁和组合）以及大改（进行蛋白质分子的局部重建）；二是完全重新构建全新的蛋白质，即从头设计合成新的蛋白质。对于局部重建的大改和从头设计的构建来说，只有当我们已经基本掌握了蛋白质一级结构与高级机构之间的关系，掌握了蛋白质结构与功能之间相互关系的规律以后，才能真正地把握这一过程。这就需要至少掌握 1 500 个以上的蛋白质的一级结构及其精确的三维空间立体结构数据，并建立相应的数据库，研究三维立体结构的规律，才能把握空间结构与功能之间的关系。目前虽然已经确切了解空间结构的蛋白质数据在 600 个以上，但还远远不能满足蛋白质空间结构研究和蛋白质结构与功能关系研究的基本需要。不过，从已知的这些数据中也已经可以总结出不少"一级结构-高级结构"、"结构-功能"之间的规律性。如已有实验获得了几种降钙素的类似物；合成模拟胰凝乳蛋白酶，一个具有分支四螺旋多肽结构，其酶的催化活性与天然蛋白质相比仅相差两个数量级；另外，人工合成钙选择性离子通道也有报道，这些都是类似蛋白质全新合成的产物。

在某种情况下，化学方法合成蛋白质或多肽也是方便可行的。特别是含有非肽成分的蛋白质的改造与构建，或非肽模拟构建新功能的蛋白质类似物时，化学方法更是必不可少。实际上许多蛋白质的活性中心结构中都包含有非肽的辅基成分，不管它们与肽链成分是否是共价连接，化学合成方法的应用都是必然的。另一方面，蛋白质和多肽的化学合成，无论是从合成的长度方面，还是从合成的精度方面，都有了很大的突破，已经可以拼接两个肽片段，使蛋白质的肽链合成摆脱了必须线性单向延长的单一模式，向多元化合成方式发展。

在蛋白质工程领域中适时、适当地结合应用各种生物学、化学、物理学的方法，无论是经典的还是现代的，定向设计还是随机筛选，单一的还是组合的，都完全可以开辟出一片新的天地。特别是蛋白质的全新设计和非肽模拟，可以按照人们的意愿创造出自然界中不存在的全新生物大分子。随着对蛋白质结构和功能的深入了解，蛋白质工程的发展速度必将越来越快，蛋白质分子设计也必将更加合理、更趋完善。这不仅会对生命科学领域产生深刻的影响，最终将彻底改变传统工业的高温、高压、高能耗的局面，使之成为节省能源，但却更为高效的生产方式。

（二）蛋白质工程的主要研究方法

根据蛋白质工程的严格定义和广义定义所确定的研究范围和内容，蛋白质工程所涉及的主要研究方法包括：蛋白质的分离纯化及鉴定方法、结构分析方法、功能研究方法和进行结构改造的分子生物学研究方法。

在这四类根据蛋白质工程的操作步骤而划分的主要研究方法中，蛋白质分离纯化及鉴定方法与生物化学中的常规方法没有本质的区别，是对许多结构、性质相似的一系列突变蛋白质的分离、纯化和鉴定，但其难度要大得多，通常需要运用多种高精度的方法才能实现，如亲和色谱、等电聚焦、免疫沉淀等，这里不做详细介绍。蛋白质功能研究方法必须根据不同种类的蛋白质所具有的不同功能，相应地采用不同的研究方法。如对具有催化活性的生物酶，则用酶学的稳态动力学方法；对抗体则用免疫学方法；对于其他蛋白质如激素、生长因子、受体类似物及核酸结合类蛋白质都有其相应的研究方法。所有这些蛋白质功能的研究中，建立一套高效、简便的蛋白质功能测定方法是成功的关键。对特定的蛋白质，能够找到特异专一性的检测方法，可以极大地提高研究的效率。

1. 蛋白质结构分析方法

蛋白质结构分析方法主要是指与研究蛋白质的空间结构有关的理论与技术。主要包括：蛋白质一级结构（即氨基酸序列）的测定方法、蛋白质晶体学、核磁共振法、蛋白质折叠过程研究、蛋白质生物物理研究法以及蛋白质工程的计算机辅助设计与模拟研究等。

2. 分子生物学研究方法

基因工程方法也称分子遗传学方法，是一类涉及基因（DNA）的生物学理论与操作技术，它包括寡聚核苷酸片段及基因的人工合成、目的基因的克隆与分析、目的基因的定位诱变或随机诱变、目的基因在载体系统中的高效表达等。

三、蛋白质工程技术的发展历史

蛋白质工程的研究和发展是与对蛋白质结构的深入了解密不可分的。1953年，英国的 Sanger 首先阐述了胰岛素的一级结构；其后不久，英国的 Kendrew 和 Perutz 成功地用 X 射线衍射测定了肌红蛋白和血红蛋白的晶体结构，为以后研究蛋白质一级结构、高级结构与生物活性之间的相互关系开创了先河。

蛋白质晶体学属于 X 射线结晶学的一个新分支，即根据 X 射线衍射原理解析蛋白质中的原子在空间的位置与排列（立体结构）。自从20世纪50年代末首次用 X 射线晶体学方法测定了蛋白质——肌红蛋白的结构以来，已确定了二三百种蛋白质的三维结构，包括各种酶、激素、抗体、运载蛋白、毒素、肌肉蛋白、基因调控蛋白和膜蛋白等。80年代以来，由于基因工程技术能够通过大肠杆菌大量产生人们感兴趣的蛋白质，科学家可以方便地对那些在机体内含量极微却又难以提取的蛋白质进行结构研究。另一方面，同步辐射、强 X 射线源及镭探测器的使用，使数据收集过程大大加速，从而使测定一个大分子结构所需的时间比过去大为缩短。例如，Bossman 等人仅用了13个月的时间就完成了分子质量为 800×10^4 D 的感冒病毒的结构测定，而 Harrison 完成第一个植物病毒的结构测定却花了整整十年的艰苦努力。

近年来，随着蛋白质结构测定技术的改进和先进仪器设备的采用，已经积累了大量的有关蛋白质高级结构和一级结构的数据，使我们能够从中寻找出一些有关蛋白质折叠方式、结构以及与其功能性相关的规律，加之 DNA 测序技术的发展，大大加速了蛋白质工程工作的研究进展。

四、蛋白质工程技术的展望

蛋白质工程作为一种新型的强有力的研究手段，对一些基本生物学问题的研究和解决发挥了重要作用。从酪氨酰-tRNA 合成酶开始，该研究方法已经广泛地运用于研究各种蛋白质的结构与功能、蛋白质折叠和蛋白质分子设计等一系列分子生物学的基本问题。由于基因定位诱变的自如性，使研究工作突破了过去所用方法的局限，使有关研究达到前所未有的深度和广度。

作为第二代遗传工程，蛋白质工程研究为当代生物技术的产业化发展注入了新的生命力。它已经在蛋白质药物改造、酶工程、抗体工程、分子电子器件和新型医学生物材料研制中获得越来越广泛的应用。蛋白质工程面临最大的挑战，也是最振奋人心的目标，是创造自然界中不存在的新型蛋白质。

科学工作者已成功地设计并合成了以 α 螺旋和 β 折叠层为主体的简单蛋白质，跨出了人工构建蛋白质的第一步。同时，蛋白质工程正在推动一个从预定生物功能到期望的蛋白质结构，再到编码基因及其表达的反向生物学的发展。迄今为止，从基因到蛋白质结构再到生物功能，是分子生物学的中心和主流，它的成就对现代生物学的发展起了巨大的作用。由蛋白质工程推动的反向生物学的深入，对未来生命科学的更大发展将会发挥重大的作用。

21世纪蛋白质工程将处于迅速发展时期，一方面，研究方法和技术将日臻成熟；另一方面，通过与基因工程的密切结合，可望获得一些有应用价值的成果。但是，蛋白质工程在实用上尚有一系列严重困难有待研究解决，在产业化的方向上将有艰难的历程。蛋白质工程是希望与挑战并存、艰辛与硕果同在的崭新研究领域。

第二节 蛋白质工程在食品工业中的应用

一、蛋白质工程在风味修饰蛋白方面的应用

人类喜欢的食品往往基于它的味感特性，如外观、颜色、气味和组织，蛋白质在各种食品味感特性的表现方面起了一些功能性作用，酪蛋白胶束和大豆蛋白的凝乳形成性，鸡蛋蛋白的起泡性，搅拌和热定形性质，肉蛋白的持水、乳化和组织形成性等，都在许多食品中起了重要作用，如在奶酪、日常食品肉、肉制品、焙烤食品、冰淇淋等动物来源的蛋白质，在传统食品和组合食品中应用较多。但不同食品体系和应用中要求蛋白质发挥不同的功能特性，没有一种单一的蛋白质能满足各种食品所要求的功能特性，这方面植物蛋白就显得尤为突出。虽然植物蛋白资源广，价格便宜，但因在食品中缺乏令人满意的功能特性而受到限制，改变天然的植物蛋白质的物化性质和功能特性，以便满足食品加工和食品营养性的需要，已成为当今经济发达国家中一些食品学家和营养学家的研究课题。1998年美国9家大豆蛋白主干企业之一——ADM公司在中国展销的34个大豆蛋白制品中，属大豆分离蛋白有18种，各种蛋白制品专用性较强。我国自20世纪80年代开发大豆蛋白以来，已有10多家大豆蛋白生产企业，但多只注重产品生产得率以及营养价值，而纯度较低，蛋白含量难保证。我国蛋白生产品种单一，功能性、专用性较差，如美国产的大豆分离蛋白Supro590的持水性为7.08mL水/g蛋白，国内产品仅为4.86mL水/g蛋白；凝胶性方面差距更大。故而必须研究蛋白的改性修饰技术，提高功能性质，使之达到国际上同类产品的质量，尤其是功能特性指标。

（一）蛋白质改性修饰技术

蛋白质改性修饰技术就是利用化学因素（化学试剂）或物理因素（如热、高频电场、微波、超声波、强烈振荡等）或生物因素（酶、微生物等）使蛋白质分子中氨基酸残基侧链基团和多肽链发生某种变化，引起蛋白质大分子空间结构和理化性质发生改变，在不影响其营养价值的基础上改善其加工功能特性。目前，用于改性修饰蛋白质的技术有三方面：化学改性、物理改性、生物改性。

1. 物理改性

所谓物理改性是指利用热、电、机械能、声能等物理作用形式，如采用蒸煮、挤压、搅打、纺丝等进行改性。它具有费用低、无毒副作用、作用时间短、对产品营养性能影响较小等优点。例如，利用高频电场对大豆蛋白质分子进行处理，大豆蛋白质分子正负电荷在高速交变的电场作用下，产生往复极化，蛋白质分子受到强烈的拉伸、撞击、摩擦、挤压等作用并产生极化效应，使大豆蛋白质分子的空间结构改变，产生分子改性现象。又如，利用高温均质对醇法大豆浓缩蛋白进行改性处理，可使其溶解度、乳化性和起泡性提高，见表6-1。

表 6-1　各种大豆产品的溶解性和乳化性能比较

品　　种	溶解度/%	乳化性/%	乳化稳定性/%	起泡性/%	失水率/%
MSPC1	70.06	91	81	100	14.3
MSPC2	64.18	92	83	105	15.1
MSPC3	46.29	68	60	88	18.5
MSPC4	63.12	88	74	100	20.0
MSPC5	25.99	54	42	75	21.0
ALSPC	15.78	2	2	40	25.0
AWSPC	28.35	10	8	85	9.09
SPI	28.65	80	66	70	20.8

注：1. MSPC1～MSPC5 改性醇法大豆浓缩蛋白，均质温度 30～110℃处理。

2. ALSPC 醇法大豆浓缩蛋白。

3. AWSPC 酸法大豆浓缩蛋白。

4. SPI 大豆分离蛋白。

由表 6-1 可见，与醇法大豆浓缩蛋白相比，改性醇法大豆浓缩蛋白的溶解度由 16％增至 70％，乳化性由 2％增至 91％，高温处理醇法大豆浓缩蛋白时，蛋白质加速溶解，蛋白分子随之热变性并形成聚集体，但由于高速均质产生的剪切及搅拌作用，流体中任何一个很小的部分都相对于另一部分作高速运动，—SH 和—S—S—基团之间无法正确取向并形成二硫键，防止了聚集体的进一步聚合；然而在蛋白聚集体内，蛋白分子位置相对固定，有利于聚集体内二硫键的形成，反过来又降低了—SH 基浓度及聚集体形成二硫键。改性醇法大豆浓缩蛋白的分子聚集体具有一疏水核心，外层被亲水基团包围，类似于天然可溶性蛋白分子结构，在溶解时蛋白质以聚集体方式溶解。

2. 化学改性

根据食品工业的实际需要，通过化学试剂作用，使蛋白质中部分肽键断裂或者引入各种功能基团，如带负电荷基团、亲水基团、亲油基团、巯基等开发，生产出多种具有特殊加工功能特性的蛋白品种。国外报道中大豆蛋白改性为最多，美国、日本等发达国家已经利用化学改性技术生产出各种功能特性大豆蛋白，可作为化学改性的原料大豆蛋白可以是豆粉和豆粕（全脂和脱脂）、浓缩大豆蛋白、分离蛋白、组织蛋白制品、大豆蛋白提取物等。

化学改性是利用蛋白侧链基团的化学活性，选择地将某些基团转化为衍生物，以此来达到改变蛋白质的功能特性。通过化学改性改变的蛋白功能特性见表 6-2。

表 6-2　化学改性改变的蛋白质功能特性

反 应 试 剂	功能性质改变
碱处理(pH＞10)：NaOH、Ca(OH)$_2$、Ba(OH)$_2$	1. 增加分散性、溶解度、起泡性；2. 增加耐聚集状态(受热等)；3. 增加弹性，组织化，更易纤维化
酸处理(HCl、H$_2$SO$_4$)	1. 增加鲜味；2. 增加起泡性
乙酰化作用： 乙酸酐、琥珀酰酐	1. 改进在酸性食品中可溶性；2. 提高溶解度；3. 降低黏度；4. 减少对 Ca^{2+} 耐受性；5. 较高耐聚集状态；6. 乳液稳定性提高(乙酸酰化)；7. 提高泡沫稳定性(琥珀酰化)
氧化作用： 碱性-过氧化氢、氯气、过酸盐	减少黏性
还原作用： 亚硫酸盐及有关盐	1. 减少在水里分散黏度；2. 提高在盐溶液里黏度；3. 增加耐聚集状态

（1）碱处理　大豆蛋白发泡剂的常压碱解（氢氧化钙处理）工艺流程如下：

脱脂大豆粉配料→浸泡→水磨→重磨→水洗→用石灰（氢氧化钙）水配成碱液进行水解→压滤→浓缩→含固形物30%~32%，装瓶或者喷雾干燥装袋。

这是20世纪80年代初工业生产应用较广的蛋白发泡粉工艺流程，成本较低，设备要求不高，但产品有时带有生石灰味，废渣的后处理问题比较难。近年来，对浓碱高温下可能生成赖氨酰丙氨酸的毒性问题也提及过。在碱性试剂作用下，氨基酸由L型转D型可能性增加，成品的发泡性和泡沫稳定性均很高，色泽呈乳白。

（2）酸处理　大豆蛋白发泡剂的稀盐酸水解工艺流程如下：

大豆粕→提取蛋白→酸水解→离心分离→水解液→调pH→喷雾干燥→成品。

酸水解工艺条件：盐酸浓度3%，水解温度85℃，水解时间1.5h。大豆蛋白的大分子水解为小分子量的胨，小分子约占水解液的5%~40%，分解率达15%~20%，此时起泡性能强，起泡速度快，泡沫细腻，呈乳白色的细泡沫持泡时间长。产品质量检测指标显示：起泡度可达320%以上，失水率为20%以下（泡沫稳定性指标），SDS-聚丙烯酰胺凝胶电泳测得成品相对分子质量在6万~7万范围内。

酸法水解的工艺优点是成品得率较高，工艺流程短，生产周期快，设备投资少，操作简单，产品质量稳定。

酸碱处理可催化多种反应，从而使蛋白质的分子结构及功能特性发生重大变化，这反应包括肽键水解、酰胺基水解、精氨酸侧链水解等某些氨基酸被破坏。其结果是蛋白分子间静电斥力增大，氢键、疏水键作用力减少，因此酸碱处理的蛋白质大都具有较高的溶解度。

（3）琥珀酰化作用　蛋白质分子的亲核基团（如氨基或羟基等）与琥珀酸酐（丁二酸酐）的亲电子基团（如羧基）相互反应，从而在大豆蛋白质分子结构中引入琥珀酸亲水基团；在催化剂作用下引入长碳链亲油基团，使蛋白质成为具有双极性基团的高分子表面活性剂。琥珀酰化作用对蛋白质的特性主要有三个作用：①增加净负电荷；②改变结构；③提高蛋白质分裂成亚单位倾向，破坏蛋白聚合，增加了蛋白质的溶解性。琥珀酰化作用使氨基被羧基所取代，在蛋白质内部引起静电吸引，而在邻近的羧基之间引起静电排斥，这样就反过来促进蛋白质多肽链的张开，增加蛋白质的溶解性，改变了其他的物理化学特性和功能。蛋白质经琥珀酰化改性后其溶解性、乳化能力、稳定性、起泡性、吸水性等功能特性均比未改性处理的蛋白有明显的提高，琥珀酰化蛋白结构非常蓬松，外观洁白，易溶于水，有很好的感官品质，颗粒细微，类似咖啡伴侣。

（4）乙酰化作用　在pH7.2~7.8条件下，将乙酸酐引入到蛋白质结构的氨基上即成为乙酰化蛋白，这种反应称为乙酰化作用。乙酰化作用能使氨基离子转移到带电的中性残基上，蛋白质从而得到一个净负电荷。

由于蛋白质的净电荷增加，分子伸展离解为亚单位的趋势增加，所以溶解度、乳化力和脂肪吸收量都能获得改善。乙酰化能提高蛋白质持水性和脂肪结合力，这是由于新接上去的羰基与邻近原来存在的羰基之间产生了静电排斥作用而促进伸展，增加了与水结合的机会。

燕麦蛋白质分离物经酰基化后，功能特性改善情况见表 6-3。

表 6-3　酰基化前后燕麦蛋白质分离物功能特性比较

品　　种	乳化活性指数/(m²/g 蛋白)	乳化稳定性/%	持水能力/(g 水/g 蛋白)	脂肪结合力/(g 油/g 蛋白)
燕麦蛋白质	32.3±1.6	24.6±0.5	1.8～2.0	127.2±0.7
乙酰化燕麦蛋白质	40.2±1.1	31.0±1.2	2.0～2.2	166.4±1.5
乳清蛋白质	52.2±1.2	17.8±0.1	0.8～1.0	113.3±2.0

又如，大豆分离蛋白乙酰化工艺过程如下：先将大豆分离蛋白溶解于饱和乙酸钠溶液中，在不断搅拌下，缓缓加入乙酸酐，用氢氧化钠溶液滴定，保持 pH 值在 7.2～7.8 之间，反应 1h 左右，用 50% 酒精洗涤反应物 2 次，再经喷雾干燥即可获得乙酰化大豆蛋白。乙酰化作用使大豆蛋白质的等电点向较低 pH 转变，使大豆蛋白在 pH4.5～7.0 范围内溶解性提高，蛋白质黏度增大，凝聚性降低，发泡性及泡沫稳定性提高。

无毒和可消化性是酰化蛋白质应用到食品制造中所必不可少的条件，琥珀酰化和乙酰化的蛋白质可以说是最理想的，因为琥珀酸和乙酸存在于人体内三羧酸循环中，和它们的其他同系物相比它们的衍生物是无毒的。从营养角度考察改性前后变化情况，Croainger 等指出 30%～40% 的有效赖氨酸被琥珀酰化的鱼肌原纤维蛋白，其 PER（蛋白质功效比值）相当于酪蛋白的 PER 的 79%；乙酰化蛋白比琥珀酰化蛋白的 PER 更高。酰化作用对蛋白质的营养价值及其利用效果取决于蛋白质的类型、改性蛋白的量以及所选用的酰化剂类型。

（5）磷酸化作用　磷酸化是一种较为有效的改性方法，采用的磷酸化试剂有 P_2O_5/H_3PO_4、H_3PO_4/CH_3CCN、环状三磷酸盐、三聚磷酸钠、三氯氧磷。蛋白质的磷酸化是有选择地利用蛋白质侧链的活性基团，如苏氨酸或丝氨酸的—OH 及赖氨酸的 ε—NH_2 分别接进一个磷酸基团，使之变成苏氨酸磷酸酯、丝氨酸磷酸酯和赖氨酸磷酸酯，从而引进大量的磷酸根基团，增加了蛋白质的电负性，提高了蛋白质分子之间的静电斥力，使之在食品体系中更易分散，从而提高了溶解度，降低了等电点。

① 磷酸化大豆分离蛋白的制取。把大豆分离蛋白粉以 3% 浓度溶解到水中，pH 控制在 8.0，加入 STP 的量为 3%，反应温度控制在 35℃，反应时间 3.5h；反应结束后，把样品的 pH 调到 4.0，搅拌 30min，2000r/min 下离心 15min，取沉淀部分冷冻干燥。大豆蛋白功能特性水溶性、发泡能力、乳化能力、持水能力有了明显提高，蛋白溶液黏度也提高了，见表 6-4。

② 花生蛋白的磷酸化改性。用一氯甲烷溶解三氯氧磷配成 20% 的三氯氧磷的溶

表 6-4　大豆分离蛋白磷酸化改性后功能特性的改变

蛋　　白	发泡能力/mL	泡沫稳定性/mL	乳化能力/(mL/g)	乳化稳定性/%	持水能力/(g 水/g 蛋白)	黏度/Pa·s
未改性蛋白	120	75	117.5	76	5.83	$1.98×10^{-3}$
磷酸化蛋白	238	205	409.8	355	9.17	$2.36×10^{-3}$

液，向花生蛋白溶液中加入一定量三乙胺，在冰浴中搅拌 10min 后，逐滴加入三氯氧磷，反应 30min 后，将反应混合液油-水相分离，取水相用透析袋装好，用蒸馏水透析 48h，然后干燥。最佳工艺条件：三氯氧磷用量为 3%，三乙胺：三氯氧磷（物质的量之比）=6：1，蛋白质浓度为 8%，此条件下磷酸化程度（改性程度）为 0.31g 磷/100g 蛋白。

改性后花生蛋白的功能性质发生了变化。首先，改性后花生蛋白的等电点由 pH4.85 大幅度漂移至 pH3.21，由于磷酸根负离子的引入，使得体系电负性增加，必须在较低 pH 环境中净负电荷才会被中和，于是等电点发生较大变化。同理，增大了蛋白质分子间的静电斥力，蛋白质更趋于分散，溶解度也就相对提高。再则，改性后花生蛋白乳化能力在 pH3.8 以上有明显提高，负电荷的引入降低了乳化液的表面张力，使之更易形成乳状液滴，同时增加了液滴之间的斥力，更易分散，所以乳化稳定性也明显提高。

（6）酰胺化作用　酸性蛋白质在 pH7 左右带负电荷，天冬氨酸和谷氨酸酰胺化作用可降低净负电荷，通过水溶性碳化二亚胺中的铵离子和羧基基团形成天冬酰胺和谷氨酰胺，由于电荷改变，可增加产品的乳化性和起泡性。

（7）硫醇化作用　小麦面筋蛋白和动物肌肉蛋白都具有良好的强韧性和组织感，这是由于两种蛋白的二硫键和半胱氨酸的—SH 的作用。如在大豆蛋白结构中引入—SH 基、—S—S—基，则可达到提高强韧性的目的。巯基试剂为 N-乙酰基高半胱氨酸硫羟内酯（N-AHTL）和 S-乙酰巯基琥珀酐（S-AMSA）试剂，经酶催化后引入到大豆蛋白的氨基上。

（8）酯化作用（亲油化）　酯化作用是利用脂肪酸盐（皂类）、表面活性剂处理，增加蛋白质表面疏水基团的改性方法。这是由于蛋白质与脂肪酸盐、表面活性剂等非共价键结合，使得蛋白质的溶解度、乳化能力、成膜性得以提高。

（9）糖酰化作用　利用还原糖与蛋白质的氨基发生美拉德反应，使得蛋白质的溶解度、黏度、抗蛋白酶水解性能大大提高，如天然 β-乳球蛋白经糖酰化后，溶解度大大提高。

（10）去酰胺基作用　对一些富含酰胺基氨基酸的蛋白质进行脱酰胺基后，其溶解度、乳化性能、流变性质等大大改善。大豆蛋白中含谷氨酰胺 13.36%，天冬酰胺 11.92%，将大豆分离蛋白按 40% 溶解在 pH8.14 的磷酸盐溶液中，在 102℃ 油浴中加热 3h，当反应液冷却至 35～45℃ 时，用 3mol/L HCl 调 pH 至等电点后，静止 30min，然后在 3000r/min 下离心 10min，蛋白质沉淀物用 45℃ 温水冲洗 2 次，离心，最后调浆浓度为 15% 左右，用 5%NaOH 溶液回调 pH6.5～7.0，干燥得去酰胺大豆分离蛋白成品。

3. 酶法改性

酶解是在温和条件下进行的，故而酶解是一种不减弱食品蛋白质营养价值，而又获得更好食品蛋白质功能特性的简便方法。酶在食品蛋白系统中改性的功效见表 6-5 和表 6-6。

表 6-5　在食品蛋白系统功能上外源酶的效应

酶	在蛋白系统中作用	所改变的功能特性
磷蛋白,磷酸酯酶	β-酪蛋白和其他磷蛋白的脱磷作用	增加 β-酪蛋白在 Ca^{2+} 存在下的溶解性
凝乳酶、胃蛋白酶、微生物的粗制凝乳酶	在 κ-酪蛋白中 Phe-Met 特殊连接在不稳定的酪蛋白微囊上	奶酪制造中酪素的凝胶形成,奶酪的老化
乳糖酶	在冰冻浓缩牛奶中乳糖的水解作用	预防酪素聚集体产生
乳糖酶和葡萄糖氧化酶	在牛奶系统里酸的形成	在农舍奶酪或酸奶的制备中酸凝胶的形成
fungal 蛋白酶	在面包生面团里乳清蛋白的部分水解	降低生面团黏性,有较大可塑面团
大豆脂氧合酶	在粉状蛋白、交联蛋白里氧化—SH 基团,形成过氧化氢或作用中间物	改善生面团的流变性质
各种蛋白酶	啤酒蛋白质的部分水解 肌原纤维和基质蛋白的限制水解 如蛋清和乳清蛋白的限制性水解 肌肉蛋白和浓缩蛋白的限制性水解 浓缩蛋白的部分水解	防止由蛋白质-酚的相互作用而在啤酒里产生冷霜 肉软化 增加泡沫体积,改变泡沫稳定性 改变乳化能力和乳化稳定性 增加溶解性,减少黏性和凝胶性

表 6-6　食品蛋白系统功能上内源酶的作用

酶 种 类	在蛋白系统中的作用	所改变的功能特性
CASF 肌浆蛋白酶	在肌原纤维 Z-disk 里,α-辅肌动蛋白连接在部分降解 Z-disk 上	肉的软化
溶酶体组织蛋白酶和 β-葡萄糖苷酸酶	肌原纤维和肌肉的基质蛋白的限制水解	肉的软化,增加水的结合
酪蛋白微囊里的蛋白酶	酪蛋白中酪素的部分水解	身体生长和在奶酪中组织化

　　工业中常用的蛋白酶有胃蛋白酶、胰蛋白酶、木瓜蛋白酶、AS 1.398 中性蛋白酶、2709 碱性蛋白酶,微生物蛋白酶来源丰富,产量大,价格低廉,逐渐成为最重要的工业用蛋白酶品种。

　　4. 化学-酶改性作用

　　化学改性和酶改性联合使用,对蛋白功能改善更有效。用菠萝蛋白酶部分水解已琥珀酰化的鱼肌原纤维蛋白能增加它的分散性,降低黏度;与未水解的琥珀酰化蛋白原料相比,在搅打时有更大的泡沫膨胀性。

　　5. 化学改性及酶法改性限制因素

　　(1) 产品安全性　化学衍生物可定向地改变蛋白质功能特性是大家已形成共识的,但化学改性却难大规模应用于食品工业,一个关键性问题是安全性,包括几方面:一是参与反应的化学试剂残余量是否有害;二是已改性蛋白功能特性是理想地改善了,但改性蛋白在人体中能否被体内酶消化吸收;三是即使改性蛋白可被消化道酶水解消化,但其水解后产物是否安全? 这一系列"安全"问题是相当复杂,在短期内难以确定。

　　(2) 产品功能特性　蛋白质水解后,某些功能性质大大地改善了,但也许另一些功能性质减弱或丧失了。例如肉制品加工添加的大豆分离蛋白要求有较高凝胶性、保油性,但溶解性、分散性却显著降低,所以肉用大豆分离蛋白粉不能用于饮料生产。

　　(3) 营养损失　蛋白质化学改性主要是 Lys—NH_2 的反应,反应衍生物无法被体内胰蛋白酶水解,造成赖氨酸失效,最终导致蛋白质营养价值的降低。

　　(4) 生产费用　化学试剂和生物酶,尤其是后者,原料价格较昂贵。目前我国国产的可供食品用的蛋白酶品种甚少,并且是一次使用,更增加成本。随着酶制剂工业发展，酶品种及食用级酶将也会大增，微囊包埋酶、固定化酶等技术开发将使酶改性在食品工业中应用前景可观。

（5）产品感观　酶水解蛋白质会产生苦味。目前，消除苦味的方法有如下几种方法。

① 通过改变苦味氨基酸的结构脱苦。除去苦味最简单的方法是改变苦味氨基酸和肽的结构，对这些复合物而言，其中氨基基团是产生苦味的官能团之一，因此可通过修饰氨基基团去除苦味氨基酸的苦味。如氨基被乙酰基、天冬氨酰基、谷氨酰基所修饰，就可减弱苦味。

② 选择性分离脱苦。在蛋白质水解物中，苦味物质的化学结构弄清以后，人们便可以有目地地选择分离材料，选择性地分离出这些苦味物质，这些分离材料是一类疏水性的吸附剂。到目前为止，最传统、但最有效的分离方法是用大剂量活性炭处理水解物。

③ 选择性沉降脱苦。在 10%～15% 水解度的大豆水解蛋白中，有些中等长度的苦味肽在 pH4.0～4.2 难溶，用选择性沉淀方法可以将这些肽除去，从而减轻苦味的程度，这个方法的主要控制参数是调节溶液 pH。

④ 覆盖法脱苦。Noguohi 等 1975 年在研究过程中发现了一种谷氨酰胺二肽，它具有覆盖苦味作用，在以后研究中逐步发现了其他一些化合物也具有覆盖蛋白质水解物苦味的作用，如苹果酸及其他一些有机酸可以覆盖苦味。

（二）应用实例

由大豆蛋白制取的大豆蛋白发泡剂（粉）目前已应用于食品加工业中，其优越的性能和显著的经济效益已被人们认可和重视，是一种有前途的食品添加剂。

大豆蛋白发泡剂（粉）的生产工艺有酸法、碱法和酶法。酸法制取大豆蛋白发泡剂（粉）已于前面介绍，现介绍后两种生产工艺。

1. 碱法水解制取大豆发泡粉

（1）工艺流程　原料粕→提取蛋白→用氢氧化钠碱液水解→过滤→调节 pH→真空浓缩→喷雾干燥→成品。

（2）工艺条件　水解反应的豆粕和水的比例为 1∶10，氢氧化钠溶液的浓度为 6mol/L，水解时间 2.5h，水解率为 12.7%。也可用氢氧化钙、氢氧化钡替代氢氧化钠，但成品中有不愉快的生石灰气味。

（3）成品理化指标　产品起泡度为 266.7%，失水率 66.7%，泡沫白而细密。

2. 酶法水解制取大豆发泡粉

（1）工艺流程　豆粕→碱抽提蛋白→离心分离→酸沉→中和（调节至酶解最适宜 pH）→升温至酶解最适宜反应温度→酶解→灭活→喷雾干燥→成品。

（2）工艺条件　菠萝蛋白酶的工艺条件：底物含量 9%，酶解温度 50℃，酶解 pH7.0，酶用量 0.1%，酶解时间 8h。

（3）成品理化指标　产品起泡 800mL，持泡性 70.0%。

二、蛋白质工程在功能性食品方面的开发应用

（一）蚕丝蛋白的开发应用

天然蚕丝是由内部的丝素蛋白和覆盖在其外围的丝胶蛋白组成的天然长纤维蛋白，

其中丝素蛋白占 73%，丝胶蛋白占 26%。丝素蛋白和丝胶蛋白两者在组成、结构、性质上相差很大、蚕丝主要由侧链基团较小的甘氨酸、丙氨酸、丝氨酸、天冬氨酸等氨基酸残基构成，其特有的氨基酸组成见表 6-7。

表 6-7　蚕丝中丝素蛋白和丝胶蛋白的氨基酸组成

氨基酸种类	丝素蛋白中的含量/%	丝胶蛋白中的含量/%	氨基酸种类	丝素蛋白中的含量/%	丝胶蛋白中的含量/%
Asp	2.40	19.12	Met	0.75	0.22
Thr	1.04	8.79	Lie	1.38	1.00
Ser	11.48	28.77	Leu	0.94	1.6l
Glu	2.39	6.48	Tyr	10.67	5.48
Gly	33.09	10.36	Phe	1.55	0.55
Ala	29.21	4.01	Lys	0.45	2.74
Cys	—	0.71	His	—	1.71
Val	3.89	3.76	Arg	0.76	4.80

随着科技的发展，蚕丝在食品行业中的应用日益广泛，蚕丝的食用性研究已取得了突破性进展，一个时期来，功能食品开发也有转向利用蚕丝为基料进行研究的趋势。日本已将蚕丝蛋白开发列为国家课题，蚕丝作为功能食品开发主要有丝素蛋白和丝胶蛋白开发两方面。

1. 丝素蛋白的开发

丝素蛋白一级结构中每间隔一个氨基酸残基就有一个甘氨酸。其结构为：（-甘氨酸-丝氨酸-甘氨酸-丙氨酸-甘氨酸-丙氨酸-），有 n 个重复单位组成。丝素蛋白分子呈片层构象，即反式 β-折叠构象以平行的方式堆积成多层结构，链间主要以氢键为作用力，层与层之间靠范德华力来维持，这意味着所有的甘氨酸都位于折叠平面同一侧，而丝氨酸和丙氨酸则位于另一侧，彼此相互联锁交替堆积，使得丝素蛋白质纤维具有良好的抗张力。

目前，国外有关丝素蛋白质综合利用的产品共 49 个品种，这些产品主要有装饰用品和工艺美术品、化妆品、生物化学制品和食品。对于食品来说，商业化功能食品原料也有转向开发利用蚕丝的趋势，日本学者已经生产出了粉末丝素和各种丝素蛋白深加工产品，并经动物营养实验证实蚕丝中富含的甘氨酸和丝氨酸有促进血糖分解、降低血液中胆固醇含量的作用，丙氨酸有激发肝细胞活力、加速酒精代谢的功效，酪氨酸对预防和治疗老年性痴呆有明显的效果。人体对丝素蛋白水解产物的吸收率是原生丝的 5 倍，吸收率随丝素蛋白分子量的减少而明显提高。目前已上市产品有两大类：普通食品，如丝素果冻、丝素饼干、丝素奶糖和丝素饮料等；功能性食品，如老年人用来预防痴呆症的食品，酒店用作代替餐后甜点的醒酒小食品，肝脏疾病患者食疗用的食品等。

2. 丝胶蛋白的开发

作为丝纺工业的副产品，丝胶占蚕丝的 1/4，在生产中全部被排入下水道。由于废水中富含丝胶蛋白，易于发酵，严重污染环境，造成丝胶蛋白这一优质天然蛋白资源人为的浪费和不必要的环境污染，全国每年至少浪费丝胶蛋白 2 000t。对丝胶的利用，我国有民间偏方利用煮蚕茧汤来治疗糖尿病，表明丝胶具有良好的食用和药用基础。

在对酪蛋白磷酸肽促进人体吸收钙、铁机理的理解基础上，利用丝胶富含丝氨酸的有利条件进行磷酸化改性，制取丝胶蛋白磷酸肽，对丝胶蛋白磷酸肽进行体外模拟消化功能实验；丝胶蛋白磷酸肽具有不为人体消化酶所分解的植物纤维的特征；丝胶蛋白磷酸肽促钙溶解能力不亚于酪蛋白磷酸肽，在 pH7.8 时不低于 12%，丝胶蛋白磷酸肽与钙的最佳结合质量比为 2.75；能明显增强蛋白质溶液对钙的耐受性，每摩尔丝胶蛋白磷酸肽能促进 84～103mol 的钙溶解，显著提高蛋白质溶液中钙的溶解度，可高达 24mg 钙/g 蛋白；能降低蛋白质溶液的等电点；提高蛋白质的溶解度、乳化能力及其稳定性。

（二）螺旋藻蛋白的开发应用

螺旋藻含有丰富的蛋白质，约占其干重的 58.5%～72%，氨基酸组成比例均衡，与鸡蛋、牛奶的蛋白质相比含量高出 3～4 倍，含多种维生素、矿物质、叶绿素、β-胡萝卜素、γ-亚麻酸等不饱和脂肪酸，其中一些生物活性物质更是众目关注之物。

1. 螺旋藻的藻胆蛋白

螺旋藻品种繁多，目前在我国已产业化的有三个种类：一是钝顶螺旋藻，主要生长在非洲乍得一些裂谷湖中；二是极大螺旋藻，生长在墨西哥的一些湖中；三是盐泽螺旋藻。螺旋藻引起人们关注的生物活性物质主要是藻胆蛋白（约占 10%）和蛋白多糖（约占 18%）。

螺旋藻所含的蛋白质主要为藻胆蛋白，是某些藻类特有的重要捕光色素蛋白。藻胆蛋白不仅是自然界中很有开发价值的食用饲料蛋白质资源，而且在光合作用"原初理论"研究方面也颇具有优越性，最近研究发现藻胆蛋白有一定的药疗价值。目前，藻胆蛋白开发和应用有以下几个方面。

① 藻胆蛋白是一种安全无毒的蛋白质，而且在藻类中含量极为丰富，目前日本已从螺旋藻粉中提取藻蓝蛋白以"Lin-ablue A"为商品名用作食物色素和用于化妆品生产。

② 人体对铁的吸收中，血红素铁是最有效的可吸收性铁，与血红素结构相似的藻蓝胆素通常与蛋白质结合，形成藻蓝蛋白复合物，日本的研究指出：在相似消化条件下，藻蓝蛋白可以和铁形成可溶性化合物，大大提高对铁的吸收。

③ 由于藻蓝蛋白和异藻蓝蛋白对光的特征性传递，不仅本身具有抗癌作用，还能吸收光能选择性地富集于病灶，能用于动脉粥样硬化或癌症的光动态治疗，对肿瘤的光动态治疗最近已获得美国食品与药品管理局（FDA）的批准。

2. 极大螺旋藻中藻胆蛋白提取

将定量藻粉用 pH9 的碱液提取 2h 后，离心，取上清液，经硫酸铵沉淀，用水溶解，装透析袋，用 0.005mol/L 的磷酸盐缓冲液透析至平衡，透析袋中内含物即是所要的蛋白质提取物。

将上述蛋白质提取物经离心除去变性蛋白后，取其上清液，上样用磷酸盐缓冲液平衡好的羟基磷灰石色谱柱，分别以 0.01mol/L、0.02mol/L、0.06mol/L、0.08mol/L、0.10mol/L 的磷酸盐缓冲液（pH6.8）进行梯度洗脱，藻蓝蛋白和异藻蓝蛋白分别在 0.02mol/L 和 0.08mol/L 时洗脱，收集特征峰分别为 650nm 和 620nm 的组分，再分别进行羟基磷灰石柱色谱得到纯的藻蓝蛋白和异藻蓝蛋白。

目前，国内对螺旋开发和利用，主要集中于对藻粉的初级加工，螺旋藻活性物质——藻胆蛋白深层次加工刚刚起步，未能形成商业产品。从藻胆蛋白生理功能来看，这是很有发展前景的藻类保健食品和药物。

本章小结

从 20 世纪 80 年代初至今，由于分子生物学和技术科学相结合，蛋白质工程研究已经完成了几十种蛋白质分子结构的改造，在蛋白质结构与其功能的研究上已获得很多有价值的检测资料。人们已经初步掌握了蛋白质工程的技术程序，在了解蛋白质三维结构与功能的基础上，对突变后的一维纤性肽链进行分子设计，从而构建全新的蛋白质分子。蛋白质工程的应用领域极为广泛，是生物工程领域上崭露出的一片特富魅力的新芽，它不仅可以带动生物工程进一步发展，还可以推动与人类生产、生活关系密切的相关科学的发展。当前，蛋白质工程修饰、改造的蛋白质虽不算多，但进展较快，随着基因组测序的国际联合行动的快速进展，已出现了蛋白质高速发展的新阶段。

本章主要讲述了蛋白质工程的概念、研究内容和技术方法，以及蛋白质工程技术的发展历史；介绍了目前在食品工业中蛋白质工程技术的应用情况。

蛋白质工程是一个新兴生物技术领域，主要通过蛋白质的分离纯化鉴定方法、结构分析方法、功能研究方法和进行结构改造的分子生物学研究方法，以蛋白质结构和功能的研究为基础，借助计算机信息处理技术的支持，从改变或合成基因入手，定向地改造天然蛋白质或设计全新的人工蛋白质分子，使之具有特定的结构、性质和功能，能更好地为人类服务的一种生物技术，对一些基本生物学问题的研究和解决发挥了重要作用。

利用蛋白质改性修饰技术可以使蛋白质分子中氨基酸残基侧链基团和多肽链发生某种变化，引起蛋白质大分子空间结构和理化性质发生改变，在不影响其营养价值的基础上改变天然的动植物蛋白质的物化性质和功能特性，以满足食品加工和食品营养性的需要。而蚕丝和螺旋藻中分别发现的蚕丝蛋白和藻胆蛋白具有较高的食用和药用价值，目前也有较成熟的提取应用。

思　考　题

1. 什么是蛋白质工程？与蛋白质工程相关的研究方法有哪些？
2. 蛋白质工程技术发展的意义是什么？
3. 什么是蛋白质的改性修饰技术？包括哪些处理方法？
4. 如何改善燕麦蛋白质的功能特性？
5. 消除苦味的方法有哪些？
6. 蚕丝蛋白的应用意义是什么？
7. 螺旋藻蛋白的应用意义是什么？

第七章 生物技术与农副产品的综合利用

学习目标

1. 了解果蔬加工、水产品加工、粮油加工三大领域中利用现代生物技术进行综合利用的现状。
2. 掌握利用现代生物技术对甘蔗、木薯等重要农产品进行综合利用的情况。
3. 了解燃料酒精和植物蛋白资源与农副产品综合加工之间的关系。

第一节 生物技术与果蔬的综合利用

一、国内外果蔬综合利用中生物技术的应用概况

果蔬是各类水果与蔬菜的总称，它是人们日常生活中不可缺少的副食品，是仅次于粮食的重要农产品和食品工业的重要加工原料。在我国实际的果蔬生产加工中，经常产生大量的废弃物，如落果、次果和下脚料（果皮、果核、种子、叶、茎、花、根），一般在果蔬生产加工中会产生 15%～20% 的残次落果、废弃物和下脚料。这些综合利用的原材料，来源丰富，价格低廉，安全无毒副作用。

果蔬综合利用是根据各类果蔬不同部分所含的成分和性质，对它们进行全植株的综合利用，使果蔬的有用成分都得到充分的利用。这样，既可以变废为宝，又能够减少环境污染，实现农产品原料的梯度加工及增值，提高经济效益和社会效益。目前，在果蔬综合利用中经常使用的生物技术是发酵工程技术、酶工程技术和蛋白质工程技术。

发酵工程技术是利用微生物的特殊功能生产有用物质的一种技术体系。这项技术包括菌种的选育和改造、代谢产物的分离与提纯等操作。它涉及到新食品原料、食品加工催化剂、食品保藏稳定剂、D-氨基酸及其衍生物以及废弃物的发酵。其中，后者就是利用果蔬生产加工中的废弃物作原料，通过发酵工程生产出酒精、单细胞蛋白、食品添加剂、有机酸和氨基酸等产品。

酶工程技术是利用生物酶生产有用物质的一种技术体系，它包括产酶菌的诱变和筛选、酶解条件的优化、酶解产物的分离提取等。在果蔬综合利用中主要使用的酶有纤维素酶、果胶酶和淀粉酶。使用纤维素酶已成功地水解柑橘皮渣制取饮料，柑橘皮渣经酶解后有 50% 的粗纤维转化为可溶性糖，另外的 50% 转化为短链低聚糖，后者即为果肉饮料的膳食纤维。同时该酶可以使细胞壁膨胀和降解，提高可消化性和改善口感，可用该酶浸渍果蔬的非食用部分，使果蔬去皮、去苦。果胶酶可以把果肉原料部分或全部地液化，降低机械工作强度，并利于浓缩、改善透明度、可溶性和稳定性，从而简化了对色素、风味物质等果汁成分的提取。此外，淀粉酶也是具有特殊功能的生物酶，常用于果蔬的综合利用中。

　　长期以来，我国没有很好地对果蔬进行综合利用，其主要问题是：国内多数的食品生产企业的生产线没有能力将加工过程中产生的废弃物和下脚料转化为有一定经济价值的产品；即使有些企业能够做得到，其产品质量也不稳定。

　　目前，我国主要研究和建立的果蔬综合利用体系主要有柑橘皮渣、苹果皮渣、葡萄皮渣、猕猴桃皮渣和胡萝卜皮渣等利用体系，这些体系在实践应用中得到不断完善。表7-1为果蔬综合利用的常见产品。

表 7-1　果蔬综合利用产品

果 蔬 原 料	下 脚 料	综合加工产品
柑橘类	果皮、果渣、种子	柠檬酸、香精油、种子油、蛋白质
苹果	残次品、下脚料	果汁、果胶、有机酸
葡萄	种子、果梗	酒石酸、单宁
猕猴桃	皮渣	果胶
胡萝卜	残次品及消除品	胡萝卜素
核果类	果壳、果仁	种子油、香精油、活性炭
番茄	残次品及消除品	番茄制品
马铃薯	残次品及消除品	淀粉
蔬菜类	菜叶	叶蛋白
食用菌	菇柄及碎菇	调味品、饮料、酒
辣椒	叶	速冻食品、罐头食品

　　在果蔬加工的综合利用方面欧美国家走在了前面，他们进行综合利用的覆盖率高，拥有比较完善的生产线；在生产过程中能够应用高科技的生产技术，产品的质量比较稳定，产品附加值大大提高。

二、生物技术在果蔬综合利用中的具体应用

　　从果蔬加工的下脚料和废弃物中，不但可以提取果胶、香精油、色素、黄酮类物质、油脂、蛋白质、可食纤维等可食性产品；而且还能够以果蔬皮渣为原料，制取酒精、沼气等发酵产品。在水果方面，综合利用做得比较完全的有柑橘、苹果、葡萄和猕猴桃等；而蔬菜的综合利用则以胡萝卜为代表。

　　1. 柑橘皮渣的综合利用

　　柑橘是食品工业的重要原料，在制造罐头和果汁饮料的生产过程中，将产生大量的柑橘皮渣。柑橘皮除少量药用外，大部分作为垃圾丢弃。柑橘果皮中含有果胶 20%～30%，橘皮苷、橘香油 0.2%，橙色素 0.2% 以及磷、钾、钙、铁等微量元素。通过发酵工程，柑橘皮渣可以生产燃料酒精和甲烷。使用果胶酶水解的方法从柑橘皮渣中可以制取混浊剂。美国每年处理柑橘皮渣 300 多万吨，转化成 100 多种产品，其中有 30 万吨用于提炼果胶、精油和植物蛋白，其余则烘干成饲料。柑橘皮渣综合利用的产品见表 7-2。

表 7-2　柑橘皮渣综合利用的产品

生 产 技 术	相 应 的 产 品
发酵工程	燃料酒精、甲烷
生化提取	胡萝卜素、果胶、香精油、有机酸、黄酮类物质、杀虫剂、杀菌剂、甜味剂
食品加工	果脯、果酱、果冻

（1）柠檬酸的生产及提取　不论柠檬酸来源于果蔬废弃物的发酵，还是来源于果实本身，都需要把柠檬酸提取出来。未成熟的果实中含柠檬酸比较多，因此常利用未成熟的落果及残次果作提取柠檬酸的原料。下面以柑橘残次落果提取柠檬酸为例，介绍柠檬酸的发酵生产及提取的工艺技术。

① 榨汁。将原料捣碎后加入清水，用压榨机榨取橘汁数次，充分榨出所含的柠檬酸。

② 发酵。将榨出的橘汁加酵母液1％，经4～5d发酵，然后过滤，加入单宁沉淀胶体物质，再过滤得澄清液。

③ 中和。将石灰乳慢慢加热，在不断搅拌下加入澄清液进行中和，产生的柠檬酸钙在冷水中易溶解，所以要将澄清果汁加热煮沸，将沉淀的柠檬酸钙分离出来，用沸水反复洗涤。

④ 酸解及柠檬酸晶体析出。在沸腾的条件下，加入硫酸，不断搅拌，生成硫酸钙沉淀，然后用压滤法除去沉淀。将滤液浓缩到相对密度为1.38～1.41，把此浓缩液放入洁净的结晶缸内，经3～5d结晶即析出柠檬酸晶体。

柑橘类果实提取柠檬酸的原理为：氢氧化钙能与柠檬酸生成柠檬酸钙沉淀，然后用硫酸将柠檬酸钙重新分解，硫酸取代柠檬酸生成硫酸钙，而将柠檬酸重新析出。由于果汁中的胶体、糖类、无机盐等影响柠檬酸结晶的形成，所以要得到这种沉淀，就要采用交互酸解的方法，将柠檬酸分离出来，获得比较纯净的晶体。

（2）沼气的发酵生产　柑橘类果实在加工过程中产生的下脚料可用来发酵生产沼气，既可以变废为宝，又能够产生经济效益。其发酵的工艺流程如下。

① 分解工序。包括蛋白质和脂肪的水解，纤维素的膨胀和扩散，使得果蔬废弃物和下脚料转化为发酵的原材料。

② 液化工序。在酸性条件及稀浆状态下，发酵的原材料被兼性厌氧微生物作用分解成有机酸。

③ 气化工序。浆状的有机酸被专性厌氧微生物作用生成沼气。

2. 苹果皮渣的综合利用

在苹果汁的加工中，产生40％的下脚料，其主要成分的含量见表7-3。

此外，还含有维生素P等多种维生素。1987年10月，美国政府投入1 500万美元完成了苹果综合利用体系，这个体系由如下三部分组成：

① 苹果皮渣通过固体发酵生产酒精；

表7-3　美国苹果下脚料中各成分平均含量

成　　分	含量/％	成　　分	含量/％
干物质	21.0～23.0	有机酸	0.3～0.7
糖类	6.0～8.0	脂肪	1.25
果胶	0.9～1.9	单宁、色素	0.1～0.2
纤维素	2.7～3.2	矿物质(Ca、K)	0.2～0.7
无氮浸出物	11.2	维生素B$_6$	1.65(mg/kg 干物质)
蛋白质	1.2～2.0	维生素C	26.7(mg/kg 干物质)

② 苹果皮渣利用 N-RRL-597 菌株生产柠檬酸（90g/kg 湿渣）；

③ 苹果皮渣通过厌氧性细菌发酵生产沼气，产生的热量在 70～170kcal/t 湿渣。

以苹果皮渣发酵生产酒精为例，其生产的工艺流程为：

苹果渣→接种葡萄酒酵母→发酵（30℃，pH3.4，96h，产酒率 8％～11％）→真空蒸馏→酒精。

酒精获得率根据苹果渣发酵情况而定，幅度为 29～40g/kg 湿苹果渣。酒精生成量明显取决于苹果渣中糖的起始浓度，而影响起始糖浓度的因素有苹果的种类和加工方法。用真空蒸发器从发酵成熟的苹果渣中分离酒精，分离率为 92％～99％。在发酵前添加纤维素酶和果胶酶可增加酒精产率。

3. 葡萄皮渣的综合利用

葡萄是饮料、酿酒、罐头等食品工业的生产原料，其生产过程中的葡萄皮、葡萄籽等废弃物可以用于综合利用。废弃物（皮、籽和梗）约占鲜果总量的 30％，其中，葡萄皮渣约占 25％，它含有丰富的葡萄籽油、葡萄红色素、天然的多酚类抗氧化剂。葡萄皮渣经发酵后纤维素含量可由 23％下降到 15％以下，蛋白质含量可由 12％提高到 25％以上。从葡萄皮渣中经过发酵而蒸馏出酒精，再经过陈酿和调配，制造出高级葡萄酒。另外，利用生物技术提取天然抗氧化剂也是葡萄皮渣综合利用的热点之一。

4. 猕猴桃皮渣的综合利用

猕猴桃皮渣可以制取蛋白酶，用于防止啤酒冷却时生产的浑浊，也可以作为肉质嫩化剂，在西药方面作为消化剂和酶制剂。猕猴桃皮渣中提取蛋白酶的工艺为：

猕猴桃皮渣锤磨粉碎→通入 SO_2（200mg/g 果胶）→压滤去渣→离心收集液体→加入食盐（24％）→沉淀过夜→离心获得粗制酶→精制→冷冻干燥→成品。

猕猴桃皮渣也可以经固态发酵生产柠檬酸和食用酒精。

5. 胡萝卜加工过程的综合利用

蔬菜综合加工的技术手段跟水果类似，只是原材料和产品有所不同。以胡萝卜为例，在胡萝卜的加工过程中得到大量的胡萝卜渣，约占原料的 30％～50％，它含有较高的胡萝卜素、矿物质、氨基酸和纤维素。以前，胡萝卜渣基本上作为动物饲料处理，其经济价值很低。目前，胡萝卜渣用作酿制的原料，大大提高了产品的附加值。用胡萝卜渣酿成的醋要比用粮食酿制的醋更具有风味和营养。

另外，利用核果类的种仁中含有的苦杏仁苷，经苦杏仁酶水解后（50℃，1h），可生产苯甲醛和杏仁香精；利用姜汁的加工废弃物提取生姜蛋白酶，可用于凝乳。其他果蔬原料的综合利用方面，也有大量的研究。

第二节 生物技术与水产品的综合利用

一、国内外水产品综合利用中生物技术的应用概况

我国的水产品总量位居世界第一。2006 年我国水产品总量达到 5 250 万吨，比上年增长 2.8％。2003 年甲壳类产量为 436.90 吨，其中海洋捕捞虾、蟹为 231.94 万吨，海

水养殖甲壳类为 66.12 万吨，淡水虾、蟹产量为 138.93 万吨。我国现有水产品加工企业 6 443 个，年生产能力达到 1 127.10 万吨，但实际加工产量仅为 624.17 万吨。每年至少有 12％的水产品变质，36％的低值水产品仅能加工成动物饲料的原料或鱼粉等低值产品，蛋白质资源未能充分利用，真正能供给人类食用的水产品仅为总产量的一半。

在鱼品加工过程中，会产生大量的鱼头、鱼皮、鱼鳍、鱼尾、鱼骨及其残留鱼肉等下脚料，其质量约占原料鱼的 40％～55％。这类废弃物中含有丰富的营养物质和有用成分，有些组分甚至还有一定的功能特性和生理活性，因而是一类重要的生物资源。据测定，虾头、壳中蛋白质含量为 20％～40％，粗脂肪 9％，含有丰富的矿物质，特别是钙盐（碳酸钙及磷酸钙 30％～50％）；虾、蟹壳中还含甲壳质（20％～30％）及色素。组成蛋白质的氨基酸含有人体必需的 8 种氨基酸，其中除了赖氨酸的含量稍低外，其他氨基酸的组成比例符合人体对必需氨基酸的要求，是非常优良的食物资源。因此，充分利用水产品加工过程的下脚料和废弃物可提高鱼类加工的附加值，并且减轻环境污染，将获得良好的经济和社会效益。

水产品综合利用就是利用食用价值低的水产原料及其加工过程中的废弃物生产食品、药品以及工农业生产用品。近几十年来，国内外学者对此类资源的开发利用一直比较重视，主要研究包括：以鱼、虾、蟹壳为原料生产甲壳质及其衍生物，同时得到色素、蛋白质、调味品、生物活性钙等；从鱼皮、鱼鳞、鱼骨和鱼刺中提取生物碱、钙剂、明胶和胶原蛋白，还可制成磷灰石生产人造骨骼和假牙；从鱼内脏中提取生物酶、生物活性等物质；从鱼糜漂洗液中提取酶，回收并利用其中的水溶性蛋白等。虾、蟹等甲壳类水产加工下脚料可以制作虾味汤料、调味料等营养补充剂。其中，采用蛋白酶水解虾加工下脚料，从中获取具有高附加值的氨基酸营养液，作为天然调味料或者参与复合调味料的调配，具有广阔的应用前景。

鱼、虾、蟹的综合利用不仅仅在于营养物质的提取，更主要的在于开发它们的化工产品。如虾、蟹壳是制造甲壳素的优良原料，甲壳素是直链高分子多糖，其化学结构和性质类似于纤维素，由于分子中有特殊氨基的存在，使其具有纤维素没有的特性，通过不同的化学修饰反应可以获得多种衍生物。由于甲壳质及其衍生物具有特殊的理化性质，甲壳素产品已广泛地应用于食品、饲料、医药、烟草、化工、日用化妆品、生化实验、食品添加剂和污水处理等领域中。

二、生物技术在水产品综合利用中的具体应用

1. 鱼综合利用制取凝乳酶

凝乳酶的传统来源是从小牛皱胃中提取。随着干酪工业的发展，全世界每年要宰杀 5 000 万头小牛生产凝乳酶，造成全球性小牛缺短。为缓和小牛凝乳酶供应的紧张局面，近年来 Tavares 等人从金枪鱼胃黏膜中提取了价格低廉的凝乳酶。提取的工艺路线是：

清洗金枪鱼胃→去除胃内膜→切段并均质→20℃过夜→将均质物搅拌成浆状并离心（35 000r/min，4℃，1h，重复 2 次）→收集上清液→冷冻干燥浓缩→粗胃蛋白酶原→活化，加入 0.1mol/L HCl 溶液调节 pH 至 4.0，20～25℃保温 1h，然后加入 0.1mol/L NaOH 溶液调节 pH 至 5.0→凝乳酶。

2. 鱼综合利用提取抗高血压成分

通过抑制血管紧缩素转化酶（ACE）能够起到降低血压的作用。鳕鱼鱼头的酶解产物分离后得到 9 个组分，其中有 5 个组分对 ACE 具有良好的抑制作用。但是这 5 个组分的化学组成及其具体作用还未得到证实，其前体以及转化过程需进一步研究。随后，在沙丁鱼、虾、贝类的肌肉以及酶解产物中也发现了对 ACE 有抑制作用的缩氨酸，于是人们又将目光转向了沙丁鱼下脚料，通过高效液相色谱分离也得到了某些 ACE 抑制组分。其制备过程为：

沙丁鱼下脚料（18℃）绞碎→加入磷酸（25mL/kg）→24℃，保存 3d→发酵产物自溶，离心（10 000r/min，20min）→回收上清液，将其冷却至 18℃，30min（去除脂肪结块）→加入 CaO 调节 pH 至 7→再次离心（10 000r/min，20min）→取上清液，上清液中含有 ACE 抑制成分。

3. 鱼综合利用生产胶原蛋白

胶原蛋白及其酶解产物在医疗、保健和美容方面具有广阔的应用前景。胶原蛋白分子由 3 条多肽链构成，分子中含有非胶原性间质组分。随着鱼龄的增长，鱼皮的胶原分子间出现了共价键架桥。这些架桥大多位于胶原分子 N 端及 C 端的非胶原性肽部分（尾肽），因而易被多种蛋白酶切断，而三股螺旋区却只能被胶原蛋白酶破坏。胶原蛋白酶对胶原蛋白的水解主要是破坏胶原蛋白的螺旋区，使胶原蛋白水解成小分子肽类及游离氨基酸；其他蛋白酶对胶原蛋白的酶解、促溶等只能切除胶原蛋白的尾肽，使其变为可溶性胶原蛋白。因此，用非胶原蛋白酶提取的胶原蛋白为天然、未变性的大分子胶原蛋白。

据此，可采用酶法促溶对鱿鱼皮中的胶原蛋白进行回收利用，可以得到较高的胶原蛋白回收率和较好的酶提液色泽。胃蛋白酶促溶温度宜控制在 15℃ 以下，酶解 72h。Morimura 等人对回收的胶原蛋白进行水解，发现其水解产物中的色氨酸、苏氨酸、亮氨酸、组氨酸等多种氨基酸含量超过胶原蛋白标样；但是采用酶法促溶而获得的胶原蛋白液，鱼腥味较大，尝试用活性炭、β-环糊精等处理，鱼腥味的去除效果均不明显。

4. 鱼综合利用生产酱油

鱼酱油是一种传统发酵工艺制成的氨基酸调味品，生产工艺与大豆酱油生产工艺相类似，采用低值海水鱼或鱼下脚料为原料进行自然发酵加工而成。传统的鱼酱油生产工艺采用自然发酵法，生产周期长，难以进行自动化连续生产。一般来说，采用控制发酵方法。其工艺流程为：

下脚料→蒸煮→冷却→加酶水解→灭酶→加盐→冷却→接种→发酵→过滤→包装→杀菌→冷却→酱油。

控制发酵法的操作要点如下：

① 将淡水鱼鱼头、鱼皮、鱼刺以及鱼肉漂洗整理好待用；

② 将上述原料蒸煮 15min，冷却至室温；

③ 加入原料重 0.15% 复合蛋白酶和 20% 食盐，调节 pH7，水解后灭酶；

④ 接菌种，37℃ 保温发酵 3 个月；

⑤ 过滤、分装后，采用100℃、5min杀菌，冷却至室温，即为成品。

最近，邓尚贵等人采用多酶法生产鱼酱油，该酶技术工艺为：

青鳞鱼下脚料→粉碎→加1.5%的枯草杆菌碱性蛋白酶和中性蛋白酶→调pH7.0→水解（50℃，120min）→再加2%风味酶→继续水解（50℃，60min）→鱼酱油。

对采用该工艺制备鱼酱油的主要营养成分进行分析，结果表明，该工艺鱼酱油氨基酸氮含量略高于国家标准的上限值，总氮则比国家标准值上限高得多，而食盐则比国家标准值上限略低，也就是说该工艺鱼酱油的质量略高于国标的标准。

5. 鱼综合利用生产酸贮液体鱼蛋白饲料

酸贮液体鱼蛋白是指鱼下脚料经绞碎后由糖蜜及乳酸菌发酵产酸而制成的液状饲料，生成的酸不但能够抑制腐败细菌、霉菌（黄曲霉）的生长，而且有加速下脚料自身酶解的作用。其发酵工艺流程为：

（沙丁鱼）下脚料→剁碎→加入15%（质量分数）的糖蜜、0.3%酵母提取物、1%蛋白胨→接种5%植物乳酸菌→密闭发酵（在30℃发酵48h，然后在20～22℃下发酵30d，pH由7降至4）→酸贮液体鱼蛋白饲料。

实际上，早在1920年芬兰的Virtaneu就首创此法，将磨碎的鱼酸化到pH2.5～4，自然分解2周后完全液化，曾广泛采用此法生产饲料。由于此种液体饲料是在酸性条件下用酶类或微生物分解而成，所以统称为酸贮饲料。如果发酵时采用强酸，需要中和后再喂养动物；如果采用的是弱酸，则不必中和了。

日本的可溶性蛋白饲料（鱼汁糠粉）也是采用鱼及其内脏经酶消化后，再跟麦皮或米糠混合生产的。斯里兰卡生产的"液体鱼"同样利用鱼体自身的酶类进行消化，消化所需时间因鱼的种类和磨碎的程度而异，短则3d，长则数周。成品液体鱼的组成为：蛋白质18%，水分78%，灰分1.5%，油脂2.5%。在印度，James于1966年建立的方法是用预煮过的鱼经过乳酸发酵生产液体饲料，同时未消化的固体部分则制成固体饲料。

我国对于酸贮液体鱼蛋白饲料也有一定的研究。洪江在研究鳗鱼头水解蛋白粉末的加工工艺时，提出了鳗鱼头水解蛋白的最佳工艺条件：将鳗鱼头洗净绞碎，按1∶1的比例加水混匀，再加入0.2%木瓜蛋白酶，49℃恒温水解7h，升温至54℃后再恒温水解17h。杨萍等人也确定了青鳞鱼下脚料蛋白酶水解的最佳条件：原料与水之比为1∶5，pH9.0，温度60℃，酶浓度2.0%，水解时间30min。但是其中各种氨基酸均有所损失，其中赖氨酸、谷氨酸、亮氨酸的损失最大。段振华等人对如何消除鲻鱼下脚料酶法水解过程中产生的苦味进行了探索，发现复合酶水解物的苦味较低，其水解条件为：pH8.0，50℃，复合酶中两种组分（E1∶E2）的质量比为1∶2，且同时加入酶的总量为0.7%。同时，还研究了加热和脱脂两种预处理对水解度的影响，结果表明，两者均不利于酶的水解作用。赵玉红等人通过用碱性蛋白酶水解脱脂前后的鲢鱼下脚料，比较了脂肪抽提对水解过程及蛋白水解物的影响，证明了脂肪的除去不仅可以提高蛋白水解物的DH（水解度）和NR（氮回收率），而且水解物的质量也有很大改善。

酸贮液体鱼蛋白作为饲料添加剂用于肉鸡、蛋鸡、仔猪、肉猪及鱼的饲料都能取得较好的饲养效果，但产品的水分含量在80%左右，使得贮藏、运输的成本比较高，产品的矿物质、维生素等营养成分需要补充，而且产品有比较重的三甲胺鱼腥味。

6. 虾头综合利用生产虾头汁和虾油

以虾的下脚料为例说明虾的综合利用。虾头汁的制作工艺路线为：将新鲜虾头脱壳，将其汁加入一定量的中性蛋白酶，水解后的滤液可配制调味液和强化饮料，其残渣可做鲜虾酱。由于虾头中蛋白质含量丰富，1t 鲜虾头提纯的蛋白质可相当于 200kg 鲜虾的可食部分。虾油是虾类发酵后制取的营养液，含有丰富的蛋白质和氨基酸，是一种味美价廉、营养丰富的调味料。其生产工艺为：

原料处理（除去小杂鱼等杂物）→腌制发酵（约半月成熟）→炼油→保藏。

7. 贝的副产品生产蚝油

以蚝油为例说明贝的综合利用。蚝油既是一种复合调味品，又是一种极佳的营养品。其生产工艺流程为：

原辅材料→加水搅拌→过滤→抽料→加热、加水搅拌→加酵母精、添加剂、黄原胶等原料在 90℃左右发酵→煮沸 3～5min→停止加热→气泡完全消失→冷却→装瓶→检验→成品。

第三节 生物技术与粮油的综合利用

一、国内外粮油综合利用中生物技术的应用概况

中国是一个粮油生产、消费和加工的大国，我国年产稻谷 2 亿吨左右，小麦 1 亿吨左右，玉米 0.9 亿吨左右；年产油料 5 500～6 000 万吨，加上近几年每年进口油料 2 000 万吨左右，这些丰富的粮油资源为我国粮油工业的发展提供了重要的物质基础。

粮油加工业历来是国民经济的一个重要支柱产业，其生产加工过程中产生的副产品和废弃物也是一类庞大的生物资源，包括稻壳、米糠、麸皮、油料皮壳、饼粕、油脚、皂脚及脱臭馏出物等。这些副产物作为废物丢弃，不但不能很好地体现其利用价值，而且还造成环境污染。目前国内粮油企业仅仅表现在对这些副产物的一般性开发利用上，生产技术水平还比较落后，产品质量亟待提高，特别是对一些副产物的成分和功能还未全部了解，需进一步探索和研究。近年来，我国在总结前人应用成果的基础上，引入新技术、工艺和设备，大大的提高了综合利用的程度。

粮油副产物中蕴含着丰富的具有各种生理功效的生物活性物质，将其分离提纯出来，可以作为很好的保健功效成分应用于食品中，这对提高粮油资源的综合利用和产品附加值、带来经济效益和社会效益，具有十分重要的意义。例如由粮油加工副产物开发生产的植物功能性蛋白、植物烷醇、低聚糖、异黄酮、营养膳食纤维等；粮食的综合利用中用稻壳酿酒、用大豆制作乳酸豆奶、用稻壳制作膳食纤维等；用谷糠生产活性炭、从米糠中制取糠蜡、用油脚（皂脚）制肥皂、玉米穗及皮生产出日用品等。

二、生物技术在粮油综合利用中的具体应用

1. 稻壳酿酒

将稻壳研成统糠，按 35%（质量比）的比例将水加入统糠使之湿润，再装入蒸料锅

上的木桶中，蒸煮 2h，出锅摊晾，加入质量 2～2.5 倍的鲜酒糟拌匀，并在料温 30℃时拌入酒曲和酵母液，用量分别为混合料液的 7% 和 30%，将拌匀的混合料装桶，封闭发酵 4～5d，最后放入蒸馏锅中进行蒸馏。白酒出酒率约为 1kg/kg 稻壳，加入鲜酒糟后，可酿造白酒约为 2kg/kg 稻壳。

2. 乳酸豆奶的生产

用大豆植物蛋白代替脱脂奶粉生产乳酸发酵饮料，不仅营养价值高，而且价格低廉，不含胆固醇，对改善人体的营养结构有益。其工艺主要是利用乳酸菌的产酸、生香和脱臭的作用，对经严格处理的豆浆进行蛋白质降解和发酵，使终产品不分层、不沉淀、口感细腻、不具有豆腥味和苦涩味。乳酸豆奶的原料为大豆次品，其工艺流程为：

大豆→脱皮→浸泡→磨浆→分离→接种→发酵→冷却→兑制→均质→调香→无菌包装→成品。

操作要点如下。

（1）大豆处理　选用新鲜的大豆及其次品，在脱皮机上脱去皮壳后，用 85℃ 的热水浸泡 20min，热水的用量为大豆的 2～2.5 倍，用以钝化大豆中脂肪氧化酶，可避免产生豆腥臭味。

（2）磨浆分离　处理好的大豆在磨浆机上磨浆，边磨边均匀加水，控制总加水量为大豆的 9 倍，用离心机除去豆渣，用胶体磨研磨成浆，以提高豆浆的质地，增强其乳化度，使之口感细腻、滑爽。

（3）发酵培养基的制备和微生物的接种发酵　处理好的豆浆，可加入少量的脱脂奶粉液作发酵的诱发剂，奶粉液浓度为 10%，占大豆浆用量的 15%～20%，混合均匀后加热灭菌即成发酵的基质；从牛奶培养基中挑取纯培养的乳酸菌，经过不同比例梯度的豆奶液的驯化，接种量为 2%～3%。如混合使用嗜热链球菌和保加利亚杆菌，可使产品风味更加优良，且有自然香味。发酵温度控制在 36～38℃，时间约 6～8h，使发酵液的pH 降至 4.3～4.5，强度在 0.8%～1.0% 之间，成熟的外观表现为均匀细密的凝乳状，此时豆浆中的蛋白质已转化为多肽和氨基酸物质。

（4）产品兑制及后阶段的处理　发酵好的凝乳，以适当的比例加入水、稳定剂、糖，即可调成乳酸饮料。适量加入天然果汁，则能使产品更加高级，风味更为突出。产品的兑制比例如下：发酵凝乳 25%，糖 5.5%，香料 0.05%，天然果汁 5%～7%，其余为水的用量。

天然果汁的酸碱度可预调至 pH2.8～3.2，稳定剂通常采用果胶、明胶或阳离子稳定剂，加量为 0.02%～0.04%，但目前多采用浊类乳化剂，即各种乳化香精类。发酵凝乳成熟后，应立即冷却至 10℃ 以下，不断搅拌加入辅助配料，开动均质机，在 20MPa压力下达到乳化状态，最后加入香精，即可送到无菌分装灌装线。

3. 膳食纤维的制备

膳食纤维是指能抵抗人体小肠消化吸收，而在人体大肠能部分或全部发酵的可食用的植物性成分、碳水化合物及其类似物的总和。由于人体内缺乏分解消化纤维素的酶，所以它不能被人体消化吸收。膳食纤维包括非淀粉类多糖和抗性低聚糖、碳水化合物类似物、木质素及相关植物物质，具体物质组成参见表 7-4。

表 7-4　膳食纤维物质组成

物 质 种 类	具 体 成 分
非淀粉类多糖	纤维素、半纤维素、多聚寡糖(菊粉、果寡糖)
抗性淀粉	半乳寡糖、树胶、果胶等不消化糊精(麦芽糖糊精、抗性淀粉糊精)
碳水化合物类似物	合成碳水化合物部分(葡聚糖、甲基纤维素)、抗性淀粉
木质素相关植物物质	蜡状物、肌醇六磷酸、角质、皂苷、鞣酸等

一般来说，膳食纤维按照溶解性分为水溶性膳食纤维（SDF）和水不溶性膳食纤维（IDF）两大类。膳食纤维按其来源又可分为大豆膳食纤维、玉米膳食纤维、麦麸膳食纤维等。

（1）水溶性膳食纤维的制备　水溶性膳食纤维包括果胶等亲水胶体物质和部分半纤维素，主要来源于水果、蔬菜、大豆和燕麦。它的主要功能是调节血糖水平，减少血液中的胆固醇，从而降低心脏病的危险性。

大豆膳食纤维的制备工艺为：

脱脂大豆粉原料→氢氧化钠处理→过滤→滤液调 pH7→离心→收集上清液→调 pH7→酒精沉淀→水溶性膳食纤维。

其操作要点如下。

脱脂大豆粉，粉碎，过 40 目筛，用 10 倍量纯水浸泡 30min，加入 5％（质量分数）氢氧化钠，加热至 80℃，搅拌提取 1h，过滤，碱性滤液可用于其他生产浓缩大豆蛋白。将滤渣浸泡于 10 倍量水中，以食用级盐酸调溶液 pH 约至 7，加入耐高温液化淀粉酶（3 000U/100g），80℃ 酶解 30min，然后升温至 100℃，保温 10min 钝化酶，冷却至 60℃，加入 0.2％双氧水脱色 4h，离心，将滤渣用纯水洗涤 2 次，离心，低温干燥得淡黄色 SDF 产品。

（2）水不溶性膳食纤维的制备　水不溶性膳食纤维包括纤维素、木质素和部分半纤维素，它大量存在于麦麸、米糠、稻草等植物中，原料来源丰富，生产成本低。其主要功能是膨胀，可以调节肠的功能，防止便秘，保持大肠健康。

以麦麸为原料制取加工而成的一种水不溶性膳食纤维的工艺流程为：

小麦麸皮预处理→加入 65～70℃ 的热水（麦麸：热水＝1：10）→65℃条件下加入混合酶制剂（α-淀粉酶与糖化酶）分解淀粉类物质→加蛋白酶→水洗→灭酶（100℃）→干燥（105℃，2h）→粉碎→膳食纤维。

操作要点如下。

① 小麦麸皮预处理。将小麦麸皮过筛后分散于水中浸泡 15～30min，洗涤除去淀粉类杂质，收集纯净的麦麸干燥后备用。

② 混合酶水解。混合酶制剂中 α-淀粉酶与糖化酶的比例为 1：3，混合酶制剂的用量为 0.12％，酶解时间约 30min，酶解温度 65℃。

③ 蛋白酶水解的用量为 0.13％，时间 60min，温度 60℃。

第四节　生物技术在重要农副产品综合利用中的具体应用

一、甘蔗糖废糖蜜的综合利用

甘蔗糖综合利用的原料包括蔗渣、糖蜜和蔗泥。甘蔗渣是甘蔗糖厂的副产品之一，它的量很大，约占甘蔗植株的 24%～27%，每生产出 1t 的蔗糖，就会产生 2～3t 的蔗渣。蔗渣含有丰富的纤维素，而含木质素较少，故蔗渣作为一种纤维原料具有很大的优越性。目前，甘蔗糖厂中的蔗渣有一半用于烧锅炉，另一半用于制造纸张的原料。因此，蔗渣未能获得更高的产品附加值，利用生物技术对蔗渣进行综合利用需要进一步的研究。蔗泥也是甘蔗糖厂的副产品之一，它的量没有蔗渣多，但因其含有很多的生理活性物质，故开发蔗泥的综合利用也是提高甘蔗附加值的手段之一。目前，对于糖蜜的综合利用相对来说比较完善，下面主要是针对糖蜜的综合利用进行论述。

我国甘蔗糖蜜主要用来生产酒精，还有一部分用来生产味精、柠檬酸、赖氨酸、酵母、抗生素、焦糖色素和饲料等。

1. 发酵生产酒精

在技术发展方面，絮凝酵母连续发酵、生化蒸馏法和固定化载体技术将成为今后相当一段时期内并存发展的三项糖蜜酒精高新生产技术。

絮凝酵母连续发酵技术目前在印度、我国台湾各地都应用得较为广泛，酵母经简单的重力作用处理后即可回收，糖蜜不需要预澄清，酒精产率高，操作简便。其简单的工艺流程为：

糖蜜→稀释→酸化→澄清→液体培养液→接种对数期酵母种子→发酵成熟→蒸馏→酒精。

生化蒸馏法为瑞典的阿法拉伐公司研制的一种发酵与蒸馏相结合的新技术，该法具有酒精产量高、能耗少、废液量少等特点。近年来世界上已有 20 多间大型的生化蒸馏法厂投产，大部分都在巴西和印度。

固定化酵母生产糖蜜酒精技术是一项新的生物技术，国际上的研究始于 20 世纪 70 年代中期，例如巴西、韩国、菲律宾等国；我国则在 80 年代中后期开始，例如台湾、四川、江苏、江西、广东等省。该技术先将酵母细胞用载体固定起来，然后使固定化的酵母细胞在生长和增殖状态下连续使用。该技术能减轻劳动强度、缩短发酵周期、提高产酒率、降低物耗，而且酵母适应性强、稳定性好、管理粗放。

2. 废糖蜜酒精废液的综合利用

糖蜜酒精废液是发酵酒精后排出的剩余液体，是浓度高、颜色深、酸度大的有机废水。若对此废液不加处理而直接排入水体，将对周围环境造成十分严重的污染，同时废液中还含有大量有价值的成分可以回收，如维生素 B_1、维生素 B_2、维生素 B_6、维生素 B_{12}、柠檬酸、酒石酸、乙酸、磷质果胶以及高级醇等。

当废糖蜜用来发酵生产酒精时，每生产 1 体积的酒精，就回产生 12～14 体积的蒸馏废液，解决废液的污染及回收利用是一个急需解决的课题，而治理污染的巨大投入使企业难以承受。在治污的同时，回收利用废液中的有用成分，变废为宝，增加经济效益，是废液综合治理的发展趋势。目前，废糖蜜酒精废液综合治理的工艺由三个部分组成，包括部分酒精废液经处理后回流到酒精车间；其他酒精废液进入水膜除尘器；最后的余渣用来生产堆肥。

3. 发酵生产赖氨酸

在近代食品工业中，赖氨酸有多种用途，可作为营养强化剂、鲜味剂、香味剂、除臭剂和亚硝胺抑制剂。鉴于赖氨酸在饲料工业及食品工业中的用途日益增加，尤其是禽畜业的飞速发展需要大量的赖氨酸。目前，除少量国产产品外，大部分需要从日本和韩国进口，故赖氨酸的国内市场很大。糖蜜发酵生产赖氨酸的简单工艺流程如下：

废糖蜜→过滤→糖液→预种（菌种）→扩种→发酵→发酵液（分离、去菌体和杂质）→上柱分纯→吸附→反洗→解脱液→浓缩→调酸（盐酸）→结晶→分离（母液可再进行离子交换）→干燥→筛分成品（粗晶）→包装。

4. 发酵生产乙酸

乙酸是重要的有机化工原料，由于它的用途很广，乙酸的国际市场在逐级扩大，生产能力也迅速提高。世界年产乙酸的能力在 560 万吨以上。2000 年，中国乙酸生产能力约为 97 万吨；2002 年约 119 万吨；2004 年近 150 万吨；2006 年约为 220 万吨；到 2007 年底，中国乙酸能力大幅提高至 340 万吨左右。以糖蜜为原料发酵生产乙酸的工艺流程如下：

废糖蜜→处理→接种→种子扩大培养→发酵培养→乙酸提取→乙酸钠制备→乙酸钠提取→包装。

5. 发酵生产柠檬酸

近年来，由于受出口刺激，中国柠檬酸生产能力和产量增长很快。20 世纪 90 年代，中国的柠檬酸产量只有 3.7 万吨，而目前已达到约 40.0 万吨。现在，中国有近百家的柠檬酸生产厂家，总年产能力约 50 万吨，产量居世界首位。国外市场倾向于无水柠檬酸，但是国内厂家多生产含结晶水的产品。以糖蜜为原料发酵生产柠檬酸的工艺流程如下：

糖蜜→预处理→种子培养基的制备→菌种的扩大培养→发酵培养基的制备→接种→发酵→分离→纯化→柠檬酸。

6. 发酵生产味精

从 1994 年起，我国味精年产量跃居世界第一，每年的增长率为 10%～20%。由于欧美等地消费味精的数量不大，绝大多数将采购中心放在中国，我国也是世界上最大的味精出口国。全国味精厂从 20 世纪 90 年代初就投产的有 150 余家，至今仍有 50 家维持常年生产。以糖蜜为原料发酵生产味精的竞争优势在于糖蜜价格比较便宜。味精生产工艺一般包括四个阶段：

① 原料预处理糖液的制备；

② 种子扩大培养及谷氨酸发酵；

③ 谷氨酸的提取；

④ 谷氨酸的制取及味精成品的加工。

二、木薯淀粉生产的综合利用

木薯淀粉加工生产规模向大型化方向发展。美国和欧盟的木薯淀粉加工厂年产量在十多万吨至数十万吨的规模；泰国的木薯淀粉厂年产量在 5～15 万吨。近年来，国内的淀粉加工也在向大型化发展。全国有木薯淀粉厂 400 多家，年设计能力为 18.5 万吨；木薯种植和淀粉产量最多的广西壮族自治区有淀粉厂 20 多家，其中有 5 家的淀粉年产能力超过 2 万吨。木薯生产加工的主要产品有木薯原淀粉和变性淀粉。在生产加工过程中，产生了大量的木薯渣、木薯皮衣等下脚料，这些下脚料还含有一定量的木薯淀粉以及多种生理活性物质，对其进行综合利用，既可以增加产品附加值，又可以减少环境污染的压力。

1. 木薯渣发酵生产蛋白饲料

木薯渣是木薯加工制取淀粉过程中所产生的废弃物，目前这部分数量庞大的废弃物一直未得到很好的利用。按现有生产水平计算，木薯渣和淀粉之比为 1∶2，即每年可产木薯渣 9.25 万吨（以干物质计）。木薯渣中含粗蛋白为 3.9%、粗纤维为 15.9%、粗脂肪为 0.5%、无氮浸出物为 77.1%、灰分 2.6%、钙 0.7%、磷 0.08%。由于木薯渣蛋白含量低，粗纤维含量较高，除极少量的木薯渣可直接用于饲料和工业酒精生产外，绝大部分没有得到利用，这样不仅造成了极大的浪费，而且严重地污染环境。

近年来，在木薯渣综合利用方面获得了一定的成功。谢文伟等研究报道，通过在废渣废液中接入具有较强生淀粉糖化能力的霉菌和蛋白质含量较高的酵母进行共同发酵生产单细胞蛋白，为开发新的蛋白资源开辟了一条新的途径。

陈桂光等人研究了在木薯渣中接入对生淀粉具有较强分解能力的根霉 R2 和高蛋白含量的酵母 AS2.617 进行混合发酵生产蛋白饲料。将尿素、无机盐溶于定量水中，加入生木薯淀粉渣、根霉曲、酵母液，在一定温度下发酵一定时间后取出离心分离，去除上清液，然后水洗，再离心分离，除去无机氮，烘干检测蛋白含量。结果显示原料粗蛋白从 3.9%提高到 22.43%，产品的氨基酸总量为 15.02%。

钟秋平等人研究了培养条件对木薯渣在箱式固态发酵反应器中用黑曲霉菌株发酵生产植酸酶的影响。曲箱是自制的厚层通风生物反应器，用铝合金制成。反应器的长度、宽度、深度为 80cm、60cm、35cm。固态基质铺在 80 目的不锈钢筛网上，筛网离反应器底面 16cm，反应器的底面倾角为 10°，空气能均匀地通过料层。结果表明，单因素实验的最佳条件为：水质量分数 75%，料层厚度 5～10cm，接种量 1.5%，培养温度 32～34℃，培养时间 6～8d。在此条件下，植酸酶活力最高达到 4 189μmol/(min·g)。反应器装置如图 7-1 所示。

2. 木薯渣发酵生产工业酒精

传统的木薯酒精均是指直接以木薯为原料，经除杂、粉碎、投料、发酵、蒸馏等工段来生产的。近年来，根据国内外对木薯进行的预处理不同，又产生了湿法木薯酒精和干法木薯酒精生产方法。湿法指的是木薯经浸泡、破碎、获得粗淀粉乳，用作酒精的原料；干法是指木薯先行湿润，然后破碎筛分，除去部分木薯皮，获得低脂木薯粉后作为

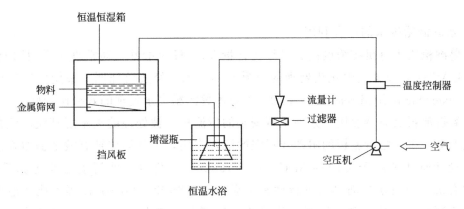

图 7-1　木薯渣固态发酵装置

酒精的原料。具体的步骤如下。

（1）原料处理　目的是除去影响出酒率和损坏机器设备的杂质。

（2）原料粉碎　目的是增加原料受热面积，有利于淀粉颗粒吸水膨胀与糊化，提高热处理效率，缩短热处理时间，粉末原料加水混合后易流动运输。

（3）蒸煮工艺　淀粉质原料吸水后在高温高压下蒸煮，使植物组织和细胞彻底破裂，淀粉颗粒由于吸水膨胀而被破坏。淀粉由颗粒变成溶解状态的糊液，目的是使它易受淀粉酶的作用，把淀粉溶解成可发酵性糖，同时也起着原料的灭菌作用。从工艺上讲，有连续和间歇蒸煮方式。采用间歇加压蒸煮的工艺流程为：

加水入蒸煮锅→投料→升温→蒸煮→发酵。

加压蒸煮工艺条件为：原料与水的比例为（1∶2.8）～（1∶3.2），升温时间 40～45min，蒸煮温度 132℃，蒸煮时间 70～75min。

（4）糖化工艺　淀粉的糖化用曲分固体曲和液体曲两种，所用固体曲主要有乌沙米曲霉、黑曲霉；液体曲使用的是黑曲霉。

（5）酒母的制备　淀粉质原料酒精发酵常用的菌种为真酵母属中的啤酒酵母，我国酒精生产实践中常用南阳五号（1300）、南阳混合（1308）等菌株。

（6）酒精发酵工艺　淀粉质原料经过蒸煮，使淀粉呈溶解状态，又经过曲霉糖化酶的作用，部分淀粉转化为可发酵性糖，再经酵母的作用，将糖分转变成酒精和二氧化碳。

这里既有糖化中的淀粉和发酵性糖继续被糖化酶分解生成糖分，也有蛋白质在蛋白酶的作用下分解生成低分子氮化合物（肽、氨基酸）。这些物质的生成，一部分用于合成酵母菌体细胞，另一部分被发酵生成酒精和 CO_2 等物质。

（7）发酵成熟液的蒸馏与精馏　在酒精生产中，将酒精和其他所有挥发性杂质从发酵成熟液中分离出来的过程称为蒸馏。发酵成熟曲中，各种物质的挥发性不同，将两种或两种以上挥发性不同的物质组成混合溶液，将它加热至沸腾，这时液相组分与气相组分不尽相同，气相比液相含有更多的易挥发组分，剩下的液相就会有更多的难挥发组分。所用的设备称为蒸馏塔，亦称粗馏塔，所得的酒精为粗酒精。除去粗酒精中的杂质进一步提高酒精浓度的过程称为精馏，所用的设备称为精馏塔，精馏的结果得到医药用酒精。

3. 木薯酒糟废水的综合利用

木薯酒糟废水有机物浓度高、悬浮物含量大、pH 呈酸性，通常直接采用固液分离-厌氧（UASB)-好氧曝气生化法处理的效果并不理想。经实验证明，采用厌氧折流板反应器（anaerobic baffled reactor，ABR）进行木薯酒糟废水处理的效果比较好。

厌氧折流板反应器使用一系列垂直安装的折流板，被处理的废水绕其流动使得水流的行程增加，再加之折流板的阻挡及污泥的沉降作用，生物固体被有效地截留在反应器内。其设计原理来源于美国的 McCarty 于 1982 年开发的一种新型活性污泥反应器，在处理有机工业废水方面具有可行性和可靠性。1988 年，Boopathy 等人成功地将该工艺应用于制酒废水的处理，证明了该工艺在处理高浓度有机废水方面的高效性能。近几年来，ABR 工艺已在酒精废水及高浓度糖浆废水等方面继续研究和应用，其结构见图 7-2。

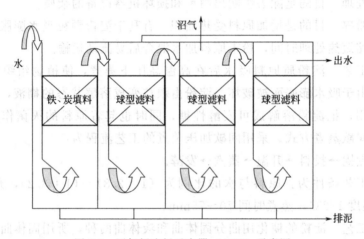

图 7-2　厌氧折流板反应器（ABR）示意图

4. 木薯淀粉酶水解制备环糊精

环糊精是环糊精转葡萄糖基酶（CGTase）作用于淀粉的产物，是由 6 个以上葡萄糖以 α-1,4-糖苷键连结的环状寡聚糖，其中比较常见、研究得最多的是 α-环糊精、β-环糊精和 γ-环糊精，它们分别由 6 个、7 个和 8 个葡萄糖分子构成，是分子量相对比较大而又相对柔性的分子。经 X 射线衍射和核磁共振检测证明，环糊精分子呈锥柱状或圆锥状花环，有许多可旋转的键和羟基，内有一个空腔，表观外型类似于接导管的橡胶塞。

虽然德国化学家早在 1961 年就报道了环糊精，但一直无法人工合成。直到 20 世纪 70 年代末期，日本科学家发明了酶法生产，将淀粉直接转化为环糊精，才使它正式进入工业应用阶段。目前，工业上使用最多的是 β-环糊精，而 α-环糊精与 γ-环糊精很少有实际的应用价值。近几年来，全球环糊精生产量已经突破 1 万吨，90% 以上为 β-环糊精。目前，工业上既可以淀粉为直接原料，又可以综合利用中的淀粉为原料，采用微生物发酵的方式生产环糊精。其主要生产步骤如下：

① 菌种的筛选、培养，制备 CGTase；

② CGTase 转化淀粉；

③ 环糊精的分离、纯化、结晶。

5. 木薯淀粉酶转化生产果葡糖浆

果糖是自然界中最甜的糖，甜度约为蔗糖的 1.8 倍。由于果糖和葡萄糖都属六碳糖，且为同分异构体，因此果糖的生产可望通过葡萄糖异构化来实现。

葡萄糖和果糖在催化剂作用下发生可逆转化，早期人们发现葡萄糖在碱性条件下可发生异构化反应，生成果糖和甘露糖，但是由于碱催化异构化反应时，糖同时会发生分解反应，副产物多，转化率低，精制困难，因此无法应用于工业化生产。20 世纪 60 年代，日、美两国首先发现了葡萄糖异构酶，为果葡糖浆工业化生产打下了基础。随着异构酶固定化技术的成熟，果葡糖浆开始了大规模工业化生产。

工艺流程：淀粉→液化→糖化→过滤→脱色→离子交换→浓缩→经固定化葡萄糖异构酶→连续异构化→离子交换→脱色→浓缩→果葡糖浆（F42）→色谱分离→纯果糖浆→和 F42 混合→高果糖浆（F55）。

操作注意事项如下。①葡萄糖浆 DE 值（葡萄糖占糖浆干物质的百分比）要求达 95％以上，精制必须彻底，经离子交换后糖液电导率应低于 $50\mu S/cm$，真空浓缩至固形物为 40％左右。②异构酶生产菌株具有良好的产酶活力和稳定性。在经戊二醛交联，将固定化酶装于连续生产的保温反应塔中，葡萄糖浆流经酶柱，发生异构化反应，此过程柱温需保持在 55～60℃；进柱葡萄糖浆 pH 7.5 左右，出柱异构糖浆 pH 6.5～7.0；加少量 $MgSO_4 \cdot 7H_2O$（0.75g/L）以增强酶活性。③果葡糖浆生产的设备自动化程度高，适合年产在万吨规模以上的大、中型企业。国内为数不多的果葡糖浆生产厂家一般都是全套进口，投资巨大。

玉米淀粉和木薯淀粉的综合利用情况基本相同，在此不作详细介绍。

第五节　农副产品综合利用与生物能源和植物蛋白资源的开发

一、农副产品综合利用与生物能源的开发

随着经济的发展，世界各国对石油的依赖程度越来越深，油价已经成为影响经济发展的关键因素，但石油资源为一次性能源，总有一天会面临枯竭的危险。因此，尽量减少对石油的依赖，开发新能源，对每一个国家来说都至关重要。

生物质能源是可再生的碳源。据估计，地球上每年通过光合作用贮存在植物的枝、茎、叶中的太阳能高达 3×10^{18} kJ，相当于全世界每年耗能量的 10 倍。如果可以实现完全转化，目前全世界植物生物质能源（主要是森林）每年生长量相当于 600 亿～800 亿吨石油，为全球石油年开采量的 20～27 倍。

1. 生物质

生物质指任何可再生的或可循环的有机物质，包括专用的能源作物与能源林木、粮食作物和饲料作物的残留物、树木和木材废弃物及残留物、各种水生植物、草、残留物、纤维和动物废弃物、城市垃圾和其他废弃材料等。一般不包括为人类提供食物的农作物、家养动物以及常规木材生产。这里的范畴主要是指农副产品的综合利用原材料。

2. 生物质能

生物质能一般是指利用自然界的植物、粪便以及城乡有机废物转化成的能源。它通过绿色植物的光合作用将太阳辐射的能量以一种生物质的形式固定下来。生物质是仅次于煤炭、石油、天然气的第四大能源物质，在整个能源系统中占有重要地位的生物质能一直是人类赖以生存的重要能源之一。这些以葡萄糖、淀粉等物质形式存在于植物内部的能量，经过生物技术的处理，就能够使之转变成乙醇、甲醇、甲烷、氢气等燃料。因生物质能不含硫和其他杂质，燃烧时不产生 SO_2 等有害物质，所以有"绿色能源"之称。

3. 生物能源作物

生物能源作物指经专门种植，用于生产液体燃料的草本和木本植物，包括高粱、甘蔗、薯类、甜菜、油菜、蓖麻等。生物能源作物在生长过程中需要吸收大量的 CO_2，从而增加生物圈的含碳水平，虽然它们在燃烧时也会产生 CO_2，但数量上与生长过程中所吸收的 CO_2 保持平衡，被称为是一种 CO_2 中性的燃料。利用生物质能无疑会减少地球上 CO_2 的净排放量，从而有助于减轻温室效应。

作为清洁的可再生能源，生物质能的利用已成为全世界的共识。燃料乙醇是国际上近年来最受关注的石油替代品，在汽油中掺入 $10\%\sim15\%$ 的乙醇可使汽油燃烧得更加完全，减少 CO_2 的排放量。近年来，巴西年产乙醇 1 000 多万吨以上，全面覆盖了汽车用燃料并大量出口美国。美国也年产 600 万吨玉米乙醇，相当于汽油消耗量的 1%。据估计，如果美国农林废弃物都能够利用起来，可替代美国国内 40% 的汽油。我国已在黑龙江、吉林、河南和安徽 4 省建设陈化粮生产燃料乙醇工程，并已在全国 10 余个城市开展了添加 10% 乙醇的汽油燃料应用示范工作。将来，利用数量巨大的农作物秸秆和林产下脚料（含木质纤维素）生产燃料乙醇是解决原料来源和降低成本的主要途径之一，已经列入我国的"十五"、"十一五"科技发展计划之中。

4. 生产酒精的微生物

许多微生物能够发酵糖类物质生产酒精，但目前真正能用于酒精生产的微生物为数不多。从生产的角度看，微生物生产酒精要能够满足"多、快、好、省"的要求。"多"即酒精的产率高，要求微生物对高浓度的糖和酒精具有较强的耐受力；"快"即发酵速度要快，以提高生产效率；"好"即对发酵环境有较好的适应性，如适应高温、低 pH、原料预处理过程产生的有害物质等；"省"即节省原料，要求原料对酒精的转化率要高。目前在工业生产上用于发酵生产酒精的微生物主要是酿酒酵母（*Saccharomyces cerevisiae*）和运动发酵单胞菌（*Zymomonas mobilis*）。除了酿酒酵母和运动发酵单胞菌外，其他发酵葡萄糖产酒精较好的微生物还有葡萄汁酵母（*S. uvarum* 或 *S. carlsbergensis*）、裂殖酵母（*Schizosaccharomyces pombe*）等酵母菌以及楔状梭菌（*Clostridium sphenoides*）、螺旋体菌（*Spirochaeta aurantia*）、解淀粉欧文菌（*Erwinia amylovora*）、明串珠菌（*Leuconostoe mesenteroides*）、耐热厌氧菌（*Thermoanaerobacter ethanolicus*）等细菌。

5. 酒精发酵的原料与有关的酶

原则上，所有糖类物质都可以作为酒精发酵的原料。这些糖类物质包括单糖，如葡萄糖和果糖；寡糖，如蔗糖和乳糖；多糖，如淀粉和纤维素等。因此，含有这些物质的生物质都可以用来生产酒精。例如，甘蔗、甜高粱分别含有大量蔗糖和葡萄糖、果糖；玉米、高粱、马铃薯、木薯、甘薯、小麦、水稻等含有大量淀粉，这些农作物的秸秆还含有大量纤维素和半纤维素，只要在经济上可行，它们都可以作为生产燃料酒精的原料。农副产品加工过程中的下脚料和废弃物，只要含有一定量的糖类物质，也可以作为酒精发酵的原料。

酿酒酵母有分解蔗糖的蔗糖酶以及催化果糖、葡萄糖之间相互转化的异构酶，因此，用甘蔗、甜菜、甜高粱的汁为原料，可以直接进行酒精发酵。但是酿酒酵母不能直接利用淀粉或纤维素，用淀粉、纤维素作为原料，则必须先将它们降解为葡萄糖。通常，用酸或酶都可以将淀粉降解为葡萄糖。酸水解是比较传统的工艺，与酶水解比较，它虽然反应速度快，但酸水解原料需精制、产品质量差、水解率低、收率低、腐蚀设备、污染环境。因此，从 20 世纪 50 年代末出现了酶水解方法之后，酸水解就逐步被淘汰。

用于从淀粉中制取葡萄糖的酶有两种：α-淀粉酶和葡萄糖淀粉酶。工业上用的 α-淀粉酶通常来自细菌，葡萄糖淀粉酶则一般由真菌产生。α-淀粉酶不能直接将淀粉降解为葡萄糖，而是从淀粉分子内部将淀粉先降解为分子量较小的糊精，这一过程称为液化。像 α-淀粉酶这类从分子内部切割的酶统称内切酶， 而从分子外部（一端）切割的酶则称为外切酶。葡萄糖淀粉酶就是一个外切酶，它将糊精进一步降解为葡萄糖，这一过程称为糖化。因此葡萄糖淀粉酶通常又叫糖化酶。由于淀粉制糖在工业上的大量使用，α-淀粉酶和糖化酶是产量最大的酶制剂。

纤维素与淀粉一样，也是以葡萄糖为结构单位组成的大分子物质，但组成淀粉的葡萄糖单位间是以 α-糖苷键相连，而组成纤维素的葡萄糖单位间则以 β-糖苷键相连。因此，纤维素不能被淀粉酶降解而只能被纤维素酶降解。

纤维素酶是引起纤维素降解的一类酶的总称，它由三种酶组成：内切酶、外切酶和 β-葡萄糖苷酶。目前使用的纤维素酶也由真菌产生。内切酶作用于纤维素类似于 α-淀粉酶作用于淀粉，它先将纤维素降解为分子量较小的纤维素糊精。然后，外切酶再将纤维素糊精降解为双糖——纤维二糖。最后再由 β-葡萄糖苷酶将纤维二糖降解为葡萄糖。纤维素在这三种酶的作用下可降解为葡萄糖，但实际纤维素降解的过程远比淀粉降解困难。酶催化反应的前提是酶分子与底物分子的充分接触，在自然界，纤维素与半纤维素、木质素紧密结合，使纤维素酶难以充分发挥作用。

半纤维素的主要组分是木聚糖，降解木聚糖的酶也有内切酶和外切酶两种。在木聚糖的降解过程中，先由内切酶将木聚糖降解为木寡糖，然后再被外切酶（α-木糖苷酶）降解得到木糖。木糖是五碳糖，要与葡萄糖分解的糖酵解途径接轨，还需要经过一系列的生化反应，包括转变为木酮糖和经历磷酸戊糖途径，因此，木糖转化为酒精的途径比葡萄糖的更长。

比较这几类发酵产酒精的原料，糖汁类原料使用最方便，但糖汁不耐贮存，生产受地域和季节的限制，目前应用最普遍的是淀粉类原料。秸秆类生物质原料虽具有很大的吸引力，但还有不少技术和工艺的问题有待解决，目前还没有大规模生产。燃料酒精是今后的一个主要发展方向。利用数量巨大的农作物秸秆和林产下脚料（含木质纤维素）生产燃料乙醇是解决原料来源和降低成本的主要途径之一。

二、农副产品综合利用与植物蛋白资源的开发

随着世界人口剧增和人民生活水平的提高，人类对蛋白质的需求越来越大，尤其是发展中国家更是面临着蛋白质危机。据统计，我国每年将短缺 2 000t 蛋白质。世界各国都在积极寻求开发利用蛋白质新资源，其中开发利用植物蛋白资源是一条有效的途径。开发新的植物蛋白资源，提高我国人民蛋白质的摄入量，生产具有高附加值、高营养、包装精美的新兴植物蛋白制品势在必行。

1. 我国植物蛋白资源的现状及开发前景

我国是一个农业大国，具有利用植物蛋白质的优势，植物蛋白质种类多、资源丰富，主要有来源于谷麦等谷物蛋白质、油料蛋白质、红花蛋白质、芝麻蛋白质、椰子蛋白质、籽粒苋蛋白质等，还有新开发出的一些其他蛋白质资源，如单细胞蛋白质、螺旋藻等。

（1）植物蛋白质资源的现状 长期以来，我国人民除了以米、麦、玉米等作为主食摄取了部分蛋白质外，利用最为广泛的是大豆蛋白。随着国家"大豆行动计划"的实施，21 世纪的大豆制品将是最成功、最具市场潜力的功能性食品，它必将促进我国大豆生产及加工业的产业化。此外，我国科技工作者还积极开发推广其他植物蛋白，以及利用农副产品的综合利用开发植物蛋白。此外，营养价值优于大豆蛋白甚至和酪蛋白相当的"菜籽蛋白"的开发利用正在进行中，其蛋白质含量约占干重的 60%～70%，而且氨基酸组成合理，并含有丰富的维生素和多种人体必需的微量元素及生理活性物质。总之，我国已形成一个以大豆蛋白开发为中心，带动寻找其他植物蛋白质开发途径的新局面。

（2）植物蛋白开发前景 蛋白质是人们赖以生存的主要营养素之一，植物蛋白以其独特的魅力吸引了人们的注意力。首先，从营养上看，其蛋白质中不含胆固醇，不会导致现代"文明病"的发生。在氨基酸的组成上大豆蛋白质中的必需氨基酸接近人体所需的比例，只是含硫的氨基酸略低；菜籽蛋白中氨基酸组成优于大豆蛋白，几乎不存在限制性氨基酸，尤其是蛋氨酸、胱氨酸的含量高于其他植物蛋白，蛋白质的消化率达到 95%～100%，高于鸡蛋的 92%～94%和大豆蛋白的 88%～95%。其他植物蛋白质虽存在着限制性氨基酸，但是经过适当加工处理，调配氨基酸组成后，就可与动物蛋白质相媲美。其次，从资源利用上看，过去我国主要利用植物蛋白资源如大豆饼粕饲喂牲畜，进而转化为动物蛋白，再被人体利用，这样极不经济。饲养业是一个多环节的食物链，一般来说这种食物链在运行过程中损失的蛋白质最高可达 90%～95%。其三，从膳食需求上来看，植物蛋白的利用极为方便。因此，植物蛋白的开发和利用不仅能改善我国人民的身体素质，而且对我国广大农村，尤其是贫困地区，发展植物性蛋白原料的生产，也是由温饱向小康发展的重要途径之一。我国的植物蛋白质的利用前景是极其广阔的。

2. 开发中存在的技术问题

（1）原料处理技术直接影响蛋白质得率和质量　以大豆分离蛋白为例，其加工生产的关键取决于豆粕的质量。大豆分离蛋白利用高温粕做原料的蛋白得率为25％左右，水溶性蛋白质含量为60％；而用低温粕做原料的蛋白得率在35％以上，水溶性蛋白质含量为75％。国外是利用低温豆粕加工食品，高温豆粕是做饲料的。目前国内生产低温豆粕有两种方法：一种是低温浸出，另一种是闪蒸脱溶工艺，这两项技术在国内都不成熟。德国EX公司闪蒸脱溶技术先进，其脱皮率达95％以上，水溶性蛋白质含量约达到80％，吨料溶耗8kg以下，12％高水分入浸，干燥塔采用低温长流程。对于花生，其加工中的湿热处理，使蛋白质发生剧烈的热变性，从而极大地降低了其水溶性，必然导致蛋白质丧失很多良好的功能特性。菜籽饼粕主要采用发酵中和法去除硫代葡萄糖苷，去除效果达90％～98.5％，饼粕主要饲用。

（2）优化蛋白质的提取工艺　目前，我国植物蛋白质的提取技术比较落后。以大豆为例，传统的豆制品生产中，其提取方法主要为水抽提法，即大豆用水浸泡磨浆后得水溶性蛋白质，再加凝固剂将其凝固，得到蛋白质初级产品。国内大豆分离蛋白的提取主要采用碱提酸沉法，即用水或稀碱水将蛋白质从低温脱脂大豆中浸出，过滤除渣再向滤液中加酸，得蛋白质沉淀，水洗，直接中和后制得。这样分离出来的蛋白具有良好的乳化性和吸油性，色泽和风味都比较好，但国内产品与国外同类产品相比，主要是胶凝性和吸水性能差，难以在国内大宗肉品——西式火腿中应用。究其原因，一是提取技术不成熟，各环节衔接控制不好；二是提取使用的机械设备性能比较差。

（3）解决限制性氨基酸，改善植物蛋白质的营养　因很多植物性蛋白质中氨基酸组成不全面，缺失一种或两种以上限制性氨基酸，这样就限制了它的营养功能。为此，很多营养学家都在积极寻找改良途径，并已取得了阶段性成果。目前我国工业上较常用的改良方法有两种，一是添加游离的限制性氨基酸，但这种方法不理想，因为：①所添加的游离氨基酸易溶于水，在食品加工贮藏过程中易随汁液流失；②在贮藏过程中，游离氨基酸易发生斯托克斯（stokes）降解反应或羰氨反应，影响食品的风味和色泽；③加入的游离氨基酸与原有的氨基酸在肠道内的吸收率不同。另一种是利用蛋白质互补原则，即用粗粮强化细粮营养，利用豆类及油料作物蛋白强化主食营养。但用于工业生产时，这种蛋白质混合物往往带有使人不愉快的气味或生成不良性物质。所以，如何提高植物蛋白质的营养价值，应是当前一个较重要的课题。另外，植物性蛋白质原料中含有抗营养因子，有的甚至具有毒性，在很多情况下，不适合生理需要的物质或呈毒性的物质与蛋白质共存。如大豆中胰蛋白酶抑制素和凝血毒素、菜籽中的硫代葡萄糖苷、棉籽中的棉酚、葵花籽中的绿原酸等。因此食品加工必须将这些毒性物质除去或使之失活，比较常用的方法为加热法或酸碱法，这些方法易导致蛋白质变性、溶解度降低，蛋白质的功能特性将会受到影响。如何克服限制性因子，保证产品质量，尚需加大研究的力度。

（4）生产工艺缺乏标准化管理　目前，我国很多植物蛋白加工厂家缺少先进的科学标准化管理，许多豆制品的加工技术历来是师徒相传，生产时只知其然，不知其所以然。生产豆制品一般要经过浸泡、磨浆、过滤、煮浆、凝固和成型几道工序，其中凝固这道工序，俗称点花或点浆，这是生产中的关键工序，然而采用何种凝固剂最合适，需要达到怎样的质量标准，加入多少凝固剂，以及豆浆的温度、浓度和酸度如何控制等，目前都是凭借工人的实践经验，缺乏科学的数据，这往往导致产品质量不稳定。要解决这个问题，必须通过科学实验和生产实践，制定有科学依据的操作工艺规程和各种用料标准来指导生产。

3. 利用基因工程改造植物蛋白的发展

利用基因工程改良作物营养品质的研究始于 20 世纪 90 年代，虽然起步较晚，但通过近 20 年的发展，已经取得了一些可喜的成绩。

（1）外源基因的直接转化与表达　Molvig 等将富含蛋氨酸的向日葵种子白蛋白基因导入狭叶羽扇豆以改良其营养价值，将蛋氨酸含量提高了 94%。喂养小鼠试验表明，在活体增重、实际蛋白消化率、生物价及净蛋白利用等方面，转基因种子均超过对照组。Falco 等利用基因工程技术提高了油菜籽种子的游离赖氨酸含量达 100 倍。Goto 等通过基因工程将大豆铁蛋白转入水稻中，提高了水稻铁蛋白含量，改善了饮食中铁含量的不足。

（2）导入经修饰过的外源基因　由于大多数种子都含有丰富的贮藏蛋白，如通过密码子修饰或插入相应的基因序列来改变特定蛋白的氨基酸组成，也可以提高作物的必需氨基酸含量。如 Ustumi 等尝试用马铃薯表达大豆蛋白；Tu 等将巴西果中编码富含蛋氨酸蛋白的 cDNA 导入到马铃薯中。

（3）导入人工合成基因　DNA 合成技术的不断完善使合成的 DNA 能编码含有特定必需氨基酸组分蛋白的基因成为可能。

综上所述，地球上蛋白质资源十分丰富。近几十年来。食品科学家利用基因工程、细胞工程、酶工程等生物技术对现有各种蛋白进行加工和改造，已取得巨大进展。如各种活性多肽类（大豆多肽，乳蛋白来源的多肽、胶原多肽、畜产类多肽等）经加工和改造，其营养价值和利用效率都更高。同时，也要不断探索新型的蛋白质资源。在 21 世纪，利用生物技术对现有蛋白和新型蛋白进行改造也将是食品蛋白发展的一个重要方向。

本章小结

农副产品综合利用是指依靠先进的技术和设备，对农业生产的动植物产品及其物料进行综合利用，以提高产品附加值。综合利用具有整合高新生物技术的优势、具有高附加值的产品精深加工、原料深度开发、无浪费、无污染、原料来源丰富价格便宜等特点。通过综合利用，可以使农副产品高科技产业化，产品增值三分之一左右，农民增收，变废为宝，保护环境，发展经济，增强国际竞争力。

利用农副产品加工的剩余物，如：柑橘、苹果、葡萄、猕猴桃以及胡萝卜等果蔬；低值鱼类、水产品以及粮油加工过程中的下脚料和废弃物，通过生物技术生产出各类食品及其添加剂、药品及其有效成分、饲料等产品。

现代生物技术加盟农副产品综合利用，对那些弃之为废、用之为宝的农副产品下脚料进行深度研发是我国急需解决的问题。以酶工程、发酵工程、基因工程和细胞工程共同构成的现代生物技术，为农副产品的开发利用提供了技术保证。采用酶技术可以转化农副产品加工剩余物为有用物质。如转化纤维素为化工原料、饲料、药品和食品原料、多糖类糖源等物质。

甘蔗的综合利用中，蔗渣可以作为燃料、纸张、人造板、饲料、糠醛以及生产可降解环保型快餐盒；蔗汁过滤后的滤泥可以生产水泥、作为肥料与饲料，以及提取蔗蜡和蔗脂；废糖蜜经过微生物的发酵作用可以生产酒精、柠檬酸、味精、赖氨酸等。糖蜜酒精废液也能够进行综合利用。淀粉、玉米等农副产品加工的下脚料和废弃物为环状糊精、玉米油、工业酒精、淀粉塑料、变性淀粉等产品提供了充足的原料。木薯渣综合利用和木薯酒糟废水的治理也取得了一定的进展。

生物质生产生物能源和植物蛋白资源的开发，在农副产品的综合利用中占有重要的地位。生物质能源的开发过程涉及了综合利用的原料、微生物及其有关的酶。农作物主要品种自身氨基酸比例不均衡，可以通过植物蛋白质营养保健功能的开发、利用得到改善。生物能源和植物蛋白资源的开发都只处于初始阶段，还有很多的技术上的问题有待解决。

思　考　题

1. 农副产品进行精深加工和综合利用有什么意义？
2. 对农副产品进行精深加工和综合利用经常使用什么生物技术？
3. 试述在果蔬加工过程中利用生物技术生产的主要产品种类。
4. 试述在水产品加工过程中利用生物技术生产的主要产品种类。
5. 试述在粮油加工过程中利用生物技术生产的主要产品种类。
6. 如何使用生物技术处理甘蔗糖蜜？
7. 如何使用生物技术处理木薯淀粉酒精废液？
8. 如何利用农副产品及其下脚料生产生物能源？
9. 如何利用农副产品及其废弃物和下脚料生产植物蛋白质？

第八章　生物技术在饮料生产中的应用

第一节　发酵乳饮料的生产

　　发酵乳又名酸乳。联合国粮农组织（FAO）、世界卫生组织（WHO）与国际乳品联合会于1997年对酸乳的定义为：酸乳就是在保加利亚乳杆菌和嗜热链球菌作用下，使添加乳粉的乳进行乳酸发酵而得到的凝固乳制品，最终产品中必须有大量活菌。除了嗜热链球菌和保加利亚乳杆菌这两种专用菌种以外，根据不同目的可添加于酸乳中的菌种有：嗜酸乳杆菌和双歧杆菌，此两类菌能在肠道内定殖，从而提高酸乳的保健作用。

一、酸乳的分类

1. 按成品组织状态分类

（1）凝固型酸乳　发酵过程在包装容器中进行，成品因发酵而保留其凝乳状态。

（2）搅拌型酸乳　先发酵后灌装，成品呈黏稠状组织状态。

2. 按成品口味分类

（1）天然纯酸乳　产品仅由原料乳加菌种发酵而成，不含任何辅料和添加剂。

（2）加糖酸乳　产品由原料乳和糖加入菌种发酵而成。

（3）调味酸乳　在天然酸乳或加糖酸乳中加入香料而成。

（4）果料酸乳　成品是由天然酸乳与糖、果料混合而成。

（5）复合型或营养健康型酸乳　在酸乳中强化不同的营养素或在酸乳中混入不同的辅料而成。

3. 按原料中脂肪含量分类（据 FAO/WHO 规定）

（1）全脂酸乳　脂肪含量为 3.0%。

（2）部分脱脂酸乳　脂肪含量为 $0.5\%\sim3.0\%$。

（3）脱脂酸乳　脂肪含量为 0.5%。

4. 按菌种种类分类

（1）酸乳　通常指仅用保加利亚乳杆菌和嗜热链球菌发酵而得到的产品。

（2）双歧杆菌酸乳　酸乳菌种中含有双歧杆菌。

（3）嗜酸乳杆菌酸乳　酸乳菌种中含有嗜酸乳杆菌。

二、发酵乳的功能特性

1. 营养作用

（1）乳糖　牛乳中的乳糖经乳酸菌发酵，其中 $20\%\sim30\%$ 被分解成葡萄糖和半乳糖。前者进一步转化为乳酸和其他有机酸，这些有机酸利于身体健康；后者被人体吸收后，可参与幼儿脑苷脂和神经物质的合成，并有利于提高乳脂肪的利用率。

（2）蛋白质　牛乳中的蛋白质经发酵作用后，乳酸菌产生蛋白水解酶，使原料乳中部分蛋白质水解，乳蛋白变成微细的凝乳粒（氨基酸、肽），易于被人体消化吸收。

（3）矿物质　酸奶中的磷、钙和铁易被吸收，利于防止婴儿佝偻病和骨质疏松症。

（4）维生素　牛乳中的脂肪经乳酸菌作用后，乳酸菌还会产生人体所必需的维生素 B_1、维生素 B_2、维生素 B_6、维生素 B_{12}、烟酸和叶酸等营养物质。

2. 缓解乳糖不耐症

乳酸菌产生的乳糖酶降解牛奶中的乳糖，因此乳糖不耐症患者饮用酸奶，可避免腹胀、腹痛、肠道痉挛等。

3. 调节人体肠道中的微生物菌群

人体肠道内存在有益菌群和有害菌群，在人体正常情况下，前者占优势，长期饮用酸乳可以维持有益菌群的优势。

4. 抑菌作用

嗜酸乳杆菌和双歧杆菌不受胃液和胆汁的影响，可进入肠道内存留较长时间，可产生抗菌物质，这些物质对大肠杆菌、沙门菌和金黄色葡萄球菌等有明显的抑菌作用。

5. 改善便秘作用

进入肠道的活乳酸菌能产生乳酸、乙酸等有机酸。这些有机酸有刺激肠道，加强肠道蠕动的作用，故可改善便秘。

6. 提供生长因子

多糖、低聚糖是双歧杆菌生长因子，并具有防止感染的潜在作用。

7. 抗癌作用

酸奶能激活巨噬细胞，抑制肿瘤细胞，从而起抗癌作用。

8. 提供能量

发酵乳制品的热值与原料乳相似，发酵乳制品中的热量来源主要是乳脂肪和乳糖。

三、发酵乳常用的发酵剂

发酵剂是指生产酸乳制品及乳酸菌制剂时所用的特定微生物培养物，其基质主要是脱脂乳或脱脂乳粉还原乳。

（一）常用发酵剂

通常乳酸菌发酵剂制备程序分三个阶段，即乳酸菌纯培养物、母发酵剂和生产发酵剂。

（1）商品发酵剂　从微生物或乳品研究单位购入的纯菌种，主要接种在脱脂乳、乳清、肉汤等培养基中，大多数用升华法制成冷冻干燥粉末或浓缩冷冻干燥粉末保存菌种，供生产单位应用，它利于菌种保存、维持活力和长途运输等。

（2）母发酵剂 生产单位为扩大菌种必须取种子发酵剂进行培养。母发酵剂为生产发酵剂的基础，生产单位或使用者购买乳酸菌纯培养物质，用脱脂乳或其他培养基将其活化，继而扩大培养。

（3）生产发酵剂 直接用于生产的发酵剂，它分为奶油发酵剂、干酪发酵剂、酸乳制品发酵剂及乳酸菌制剂发酵剂等。

乳品厂用于酸乳生产的发酵剂通常有三种：液态发酵剂、冷冻干燥发酵剂（粉末状或颗粒状）和冷冻发酵剂。

（1）液态发酵剂 乳品厂首先购得原菌种，然后经 2～3 步的移植、活化、扩培，直至可用于生产的工作发酵剂。主要特点是新鲜、活力强、便宜，但贮存时间短（5℃，7d 左右），不宜运输，邮寄难；发酵剂在多次移植过程中易受污染；必须有专业人员管理。

（2）冷冻发酵剂 冷冻发酵剂是通过冷冻浓缩（或超浓缩）乳酸菌生长活力最高时的液态发酵剂而制成的，包装后保存于 -196℃ 液氮中。主要特点是活力极强，可用于制备工作发酵剂或直接用于生产；一次性使用方便、简单、快捷，无需在生产前反复扩培菌种，大大降低了微生物污染的机会，产品质量稳定，但运输需加干冰，且价格较贵。

（3）冷冻干燥发酵剂 冷冻浓缩干燥发酵剂的制作原理与冷冻发酵剂相同，只是在冷冻浓缩后，进一步被冷冻干燥，使之成为更加适用和方便的形式。它除了具有冷冻发酵剂的优点外，还具有干粉状、体积小、易邮寄运输，甚至可在常温下作短时间贮藏等特点，但价格昂贵。

（二）使用发酵剂的目的

1. 乳酸发酵

利用乳酸菌发酵，使牛乳中的乳糖转变成乳酸，防止乳糖不耐症。使牛奶的 pH 降低，产生凝固和形成风味，防止杂菌污染。

2. 产生风味

添加发酵剂能促进蛋白质分解菌和脂肪分解菌的作用，形成挥发性的物质，如丁二酮和乙醛等，从而使酸乳具有典型风味。

3. 促进蛋白质和脂肪分解

发酵剂对蛋白质的分解起重要作用，蛋白质、脂肪被降解后，酸乳更易被消化吸收。

4. 抑菌

酸化过程抑制了致病菌的生长。

（三）发酵剂的制备

1. 制备发酵剂的必要条件

（1）培养基的选择 原则上应与产品原料相同或类似，一般用高质量无抗生素残留的脱脂乳粉制备，一般不用全脂乳粉，因游离脂肪酸的存在可抑制发酵剂菌种的增殖。培养基固形物含量为 10%～12%。

（2）培养基的制备　用作乳酸菌培养的培养基，必须预先杀菌，以消灭杂菌和破坏阻碍乳酸菌发酵的物质。常采用高压灭菌或间歇灭菌，灭菌条件为 25MPa，30min。工作发酵剂培养基一般采用 90℃，60min 或 100℃，30～60min 杀菌，因高温灭菌或长时间灭菌易使牛乳变褐和产生蒸煮味。

（3）菌种的选择　菌种的选择对发酵剂的质量起重要作用，可根据不同的生产目的选择适当的菌种。在选择两种或两种以上菌种时，要注意对菌种发育的最适温度、耐热性、产酸产香能力等进行综合选择，并考虑菌种间的共生作用。有以下的选择原则。

① 产酸能力。生产中一般选择产酸能力弱或中等的发酵剂。产酸能力强的发酵剂在发酵过程中易导致产酸过度和后酸化过强。

② 后酸化。后酸化是指酸乳生产终止发酵后，发酵剂菌种在冷却和冷藏阶段仍继续缓慢产酸，在任何情况下都应选择后酸化尽可能弱的发酵剂，以便于控制产品质量。

③ 滋气味、芳香味的产生。一般酸乳发酵剂产生的芳香物质有：乙醛（乙醛生成能力是选择优良菌株的重要指标之一）、丁二酮和挥发酸（挥发酸含量高，说明生成的生香化合物含量高）。

④ 黏性物质的产生。发酵过程中产生微量的黏性物质，有助于改善酸乳的组织状态和黏度，特别是固形物含量低的酸乳。但产黏菌株对酸乳的其他特性（酸度、风味）往往有不良的影响。选择此类菌种时与其他菌种配合使用为宜。

（4）接种量　接种量随培养基的数量、菌种的种类、活力、培养时间及温度等而异。一般按脱脂乳的 0.5%～1% 比较合适，工作发酵剂接种量一般为 1%～5%。

（5）培养温度与时间　通常取决于微生物的种类、活力、产酸力，产香程度和凝结状态。

（6）发酵剂的冷却　当发酵剂按照培养条件达到发育状态以后，应迅速冷却，放在 0～5℃的冷藏库中。发酵剂冷却的速度，受发酵剂的数量影响。当数量大时，温度下降慢，酸度继续上升，会使发酵过度，因此必须提前停止培养，或将培养的发酵剂置于冰水中冷却。必要时，可振荡发酵剂的容器，促进冷却。

2. 发酵剂的制备方法

（1）菌种的活化及保存　从菌种保存单位购买的菌种纯培养物，由于保存寄送的影响，活力减弱，故需反复进行接种，以恢复其活力。菌种若是粉剂或冻干物，应先用灭菌脱脂乳将其溶解，而后用灭菌铂耳或吸管吸取少量液体接种于预先已灭菌的培养基中，置于培养箱中培养，待凝固后再取出 1～2mL 培养物接种于灭菌培养基中培养，如此反复数次，待乳酸菌充分活化后，即可调制母发酵剂，供正式生产用。

纯培养物为维持活力保存时，需放在 0～5℃的冰箱中，每隔 2 周移植 1 次。但在应用于生产时，仍需按上述方法反复接种进行活化。

（2）母发酵剂的制备　母发酵剂和中间发酵剂的制备需在严格的卫生条件下操作，制作间最好有经过滤的正压空气，操作前小环境要用 400～800mg/L 次氯酸钠溶液喷雾，操作过程中尽量避免杂菌污染。取脱脂乳量 1%～3% 的活化菌种，接种于盛有灭菌脱脂乳的容器中，混匀后放入恒温箱中培养。凝固后再移植到另外的灭菌脱脂乳中，如此反复接种 2～3 次，使乳酸菌保持一定的活力，然后用于调制生产发酵剂。

（3）生产发酵剂（工作发酵剂）的制备　发酵剂的制备要求极高的卫生条件，要把可能传染的酵母菌、霉菌等的污染危险降低到最低限度。取脱脂乳量 3%～4% 的母发酵剂接种于灭菌乳中，充分混匀后，置于恒温箱中培养，待达到所需酸度时即可取出冷藏待用。生产发酵剂是取实际生产量的 3%～4% 的脱脂乳，装入经灭菌的容器中，以90～95℃，30～45min 杀菌并冷却至 25℃ 左右。生产发酵剂的培养基最好与成品的原料相同，以使菌种的生活环境不至于急剧改变而影响菌种的活力。生产发酵剂可以在离生产较近的地点或在制备母发酵剂的房间里制备，发酵剂的每一次转接必须在无菌条件下进行。

（四）发酵剂的质量检验和贮藏

1. 发酵剂的质量检验

（1）感官检验　首先检查其组织状态、质地、色泽及有无乳清分离等；其次检查凝乳的硬度，然后品尝酸味与风味，看其有无苦味和异味，应具有优良的风味，不得有腐败味、苦味、饲料味和酵母味等异味；凝块应有适当的硬度，均匀而细滑，富有弹性，组织状态均匀一致，表面光滑，无龟裂，无皱纹，未产生气泡及乳清分离等现象。

（2）化学检验　主要检查酸度和挥发酸。酸度以滴定酸度表示，以 0.8%～1.0%（乳酸 2 度）为宜。测定挥发酸时，取发酵剂 250g 于蒸馏瓶中，用硫酸调 pH 为 2.0 后，用蒸气蒸馏，收集最初的 1000mL，用 0.1mol/L 氢氧化钠滴定。

（3）微生物检验　使用革兰染色或 Newman's 方法染色发酵剂涂片，并用高倍光学显微镜（油镜头）观察乳酸菌形态正常与否以及杆菌与球菌的比例等。

（4）发酵剂活力测定　发酵剂的活力是指该菌种的产酸能力，活力的测定通常采用下列两种方法。

① 酸度测定法。在 10mL 灭菌脱脂乳中加入 3% 的发酵剂，置于 37.8℃ 的恒温箱中培养 3.5h，迅速从培养箱中取出试管，加入 20mL 蒸馏水及 2 滴 1% 的酚酞指示剂，用 0.1mol/L NaOH 标准溶液滴定，按下式计算测定其乳酸度。

$$活力 = \frac{0.1mol/L \ NaOH \ 溶液用量(mL) \times 0.009}{10 \times 牛乳相对密度}$$

当酸度达 0.8% 以上，认为活力比较好。

② 刃天青（$C_{12}H_{17}NO_4$）还原试验。在 9mL 脱脂乳中加发酵剂 1mL 和 0.005% 刃天青溶液 1mL，在 36.7℃ 的恒温箱中培养 35min 以上，如完全褪色则表示活力

良好。

（5）发酵剂污染的检验　有以下几种方法：

① 阳性大肠菌群试验检测粪便污染情况；

② 乳酸菌发酵剂中不许出现酵母或霉菌；

③ 检测噬菌体的污染情况；

④ 纯度可用催化酶试验，乳酸菌催化酶试验呈阴性，阳性是污染所致。

2. 发酵剂的贮藏

（1）**液体发酵剂**　一般采用如培养基保藏为好。

脱脂乳 10%～12%；5%石蕊溶液 2%；右旋糖 1.0%；碳酸钙遮住试管底部；卵磷脂（pH7）1.0%；酵母浸提液 0.3%。培养后存放在 0～5℃的条件下，每 3 个月活化 1 次即可。上述培养基必须经过 121℃，30min 灭菌。

（2）**粉末发酵剂**

① 喷雾干燥。经喷雾干燥得到的发酵剂，活力降低，一般活菌率只有 10%～50%。如在缓冲培养基中加入谷氨酸钠和维生素 C，在一定程度上可以保护细菌的细胞。经喷雾干燥后在 21℃条件下贮存 6 个月。

② 冷冻干燥。为避免在冷冻干燥工艺中损害细菌的细胞膜，可在冷冻干燥前加入一些低温化合物，使损害降到最低限度。这些保护物质通常是氢结合物或电离基团，它们在保藏中通过稳定细胞膜的成分来保护细胞不受损伤。

在生产实际中，影响冷冻干燥乳酸发酵剂活力的因素如下。

a. 除保加利亚乳杆菌对干燥比较敏感外，大部分乳酸菌都能很好保藏。

b. 酵母浸出液和水解蛋白质添加到乳中，可提高发酵剂活力。

c. pH 在 5～6 范围内的培养基对提高乳酸菌的活力有利，冷冻干燥发酵剂的水分含量不高于 3%。

d. 0～5℃条件下保藏，发酵剂活力高，保藏时间长。

e. 为提高发酵剂的活力，应改善培养基中的添加物。如添加苹果酸钠的脱脂乳对嗜热链球菌较适合，乳糖和精氨酸胶体溶液对保加利亚乳杆菌、谷氨酸对明串珠菌起较大的保护作用。链球菌可加入酵母浸出液和维生素 E，乳杆菌可加入酵母浸出液和绵羊血清。

（3）冷冻发酵剂、液体发酵剂、母发酵剂和中间发酵剂在 -20～-40℃的温度下冷冻，可贮藏数月，而且可直接作生产发酵剂用。但在 -40℃下冷冻和较长时间的贮藏都会导致杆菌的活力降低。如果使用含有 10%的脱脂乳、5%的蔗糖、0.9%的氯化钠或 10%明胶的培养基可以提高活力。此外，在 -30℃下冷冻的发酵剂，在某些低温化合物（柠檬酸钠、甘油或甘油磷酸钠）的存在下，对适中温的发酵菌和乳杆菌的活性有较大的保护作用。虽然在 -40℃下冷冻已被证明是贮藏发酵剂的一个成功工艺，但在 -190℃的液氮中冷冻是更理想的方法。

四、发酵剂的应用

发酵乳（以搅拌型酸乳为例）生产工艺流程如下：

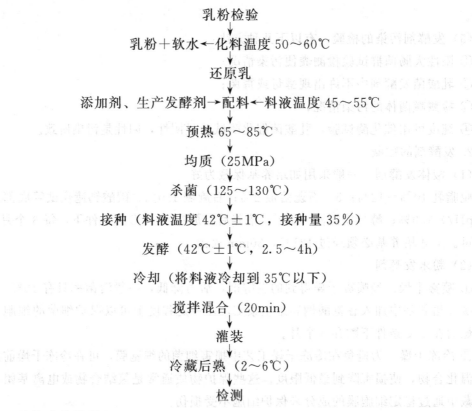

乳粉检验

乳粉＋软水←化料温度 50～60℃

还原乳

添加剂、生产发酵剂→配料←料液温度 45～55℃

预热 65～85℃

均质（25MPa）

杀菌（125～130℃）

接种（料液温度 42℃±1℃，接种量 35％）

发酵（42℃±1℃，2.5～4h）

冷却（将料液冷却到 35℃以下）

搅拌混合（20min）

灌装

冷藏后熟（2～6℃）

检测

五、其他发酵乳制品

1. 双歧杆菌发酵乳饮料

双歧杆菌是一类专性厌氧杆菌，要求厌氧的条件较高，广泛存在于人及动物肠道中，双歧杆菌在肠道中的数量作为婴幼儿健康状况的标志。母乳喂养婴儿肠道中双歧杆菌是人工喂养婴儿的 10 倍。

双歧杆菌有益健康的作用与该菌的产酸特性有关，它以生成乙酸为主，同时生成乳酸和甲酸，造成大肠中低 pH 环境，抑制肠道有害菌和致病菌的生长。双歧杆菌可抑制硝酸盐还原为亚硝酸盐，其代谢产物还可抑制肠道中的硝酸盐还原菌，可消除或显著减少亚硝酸盐致癌物质对人体的危害。双歧杆菌在肠道内有合成各种维生素的能力，双歧杆菌具有提高人体免疫力和预防病原菌侵染的作用。

双歧杆菌发酵乳是以乳为原料，经双歧杆菌和乳酸菌（保加利亚乳杆菌与嗜热链球菌以 1∶1 混合）发酵，加工而成。

2. 开菲尔酸奶

开菲尔是最古老的发酵乳制品之一，它起源于高加索地区，原料为山羊乳、绵羊乳或牛乳。开菲尔是黏稠、均匀、表面光泽的发酵产品，口味新鲜酸甜，略带一些酵母味。产品的 pH 通常为 4.3～4.4。

开菲尔粒是由多种乳酸菌和酵母组成的混合菌块。在整个菌落群中酵母菌占 5％～10％。开菲尔粒呈淡黄色，大小如小菜花，直径为 15～20mm，形状不规则。它们不溶于水和大部分溶剂，浸泡在乳中膨胀并变成白色。在发酵过程中，乳酸菌产生乳酸，而酵母菌发酵葡萄糖产生乙醇和二氧化碳。乳酸菌为优势菌落，发酵后的酸乳可做发酵剂使用。

第二节　果胶酶应用于果汁饮料生产

一、果胶

果胶由法国人 Bracennot 于 1825 年首次从胡萝卜肉质根中得到并将其命名为 Pectin（容易成胶的物质）。果胶广泛存在于高等植物特别是水果、蔬菜组织中。果胶沉积于初生细胞壁和细胞间层，在初生壁中与不同含量的纤维素、半纤维素、木质素的微纤丝以及某些伸展蛋白相互交联，使各种细胞组织结构坚硬，表现出固有的形态，是果蔬植物细胞中胶层的主要成分。

果胶分子的结构随植物种类、组织部位、生长条件的不同而异。果胶分子是由不同酯化度的半乳糖醛酸以 α-1,4-糖苷键连接而成的多糖链，常带有鼠李糖、阿拉伯糖、半乳糖、木糖等组成的侧链，游离的羧基部分或全部与钙、钾、钠离子，特别是与硼化合物结合在一起。

美国化学协会把果胶类物质分为 4 类：原果胶、果胶、果胶酸和果胶酯酸。原果胶不溶于水，存在于未成熟的果蔬中，常与纤维素结合。随着果蔬的成熟，原果胶水解为果胶和果胶酸。果胶酸是可溶性的聚半乳糖醛酸，不含或含有极少量的甲氧基。果胶酯酸含有一定数量的甲酯基团。果胶在细胞壁中与纤维素结合，至少 75％的半乳糖醛酸的羧基被甲基化。

二、果胶酶

果胶酶是指能够分解果胶物质的多种酶的总称，它主要存在于高等植物和微生物中。果胶酶至少有 8 种酶分别作用于果胶分子的不同位点，基本上可分为两大类：一类是催化果胶物质解聚酶，另一类是催化果胶分子中酯水解的果胶酯酶。

国外对果胶酶的研究始于 20 世纪 30 年代，50 年代已工业化生产；而国内的研究则始于 1967 年，80 年代末才开始工业化生产。近年来，随着对果胶结构的认识及我国水果种植业、加工业的发展，对果胶酶的开发和应用也迅速发展。果胶酶在食品工业，特别是水果加工业、葡萄酒生产、木材防腐、生物制药等方面应用十分广泛。在果汁制备中可提高出汁率，改善果汁的过滤效率，加速和增强果汁的澄清作用。

1. 果胶酶的分类和作用机制

果胶酶主要包括：果胶酯酶（PE）、聚半乳糖醛酸酶（PG）、聚甲基半乳糖醛酸酶（PMG）、聚半乳糖醛酸裂解酶（PGL）、聚甲基半乳糖醛酸裂解酶（PMGL）等。其中果胶酯酶（PE）、聚半乳糖醛酸酶（PG）最为常见。

果胶酯酶（PE）是一种能催化果胶甲酯分子水解，生成果胶酸和甲醇的一种果胶水解酶。果胶酯酶的最适温度范围 35～50℃，在 55℃以上易引起失活，但来源不同的酶有所差别。番茄中果胶酯酶对热较稳定，在 pH6 的 0.1mol/L NaCl 溶液中，将其在 70℃加热 1h，则活力损失 50％。果胶酶作用的最适 pH 根据其来源不同而有所差别。钙离子和钠离子对果胶酯酶有激活作用。

聚半乳糖醛酸酶（PG）是发现较早、研究最为广泛的一种果胶酶，它水解 D-半乳糖酸的 α-1,4-糖苷键，也分为外切酶和内切酶。PG 内切酶广泛存在于真菌、细菌和酵母中。高等植物中也发现有该内切酶的存在。它作用于聚半乳糖醛酸时，随机水解其中的半乳糖醛酸单位，可使其溶液的黏度下降，但还原力增加不大。对外切酶的研究比较少。它水解聚半乳糖醛酸时逐个释放出半乳糖醛酸单位。聚半乳糖醛酸酶的活力可以通过测定反应中还原能力的增加或者底物溶液黏度的降低来确定。

聚半乳糖醛酸裂解酶（PGL）和聚甲基半乳糖醛酸裂解酶（PMGL）分别通过反式消去作用切断果胶酸分子和果胶分子的 α-1,4-糖苷键，生成 β-4,5-不饱和半乳糖醛酸。这两种裂解酶都有外切酶和内切酶两种。一些植物软腐病菌、食品腐败菌以及霉菌均能产生外切聚半乳糖醛酸酶。裂解酶的活力可以通过测定其释放的不饱和糖醛酸数量来计算。即测定 235nm 下反应混合液中吸光值的变化，在实验条件下每分钟释放 1μmol 不饱和糖醛酸的量定义为 1 个酶活单位。

2. 果胶酶的分布

果胶酶存在于水果和蔬菜中，能降解果胶物质，它的变化对于水果和蔬菜的结构有重要的影响，因而在食品加工和保藏中起重要作用。微生物果胶酶是食品工业中使用量最大的酶制剂之一，它主要用于果汁的澄清。许多霉菌及少量的细菌和酵母菌都可产生果胶酶，主要以曲霉和杆菌为主。由于真菌中的黑曲霉属于公认安全级，其代谢产物是安全的，因此目前市售的食品级果胶酶主要来源于黑曲霉，最适 pH 一般在酸性范围内。

三、果胶酶在食品中的应用

果胶酶是果汁生产中最重要的酶制剂之一，已被广泛应用于果汁的提取和澄清。在果汁生产过程中，通过果胶酶处理，有利于压榨，提高出汁率；在沉降、过滤、离心分离过程中，有利于沉淀分离，达到果汁澄清效果。经过果胶酶处理的果汁稳定性好，可以防止在存放过程中产生浑浊。已广泛应用于苹果汁、葡萄汁、柑橘汁等果汁的生产中。

1. 果汁澄清

果汁中有很多物质如纤维素、蛋白质、淀粉、果胶物质等影响澄清，果胶物质是造成果汁浑浊的主要因素。果胶大分子阻碍了固体粒子的沉降，有很高的黏度。水果经破碎后的果汁中含有果胶、纤维素等固形物，根据分子大小，果胶起到植物纤维的作用，它阻止甚至使液体流动停止，使固体粒子保持悬浮、汁液处于均匀的浑浊状态，既难沉淀，又不易过滤，影响果汁澄清。加果胶酶处理后，果汁黏度迅速下降，浑浊颗粒迅速凝聚，使果汁快速澄清、易于过滤。果胶酶能随机水解果胶酸和其他聚半乳糖醛酸分子内部的糖苷键，生成分子质量较小的寡聚半乳糖醛酸，使其黏度迅速下降。

果胶酶澄清的实质包括果胶的酶促水解和非酶的静电絮凝两部分。当果汁中的果胶在果胶酶作用下部分水解后，原来被包裹在内的部分带正电荷的蛋白质颗粒就暴露出来，与其他带负电荷的粒子相撞，从而导致絮凝的发生，絮凝物在沉降过程中，吸附、缠绕果汁中的其他悬浮粒子，通过离心、过滤可将其除去，从而达到澄清目的。

在苹果汁的加工中使用果胶酶的作用是减轻提取果汁的困难，促使果汁中悬浮的粒子能用沉降、过滤或离心的方法分离。对于苹果来说，未经果胶酶处理，就得不到澄清的果汁。澄清苹果汁生产工艺为：

苹果→破碎→果浆处理→压榨→浑浊果汁酶解→澄清→过滤→澄清苹果原汁。

果胶酶种类不同，其作用模式也不相同，不同的果胶酶制剂在澄清苹果汁时具有不同的效果。从工业生产的角度考虑，果汁中絮凝物形成的速度、絮凝物的紧密性和果汁在过滤之前上清液的澄清度，是评价果胶酶制剂最重要的参数。研究结果表明，聚半乳糖醛酸酶和果胶酯酶混合酶制剂能使苹果汁澄清，而苹果汁含有高度酯化的果胶（90%酯化度），因此它易于被果胶裂解酶澄清。然而纯的内切聚半乳糖醛酸酶几乎没有效果，即使将它加入到裂解酶中去同时使用，也不会显著提高澄清的效果。

葡萄在破碎后具有很高的黏稠性，仅仅用压榨的方法很难提高果汁的提取率。若添加果胶酶制剂，则可降低葡萄汁液的黏度，提高出汁率，减轻强度，缩短加工时间，获得色泽清亮、汁液清澈的葡萄汁。

先将葡萄洗涤、破碎、去梗，再将葡萄浆与果胶酶制剂混合，加入酶制剂量一般为 0.2%～0.4%（按质量计），于 40～50℃条件下，搅拌处理 30min 左右，使果胶水解，然后升温至 60～90℃，保持 30min 灭酶，经过压榨、灭菌，取得清澈透亮的葡萄汁液。

对葡萄浆进行酶处理时不能加热，否则会破坏果汁色泽，最好在室温下进行。添加果胶酶后不必调 pH，因为汁液酸度较接近酶最适 pH，酶处理时间一般为 1～2h。榨汁后要进行蛋白稳定作业，通常添加明胶助澄清，最后添加硅藻土等助滤剂过滤。

在樱桃汁的加工过程中，添加果胶酶使果胶水解，从而使樱桃汁黏度降低，过滤阻力减小，过滤速度加快；由于樱桃汁中的悬浮果粒失去高分子果胶的保护，很容易发生沉降而使上层汁液清亮，在以后的澄清过程中，明胶澄清剂的加入量便可大大减少，甚至免加澄清剂。

添加果胶酶时，应使酶与果浆混合均匀，根据原料品种控制酶制剂的用量，并控制作用的温度和时间。若果胶酶与明胶结合使用，效果更佳。有时采用复合酶法澄清，如在澄清枣汁时，使用果胶酶和 α-淀粉酶。

水果本身在果实成熟过程中产生自己的果胶分解酶，在发酵过程中由酵母也能得到，但这些酶反应过程较为缓慢，不能完全达到生产者的预期目的，而人工加入酶则加强和完善了这一过程。

2. 果汁提取

在苹果汁生产中，苹果要先经机械压榨，然后离心获得果汁，但果汁中仍然含有较多的不溶性果胶而呈现浑浊。直接将果胶酶加到苹果汁中，处理后经加热杀菌、灭酶，过滤得到澄清的果汁。有的苹果因果肉柔软难以压出果汁，但添加果胶裂解酶能大大促进果汁的提取。

苹果汁的 pH 一般为 3.2～4.0，处在果胶酶的作用范围内或者稍低，处理时不用调节 pH。如果有些苹果汁 pH 特别低，可以采用较高 pH 的苹果汁与之混合，进行必要的调整。但要注意，在任何情况下都不宜采用加入碱液的方法进行 pH 的调整，处理时的温度对果胶酶的反应速度有明显影响，适当提高温度，可使处理时间缩短。通常在 30～40℃，处理时间为 30～60min。此外，在加酶处理过程中，加入 0.005％的明胶，可以显著缩短处理时间。

3. 提高果蔬汁的出汁率

果蔬的细胞壁中含有大量果胶质、纤维素、淀粉、蛋白质等物质，破碎后的果浆十分黏稠，压榨取汁非常困难且出汁率很低。果胶酶不但能催化果胶降解为半乳糖醛酸，破坏了果胶的黏着性及稳定悬浮微粒的特性，有效降低黏度、改善压榨性能，提高出汁率和可溶性固形物含量，而且能增加果汁中的芳香成分，减少果渣产生，同时有利于后续的澄清、过滤和浓缩工序。利用酶解技术可使不同果蔬的出汁率提高 10％～35％，具体数值因不同果蔬中果胶含量和压榨方法的不同而不同。

利用 0.1％的果胶酶处理苹果果汁、果浆，可明显地提高出汁率、可溶性固形物含量和透光率，降低 pH 和相对黏度。处理时间越长，效果越好。0.1％的果胶酶与 0.1％的纤维素酶结合使用，效果更好。

在果肉搅拌 15～30min 后，直接添加 0.04％果胶酶，并于 45℃下处理 10min，即可多产果汁 12％～24％。也可以与不溶性聚乙烯吡咯烷酮配合使用，酶处理温度可降低到40℃，可多产果汁 12％～28％。还可以把纤维素酶与果胶酶结合使用，使果肉全部液化，用于生产苹果汁、胡萝卜汁和杏仁乳，产率高达 85％，而且简化了生产工艺，节省了昂贵的果肉压榨设备，使生产效率大大提高。

4. 果胶酶对果蔬汁营养成分的影响

利用果胶酶生产果蔬汁不仅提高了出汁率，而且保留了果蔬汁中的营养成分。首先果蔬汁的可溶性固形物含量明显提高，而这些可溶性固形物由可溶性蛋白质和多糖类物质等营养成分组成，果蔬汁中的胡萝卜素的保存率也明显提高。研究表明，酶处理后的果汁葡萄糖、山梨糖和果糖含量显著提高，蔗糖含量略有下降，总糖含量上升。由于果胶的脱酯化和半乳糖醛酸的大量生成，造成果汁的可滴定酸度上升，pH 下降。芳香物质含量也有明显提高，经果胶酶处理后的葡萄汁，各种酯类、萜类、醇类和挥发性酚类含量提高，葡萄汁的风味更佳。由于细胞壁的崩溃，类胡萝卜素、花色苷等大量色素溶出，大大提高了果蔬汁的外观品质。K、Na、Ca、Zn 等矿物质元素含量也有较大提高。

5. 果胶酶对于浑浊柑橘汁稳定性的影响

柑橘汁一般制成浑浊果汁，因为柑橘汁的色泽、风味和营养主要依赖于果汁的悬浮微粒。柑橘含有果胶和果胶酯酶，果胶主要存在于橘皮和囊衣中，而果胶酯酶主要存在于囊衣中。从柑橘中提取果汁，使果汁中同时含有果胶和果胶酯酶。新鲜制备的柑橘汁中含有各种不溶解的微小粒子，它们导致果汁处于浑浊的状态。这些不溶解的颗粒主要由果胶、蛋白质和脂肪所构成，也可能含有橙皮苷。如果果汁不经热处理，那么由于果胶酯酶的作用，使果胶转变成低甲氧基果胶，它有可能与果汁中的高价阳离子作用生成不溶解的果胶酸盐。由于果胶酸盐的吸附作用，导致浑浊粒子沉降。如果柑橘果汁中不存在高浓度的高价阳离子，那么，由低甲氧基果胶提供的浑浊粒子的表面负电荷将提高颗粒的稳定性。实验证明，在 pH3.5 时浑浊粒子产生絮凝现象，而在 pH5.0 时却没有。如最早生产甜橙汁罐头是采用 65.6℃ 低温杀菌，认为可抑制了大部分腐败菌。但是，这种处理的橙汁罐头经贮藏后，果汁会分离为两层，上层为清液，下层为沉淀物。显然，果汁中腐败菌被杀灭后，果汁是受其他原因影响而引起沉淀分层。要增加甜橙汁的稳定性以保持浑浊度，加热杀菌的温度必须达到 93.3℃，进行瞬时高温杀菌，使果胶酯酶失活。

6. 果酒的澄清及过滤

果酒是以各种果汁为原料，通过微生物发酵而成的含酒精饮料，主要是指葡萄酒，此外还有桃酒、梨酒、荔枝酒等。葡萄酒以葡萄汁为原料酿造而成，含酒精 10%～12%，根据颜色的不同可分为红葡萄酒和白葡萄酒两类。在葡萄酒等果酒生产过程中，已经广泛使用果胶酶和蛋白酶等酶制剂。

果胶酶用于葡萄酒生产，除了在葡萄汁的压榨过程中应用，以利于压榨和澄清，提高葡萄汁和葡萄酒的产量外，还可以提高产品质量。例如，使用果胶酶处理以后，葡萄中单宁的抽出率降低，使酿制的白葡萄酒风味更佳；在红葡萄酒的酿制过程中，葡萄浆经果胶酶处理后可提高色素的抽出率，还有助于葡萄酒的老熟，增加酒香。在各种果酒的生产过程中，还可以通过添加蛋白酶，使酒中存在的蛋白质水解，以防止出现蛋白质浑浊，使酒体清澈透明。

7. 果实脱皮

含有纤维素和半纤维素酶的粗果胶酶制剂能够作用于果实皮层，使细胞分离，结构破坏而脱落。糖水橘子加工中，在橘子去皮、去络分瓣后，必须除去囊衣。囊衣指瓤囊外皮，瓤囊外皮由两层皮膜即外表皮与内表皮组成，其间有果胶物质起黏合作用，内表皮薄而透明并紧紧地包裹着囊肉。

利用果胶酶液，控制 pH 在 1.5～2.0，温度 30～40℃，将橘瓣浸入其中。瓤囊内、外表皮之间的果胶物质在果胶酶的作用下分解成可溶性果胶，使内外表皮细胞间的黏着力减弱，外表皮随之软化。然后将橘瓣取出，于清水中漂洗，在水力的冲击下外表皮脱落，而达到去囊衣的目的。此法操作简便，罐头风味好、香气浓、色泽鲜艳，质量优于酸碱法，并减轻对罐壁的腐蚀作用，延长保存期，降低成本，提高劳动生产率。

8. 其他方面的应用

制取浓缩果汁用的原汁，不适宜有过量的果胶。为此，需加入足量的果胶酶制剂，否则果汁中的果胶未能充分降解，将会导致浓缩果汁浑浊，甚至可能凝结成果冻使浓缩果汁失去复水能力。

用果汁制备果冻，必须在高浓度的糖存在下才能凝结成冻，但甜味太浓又失去果实自然风味。用不含 PG 的 PE 制剂处理果汁，使其中果胶成为甲酯化程度低的果胶，在钙离子存在下，即使糖浓度比较低也可以制作成稳定的果冻。

天然生物活性物质提取物是目前中药进入国际市场的一种理想方式，出口比例已超过中药，并呈上升趋势。可利用果胶酶生产的提取物有：银杏叶提取物、大蒜油浓缩液、蘑菇浓缩液、人参浆、当归浸膏、甘草液等。另外，对于香菇多糖、金针菇多糖、山楂叶总黄酮等，利用酶类提取，不仅可提高萃取率，还可提高纯度。

果胶酶还可以提高超滤时的膜通量，还可用于超滤膜的清洗。利用果胶酶清洗超滤膜能 100% 地进行生物降解，而且可以在最佳 pH、温度下作用。缩短清洗时间、增加超滤膜的通透量和使用寿命、增加产量、节省能源。

四、应用果胶酶的注意事项

1. 酶品种的选择

加工不同的果蔬需要使用不同的果胶酶。像黑加仑、黑莓以及山楂等水果，由于其 pH 较低，一般在 3 以下，因此需要选择在较低 pH 范围内具有较高活力的果胶酶。此外，这类水果的色泽在高温下容易发生变化，因而应选用低温果胶酶，并且该果胶酶中不能含有破坏色素的酶活成分。

2. 作用温度和 pH

商业果胶酶制剂使用的温度一般为 20～60℃，在此范围内每增高 10℃，其活性增加 1 倍。当温度在 60℃ 以上时，酶会很快失活。苹果汁的酶制剂温度一般在 45～50℃ 左右。

由于果蔬加工一般不调节 pH，在果蔬的自然 pH 状态下使用果胶酶，因此，当果蔬汁的 pH 较低时，应加大酶的使用量。

3. 酶的使用量和作用时间

不同的果胶酶制剂活力不同，所以酶的使用量要通过实验来确定。一般果胶酶在果汁中作用时间若超过 4h，活力将完全丧失。

4. 果胶酶的使用方法

一般将酶贮存在 5℃，使用时稀释 10～20 倍（固体粉状配成 1%～2% 溶液）后加入果蔬汁中，稀释后立即使用。处理果浆时可以在破碎时或破碎后加入酶，重要的是要混合均匀。

5. 果胶酶作用终点的判别

取 1mL 果汁于试管内，加入 5mL 含有 1% 盐酸的乙醇，轻轻倒转几次试管混合均匀，静置 30min，观察果汁的状态，若有絮状沉淀，表明果胶未分解完全，需要加入果胶酶继续作用。

第三节　酶工程应用于啤酒生产

传统的啤酒生产主要依靠麦芽中的 α-淀粉酶、β-淀粉酶的水解作用，将淀粉水解生成麦芽糖，进而发酵过滤等，又称全麦啤酒。传统的生产过程缓慢，效率低，难以适应现代化的要求，正逐步向外加酶制剂的方向发展。利用固定化酶和固定化细胞技术酿造是近年来国外啤酒工业的新工艺，把固定化酶与固定化细胞技术结合起来，研制出一种新型的生物催化剂——微生物细胞与酶结合型的固定化生物催化剂，用于啤酒酿造。

一、固定化啤酒酵母的应用

固定化酵母技术用于啤酒生产是在固定化酵母技术、生物反应器的设计等基础上发展起来的，它将原来的分批发酵法改为连续生产方式，大大提高了生产能力，并能较为容易地改进生产工艺使产品质量达到均一，缩短啤酒发酵和成熟时间。固定化酵母技术可用于啤酒的主发酵和后发酵。

（1）固定化酵母技术用于啤酒主发酵　麦汁于8℃时，通过装有固定化酵母的生物反应器，啤酒酵母迅速利用麦汁进行各种代谢过程，生成乙醇和各种副产物。

（2）固定化酵母技术用于啤酒后发酵　在主发酵工艺阶段形成的嫩啤酒，在风味、组成等方面需经后熟工艺才能达到产品质量要求。后熟的目的是完成残糖的后发酵，增加啤酒稳定性，使啤酒中所含 CO_2 达到饱和状态，充分沉淀蛋白质，澄清酒液；消除双乙酰、醛类及 H_2S 等指标；尽可能使酒液处于还原态，降低氧含量。其中，酒体中双乙酰的指标，只有经过后发酵的贮酒过程，才能下降至产品要求的规定值 0.2mg/kg 以下。

酵母细胞固定化常用的方法有三种：①载体结合法，即以溶于水的多糖、蛋白质合成多聚体及无机材料为载体，通过物理吸附、离子键、共价键等作用方式，将酵母细胞结合到载体上；②交联法，利用双官能团交联剂（如戊二醛等）将酵母细胞互相交联而固定的；③包埋法，采用多聚体的载体直接将酵母细胞包埋在其中。后者是目前微生物细胞固定化技术中最有效和最常用的方法。常用的包埋剂有：海藻酸盐、角叉胶、琼脂糖、环氧树脂、聚丙烯酰胺等。

把酵母细胞镶嵌在陶瓷或聚乙烯材料的环形载体上（直径为 10～20mm）进行啤酒发酵，发酵周期缩短到 2d，鲜啤酒的理化指标均可达到传统工艺水平，但产量比传统工艺增加 2～2.5 倍。

把卡伯尔酵母固定化后用于啤酒酿造，实验表明，啤酒的主发酵时间可以控制在24h 以内，后发酵时间缩短到 7d 左右，比传统工艺缩短一半以上，酿成的啤酒口味正常、泡沫性能良好，各项理化指标均符合标准。

应用固定化酵母进行啤酒连续发酵，可有效地改进了发酵的效果：①固定化酵母凝集性强，酵母和发酵液容易分离；②固定化酵母活性高，可反复多次使用；③固定化酵母的使用可以增加发酵液中酵母细胞浓度，从而使啤酒发酵加速，生产能力提高。

二、固定化酶用于啤酒的澄清

啤酒中含有多肽和多酚物质，在长期放置过程中，会发生聚合反应，使啤酒变浑浊。在啤酒中添加木瓜蛋白酶，可以水解其中的蛋白质和多肽，防止出现浑浊。但是，如果水解过度，会影响啤酒泡沫的保持性。Witt 等人用戊二醛交联把木瓜蛋白酶固定化，可连续水解啤酒中的多肽，并在 0℃下施加一定的二氧化碳压力，将经预过滤的啤酒通过木瓜蛋白酶的反应柱，得到的啤酒可在长期贮存中保持稳定。

Finley 等人报道，木瓜蛋白酶固定在几丁质上，在大罐内冷藏时或在过滤后装瓶时处理啤酒，通过调节流速和反应时间，可以精确控制蛋白质的分解程度。

三、β-葡聚糖酶提高啤酒的持泡性

啤酒原料大麦中含有黏性多糖——β-葡聚糖，是半纤维素的重要组成部分，由葡萄糖单位以 β-1,4-键连接而成。一般在大麦中含量约 5%～8%。在大麦发芽过程中，大部分 β-葡聚糖被新产生的 β-葡聚糖酶所降解，部分仍保留在麦芽内。适量的 β-葡聚糖是构

成啤酒泡沫的重要成分，但过量却会产生不利的影响，使麦芽汁难于过滤。此外，在发酵阶段，过量的 β-葡聚糖与蛋白质结合，使啤酒酵母产生沉降，影响发酵的正常进行。如果成品啤酒中 β-葡聚糖含量超标，容易形成雾浊或凝胶沉淀，严重影响产品质量。

原料大麦本身不含 β-葡聚糖酶，在发芽过程中产生一定量的 β-葡聚糖酶并对 β-葡聚糖进行降解作用。在生产中常因发芽欠佳而导致 β-葡聚糖超标，因此常用添加 β-葡聚糖酶来降低糖化醪中的 β-葡聚糖含量。

四、降低啤酒中双乙酰含量

双乙酰即丁二酮（$CH_3COCOCH_3$），其含量的多少是影响啤酒风味的重要因素，是评价啤酒是否成熟的主要依据。双乙酰由 α-乙酰乳酸经非酶氧化脱羧形成，是啤酒酵母在发酵过程中形成的代谢副产物。在啤酒生产中，双乙酰的形成与消除直接影响啤酒成熟和发酵周期。α-乙酰乳酸脱羧酶可使 α-乙酰乳酸转化为 3-羟基丙酮，改变了 α-乙酰乳酸转化的途径，从而有效地降低啤酒中双乙酰的含量，加快啤酒的成熟。乙酰乳酸脱羧酶的用量应根据酶活力的大小和酵母活性的高低来确定，以保证成品啤酒中双乙酰的含量控制在 0.1mg/L 以下，且不影响啤酒的口感和其他理化指标，否则会使啤酒带有不愉快的馊味。

五、添加蛋白酶和葡萄糖氧化酶提高啤酒稳定性

啤酒是一种营养丰富的胶体溶液，啤酒的非生物稳定性是啤酒生产全过程中的综合技术问题，添加酶制剂是较为有效而安全的措施。

1. 添加蛋白酶提高啤酒稳定性

通过蛋白酶降解啤酒中的蛋白质，可提高啤酒稳定性。目前常在成熟啤酒过滤之前，将菠萝蛋白酶和木瓜蛋白酶与酒液混合进入过滤机，或者直接加入清酒罐。但在生产中必须严格控制蛋白酶的添加量，否则，会对啤酒的持泡性产生不良影响。固定化木瓜蛋白酶技术的应用，可大大简化生产过程，效率高，使用安全，且产品具有良好的稳定性，对泡沫影响不大。浊度强化试验表明，保存期可达 180d 以上。

2. 添加葡萄糖氧化酶提高啤酒稳定性和保质期

葡萄糖氧化酶是一种天然食品添加剂，在 pH3.5～6.5、温度 20～70℃ 范围内均可稳定发挥作用。氧化作用是促使啤酒浑浊的重要因素，啤酒中多酚类物质的氧化不仅加速了浑浊物质的形成，而且使啤酒色泽加深，影响啤酒风味。葡萄糖氧化酶能催化葡萄糖生成葡萄糖酸，即消耗氧气起脱氧作用，可以除去啤酒中的溶氧和成品酒中瓶颈氧，阻止啤酒氧化变质，防止老化，澄清度高，保持啤酒原有风味、延长啤酒保质期。

六、改进工艺，生产干啤酒

干啤酒与普通啤酒相比，具有发酵度高、残糖低、热量低、干爽及饮后无余味等特点。

干啤酒生产中，提高发酵度的手段是提高麦汁可发酵糖的含量或选育高发酵度的菌种。啤酒生产主要原料麦芽中含淀粉 55%～65%，辅料大米含淀粉 71%～73%，这些淀粉主要依靠麦芽自身的 α-淀粉酶、β-淀粉酶的水解作用而生成以麦芽糖为主的可发酵

性糖。提高麦汁可发酵糖的含量可以直接添加蔗糖、糖浆等可发酵糖，或添加酶制剂强化淀粉糖化。

第四节　果醋的生产

食醋是我国传统的酸性调味料，我国食醋品种很多，其中不乏名醋，如山西陈醋、镇江香醋、北京熏醋、七海米醋、江浙玫瑰醋、福建红曲醋等，风味各异，远销国内外，深受欢迎。明代李时珍的《本草纲目》和王士维的《随息居饮食谱》中说：醋能开胃、养肝、养筋、暖血、醒酒、消食、下气、辟邪、解诸毒。我国早在夏朝就有了食醋，而粮食酿造的食醋则占据了历史中的主导地位。近年来随着人们生活水平的不断提高，对食品提出了安全、营养、保健的高层次要求。除根据市场需要开发适用于各种用途的调味食醋外，还要开拓新的市场领域，如保健果醋是当今世界市场的热门。我国水果资源丰富，制醋原料繁多，利用各种水果原料酿醋，使开发保健果醋具有原料的优势。

果醋作为一种新型饮品，采用现代生物技术，以水果（苹果、山楂、葡萄、柿子、梨、杏、柑橘、西瓜、红枣、猕猴桃等）为主要原料，利用微生物深层液态二次发酵酿造果醋，经勾兑生产果醋饮料，产品有独特的口味、丰富的营养价值及多种保健功能，早在 20 世纪 90 年代就已风靡了欧美、日本等发达国家，其市场前景引人瞩目。

一、果醋的保健功能

① 果醋中含有 10 种以上的有机酸和人体所需的多种氨基酸、各种碳水化合物、外源性生理活性物质、维生素、无机盐、微量元素等。氨基酸是醋的重要成分，醋味道的鲜美、圆润、柔和均来自于氨基酸，它与醇类反应时生成酯则是果醋香味的来源。果品中丰富的维生素、氨基酸和氧，能在体内与钙质合成乙酸钙，增强钙质的吸收，因此它是名副其实的营养型饮品。

② 果醋是以乙酸为主要成分的酸性饮品，其次是葡萄糖酸、乳酸、琥珀酸、酒石酸、苹果酸、柠檬酸、富马酸、蚁酸、焦谷氨酸等，醋的种类不同，有机酸的含量也各不相同。这些丰富的有机酸，能有效维持体内的酸碱平衡，调节体内代谢。特别是经过长时间劳动和剧烈运动后，体内会产生大量乳酸，促进磷酸葡萄糖、活性乙酸、柠檬酸导入人体内的三羧酸循环，使代谢功能恢复，从而减轻疲劳，是运动型饮品。

③ 果醋呈酸性，但经人体吸收代谢后生成碱性物质。醋中的挥发性物质及氨基酸等具有刺激人脑神经中枢的作用，具有开发智力的功效。

④ 山楂果醋中含有丰富的人体必需的钾、锌等微量元素和维生素，并含有可促进心血管扩张、增加冠状动脉血流量及降压效果的三萜类和黄酮类成分，对高血压、高血脂、脑血栓、动脉硬化等多种疾病有防治作用。

⑤ 果醋可提高肝脏的解毒机能，调节体内代谢，提高人体的免疫力，具有很强的防癌、抗癌作用。

⑥ 人体的消化与吸收功能直接影响健康水平，而果醋中酸性物质使消化液分泌增多，健胃消食，增进食欲，生津止渴。

⑦ 果醋在美容护肤方面有独到之处，对血液循环系统有调节作用，可以平衡皮肤的pH，也可控制油脂分泌。

⑧ 果醋不仅使碳水化合物与蛋白质等在体内新陈代谢顺利进行，还可使人体内的脂肪燃烧。长期饮用具有减肥疗效，果醋能抑制和降低人体衰老过程中过氧化脂质的形成，延缓衰老，增加寿命。

二、果醋生产工艺流程

原料清洗切块→浸泡、预煮、打浆→酶法液化→压榨、过滤、澄清→加热灭菌→冷却→酒精发酵→乙酸发酵→精滤、调配→均质→装瓶→灭菌→冷却→成品。

所有原料必须符合国家有关食品卫生标准：新鲜、无病虫害、风味正常、无腐烂。食品添加剂必须符合 GB 2760《食品添加剂卫生标准》，同时必须是国家允许使用、定点厂家生产的品种。生产用水应符合 GB 5749《生活饮用水卫生标准》。

三、果醋研究开发新进展

我国传统固态制醋法的果醋风味好，但产量低、生产周期长、劳动强度大、原料利用率低；液态发酵法果醋产量高、生产周期短、劳动强度低、产品卫生好、但产品风味差。将现代新技术和传统工艺有机结合，既提高原料利用率，又能够保持传统果醋的风味。

1. 原料选择

原料是优质果醋最基本的物质基础。作为酿醋原料的水果，应含有较多的非挥发性有机酸，这类酸构成了果醋中总酸的一部分，它的进入有利于果醋酸味的柔和。

2. 多菌种混合发酵

液态发酵工艺中采用多菌种混合发酵主要是在酒精发酵阶段。接入乳酸菌、产香酵母、己酸菌等有益菌中的 1～2 种与酒精酵母共同发酵。多菌共同发酵能增加香味成分，提高不挥发酸的含量，同时适当延长酒精发酵时间，发酵液较澄清。如添加 3%～5% 的乳酸菌与酵母共同发酵，可使不挥发酸提高 2.5～3 倍。

3. 利用优质糖化曲进行淀粉糖化和后熟发酵液态发酵工艺

糖化过程中选用质量优良的大曲、小曲、红曲等来代替部分或全部糖化酶制剂，这些糖化曲内含有益微生物、糖化酶及丰富的风味成分。不仅能糖化发酵，而且能有效提高液态发酵法果醋的风味质量。

后熟发酵是指在生醋液中加曲继续发酵来提高液态法果醋风味质量的方法。一是将经乙酸发酵后的生醋醪，加入一定量糖化酶活力高的优质大曲和酸性蛋白酶进行陈酿，使醋醪中的蛋白质进一步水解为氨基酸；淀粉、低聚糖进一步水解为单糖；糖与氨基酸发生美拉德反应形成色素，同时调和风味，以提高液态法果醋的风味质量。二是生醋液中加入 10% 的红曲，常温下浸渍 10～15d，红曲中微生物和酶类物质在生醋液中缓慢进行生物代谢，积累代谢产物，红曲中的红色素、有机酸及有益活性物质与醋液溶于一体，经处理后果醋的色香味均得到改善。

本章小结

本章主要介绍了生物技术在发酵乳、啤酒、果汁、果醋中的应用。发酵乳生产的关键是发酵剂的制备，发酵剂的选择应从产酸能力、后酸化、滋味、气味等影响因素进行综合考虑。果胶酯酶（PE）是一种能催化果胶甲酯分子水解，生成果胶酸和甲醇的一种果胶水解酶。它主要应用于果汁的提取和澄清，提高果蔬汁的出汁率以及果实脱皮等。

固定化酵母技术用于啤酒主发酵和后发酵，使啤酒中所含的 CO_2 达到饱和状态；充分沉淀蛋白质和澄清酒液，消除双乙酰、醛类及 H_2S 等不良因子，促进啤酒成熟；尽可能使酒液处于还原态，降低氧含量。其中，酒体中的双乙酰只有经过发酵后的贮酒过程，才能下降至产品要求的规定值 0.2mg/kg 以下。固定化酶用于啤酒的澄清、提高啤酒稳定性等具有很重要的作用。

果醋作为一种新型饮品，是采用现代生物技术，以水果（苹果、山楂、葡萄、柿子、梨、杏、柑橘、西瓜、红枣、猕猴桃等）为主要原料，利用微生物深层液态二次发酵酿造果醋，经勾兑生产的果醋饮料，因其独特的口味、丰富的营养价值及多种保健功能，深受人们的喜爱。

思　考　题

1. 简述发酵乳的营养价值？
2. 果胶酶在果汁澄清中有什么作用？
3. 简述酵母细胞固定化常用的固定方法？
4. 简述果醋的营养价值？
5. 简述固定化酵母技术在啤酒生产中的应用？

第九章　生物技术在食品保鲜方面的应用

学习目标

1. 了解食品生物保鲜技术的概念和发展现状。
2. 掌握食品生物保鲜技术常用的技术和方法。
3. 了解并掌握食品生物保鲜技术的设计开发前景。

食品的保鲜就是采用一定的手段使食品或食材的营养以及色泽、外形、风味、口感等感官指标在加工、运输和贮藏的过程中尽量保持新鲜时的状态。食品保鲜技术在我国历时悠久，从古代民间的窖藏、冰藏到现代的冷冻保鲜、真空保鲜、辐射保鲜等新技术的应用，为保障我国人民的营养及健康发挥了极大的作用。

目前在我国应用得较多的保鲜方法主要是物理方法和化学方法，由于人们已充分意识到化学防腐剂对人体的毒副作用、致癌等危险性，所以，近年来的研究热点转到生物技术方面和物理方法上。

国外近年来开发的新食品保鲜技术有微波杀菌、高压电场杀菌、高压低温保藏、静电杀菌、磁力杀菌、感应电子杀菌、核辐射杀菌、X射线杀菌、红外杀菌等，主要集中于物理方法。物理防腐保鲜方法要求技术高，而且设备维修困难、成本比较高；而生物保鲜技术应用的生物保鲜物质直接来源于生物体自身组成成分或其代谢产物，成本比较低，且具有无毒、安全等特点。生物保鲜物质一般都可被生物降解，不造成环境污染。因此，近年来在国内外渐成为研究热点。

现代食品生物保鲜技术是在生物科学和传统保鲜技术的基础上，融合多种学科及技术发展起来的一个新兴研究领域。现在对生物保鲜技术比较统一的认识是指利用生物有机体（主要是微生物）或其成分作为保鲜剂来对食品（或食材）进行处理，或者运用现代生物科学以及其他学科的知识和技术对食品食材进行处理，以达到质量控制、保鲜的目的。

目前生物保鲜技术研究在日本、美国很受重视，目前我国开展这方面研究的专家和学者也比较多。但由于生物保鲜技术发展的时间还比较短，因此现有的技术种类还比较少，有很多还不成熟，未进入实用化阶段。

第一节　食品保鲜的机理

一、食品的成分与品质

食品的营养、色、香、味、形等品质取决于食品的各种相关成分，成分受损减少或发生改变则食品的品质、营养价值和食用价值就会降低。

食品中的化学组成成分主要有水分和干物质两大类，干物质主要包括糖类、脂肪、蛋白质、维生素、核酸、果胶类物质、纤维素、有机酸、多元醇、色素、芳香物质、单宁物质、矿物质等。在贮藏过程中，食品在物理、化学和有害微生物等因素的作用下，这些物质本身或它们相互间发生化学变化，改变了食品中化学成分的组成，食品失去固有的色、香、味、形，品质下降或腐烂变质，食用性能和商品价值大为降低。

有害微生物的作用是导致食品腐烂变质的主要原因。通常将蛋白质的变质称为腐败，碳水化合物的变质称为发酵，脂类的变质称为酸败。

另外，糖分等营养物质在果蔬的呼吸作用中丧失则导致食品的营养价值降低，失去水分使一些新鲜的果蔬枯萎皱缩，多元醇、色素、芳香物质等失去则令食品的特殊风味、色泽丧失或衰减。食品的保鲜从根本上来说就是要防止或减弱微生物对食品的伤害以及果蔬由于呼吸作用而造成的损失。

二、食品保鲜原理

如果我们采用物理的、化学的或生物的方法来防止有害微生物的破坏以及食品风味物质、营养物质、水分等的丧失，就能达到将食品较长期地保藏的目的。

1. 防止微生物损害

微生物对食品品质的损害是在其生长繁殖的过程中，消耗食品的营养成分，且其代谢产物往往有毒、有害或对食品的风味造成不良影响，对食品的营养及商品性能造成破坏性的损害。因此，要防止微生物对食品造成损害就要采用一定的手段杀灭有害微生物或使其生命活动受到抑制。

杀灭微生物即采用一些极端的理化条件如高温高压、过酸过碱、高渗低渗以及一些对微生物有毒的化学药剂将微生物的营养体、孢子和芽孢杀死。

抑制微生物体内酶的活性发挥就能够抑制微生物的生命活动，有时候也可以杀死微生物。酶活性的发挥要有合适的温度、pH、氧化还原电位、渗透压等环境条件，如果将保藏食品的理化环境加以改变，比如采用低温、缺氧、高盐、加酸等手段使得微生物体内的酶活受到抑制，就可以在很大程度上保证食品的成分少降解、少变化。

能用于杀死或抑制微生物的方法很多，可分为物理法、生物法和化学法等。目前国内外对食品保鲜采用的方法大致如下：干燥贮藏、冷冻贮藏、气调贮藏、化学处理、加热处理、超高温处理、高压处理、辐照处理等。其中，现代食品生物保鲜技术有以下的特点和优势：可以有效地抑制或杀灭有害菌，更有效地达到保鲜的目的；无毒物残留、无污染，真正做到天然和卫生；能更大限度地保持食品原有营养价值、风味和外观形态；节约能耗，利于环保；在保鲜的同时，有些还有助于改善提高食品的品质和档次，从而提高产品附加值。

2. 控制新鲜果蔬的呼吸作用

果蔬等植物性食品在采收后的贮藏期仍继续呼吸。呼吸能量一部分用来维持果蔬正常的生理活动，另一部分以热量形式散发出来。所以，呼吸作用有积极的一面，即可使果蔬各个生化反应环节及能量转移之间协调平衡，维持果蔬生命活动正常进行，保持耐藏性和抗病性；通过呼吸作用还可防止对组织有害的中间产物的积累，将其氧化或水解为 CO_2 和 H_2O 等最终产物。但是呼吸作用所造成的营养物质消耗，也导致果蔬品质下降、组织老化、重量减轻、失水和衰老。因此，控制并利用呼吸作用这个生理过程是保藏果蔬的关键因素之一。

目前对果蔬的呼吸作用进行控制的方法主要有以下两种。

(1) 贮藏温度的控制　温度越低，酶的活性也越低。温度很低时，很多酶的活性几乎被完全抑制。一般在 $0℃$ 时，酶的活性很低，果蔬和微生物的呼吸作用及新陈代谢都很弱。因此许多品种在贮藏时往往需要低温。但一些热带和亚热带品种在温度太低时发生代谢失调，失去耐贮性和抗病性，反而不利于贮藏。

(2) 综合气调控制　即控制和调节贮藏小环境的气体环境，营造抑制和调节果蔬呼吸作用的"气氛"。气调包装比较容易操控。

气调包装也称置换气体包装，国际上称为 MAP 包装，是在真空包装以及充氮包装的基础上发展而成的一种保鲜包装方法。气调包装的包装原理是采用气调保鲜气体（2～4种气体按食品特性配比混合），对包装盒或包装袋的空气进行置换，改变盒（袋）内食品的外部环境，抑制微生物的生长繁衍，减缓新鲜果蔬新陈代谢的速度，从而延长食品的保鲜期或货架期。以果蔬保鲜为例：新鲜果蔬在采摘后仍然进行呼吸作用，消耗 O_2，产生 CO_2，逐渐增加环境中的 CO_2 含量并降低 O_2 的浓度，采用高透性的塑料薄膜可与大气进行气体交换，补充所消耗的 O_2 并排出 CO_2。当气体对薄膜渗透的速度与果蔬呼吸速度相等时，包装袋内的气体达到某一平衡浓度，可以使果蔬维持微弱的呼吸速度而不导致厌氧呼吸，从而延缓果蔬的成熟而得到保鲜。采用气调包装能够实现在不采用防腐剂、添加剂的前提下确保食品的口感、营养成分和保鲜期。气调保鲜气体一般由 CO_2、N_2、O_2 及少量特种气体（NO_2、SO_2 等）组成。CO_2 气体具有抑制大多数腐败细菌和霉菌生长繁殖的作用，是保鲜气体中主要的抑菌剂；O_2 具有抑制大多数厌氧腐败细菌的生长繁殖、保持生鲜肉的色泽以及维持新鲜果蔬呼吸代谢的作用；N_2 是惰性气体，一般不与食品发生化学作用，也不被食品所吸收，在气调包装中用做填充气体，防止由于 CO_2 等气体从包装内逸出而使包装塌落。

对于不同的食品果蔬，保鲜气体的成分和比例也不尽相同。对于新鲜果蔬而言，O_2、CO_2 和乙烯等的浓度比较重要。

实验证明，当环境中氧气的量低于 10％ 时，果蔬的呼吸作用受到明显抑制。另外，果蔬贮藏环境的氧气体积比小于 1％～5％ 即出现无氧呼吸，这种呼吸作用消耗同等量的营养物质时提供的能量比较少，并且能产生乙醛、乙醇和其他有害物质，这些物质在细胞内累积和在组织间疏导，会造成细胞死亡和腐烂。而当氧气体积分数大于 1％～5％（不同种类的果蔬有所差异）这个拐点时，则进行有氧呼吸，能有效地降低消耗和无氧呼吸产物，这种作用称为巴斯德效应。所以，贮藏环境中的氧气量一般控制在 1％～5％之间。但不同品种之间的差异很大，对一些热带、亚热带产品，氧气量要控制在 5％～9％ 之间。在实际工作中，应根据贮藏品种的不同生理特性，进行实验和调整，以确定合适的值。

CO_2 可以控制果蔬的呼吸作用，乙烯可以加快果实的成熟，这两种气体在果蔬贮藏过程中可由果蔬本身产生。

气调包装系统的设计应考虑多方面的因素，其中最重要的因素是包装内 CO_2 和 O_2 的相对含量，这主要是由包装内气体的浓度和包装材料的透气性所决定。与真空包装或是充氮包装不同的是，气调包装材料大多是低阻隔材料，具有较大的气体透气性，材料透气性的差异与材料高分子的聚集状态（结晶性）、聚合物结构对气体的扩散性和溶解性、采用添加剂的影响等因素有关。但是不同的气体对同种材料的渗透性也不相同，对同种材料而言，一般是 N_2 的透过性最小，O_2 的透过性稍大一些，CO_2 的透过性最大，这与气体分子的大小（动力学直径）以及气体分子的形状有关。分子的动力学直径越小，在聚合物中扩散越容易、扩散系数也就越大。但气体分子直径的大小并不是决定渗透性的唯一因素，因为渗透性还与气体在聚合物中的溶解度有关；另外，分子的形状也能影响渗透性，有研究表明，长条形分子的扩散能力和渗透能力最强，而且分子形状的微小变化会引起渗透性发生很大的变化。

3. 控制果蔬失水萎缩

新鲜果蔬的含水量可达 $65\% \sim 96\%$，果蔬失水 5% 就会导致外形、色泽等感官指标的下降；另外，失水也会影响果蔬内部的生化反应过程，从而影响果蔬的耐贮性和抗病性。

低温可降低果蔬的水分丧失速度，增加环境湿度（将冷藏库空气湿度保持在 95% 左右就可在很大程度上防止果蔬水分的丧失），适当通风（$0.3 \sim 3m/s$ 的风速对产品水分蒸发的影响不大），采用夹层冷库，使用微风库，采用塑料薄膜等防水材料包装或在果蔬表面打蜡、涂膜后再加上合适的包装，这些措施都是行之有效的防止果蔬水分散失的经验方法。

此外，控制或抑制果蔬内部酶的作用，通过酶抑制剂等手段控制果蔬内部一些与氧化分解作用相关的酶类，可以很好地调节果蔬的生理代谢，从而实现保鲜的目的。从果蔬耐贮性能来考虑，选育耐贮的品种可以延长保质期。

三、常用生物保鲜技术的保鲜机理

生物保鲜技术的一般机制为隔离食品与空气的接触、延缓氧化作用和水分散失，或是生物保鲜物质本身具有良好的抑菌作用，从而达到保鲜防腐的效果。保鲜机理有以下几种。

1. 形成生物膜

一些生物体提取物或微生物分泌的胞外多糖（EPS）等成膜物质，可在食品外部形成一层致密的薄膜，隔绝氧气，可起到防止水分蒸发及阻隔气体的作用；一些成膜物质对不同的气体还具有选择通透性，可起到微气调的作用；除此之外，一些成膜物质还有抗菌、抑菌的作用。如在绿茶的生物保鲜中，蜡样芽孢杆菌会在茶叶表面形成生物膜，阻止了茶叶与氧气的直接接触，有效地控制了茶叶的氧化劣变。人工提取生物物质在物体表面喷涂可形成生物膜，如壳聚糖、普鲁兰多糖等。许多研究成果都证实，生物保鲜膜可以有效抑制呼吸作用，减少水分蒸发，防止微生物污染，延长果实保鲜时间，提高商品率。

2. 竞争作用

保鲜微生物可与有害微生物竞争食品中的糖类等营养物质，从而抑制有害微生物的生长。如在羊肉的生物保鲜中，乳酸菌在温度较高的时候本身的增殖能有效地减少食品表面有限的糖类及其他营养物质，起到与有害微生物竞争营养的作用，从而抑制有害微生物的生长，达到较好的保鲜效果。

3. 拮抗作用

保鲜微生物主要是通过拮抗作用抑制或杀死食品中的有害微生物，从而达到防腐保鲜目的。乳酸是乳酸菌发酵的主要产物，也是有害微生物的拮抗物，其通过与其他发酵产物如过氧化氢、二氧化碳、脱氧乙酰、双乙酰等物质的协同作用达到抗菌的效果。乳酸链球菌产生的乳链菌肽等能抑制有害微生物的生长。木霉发酵液中的木霉不仅可以与果实表面病菌之间进行营养竞争作用，且能能分泌抗菌物质抑制其他微生物的生长繁殖。

4. 稳定和保护食品的有效营养成分

许多生物物质如某些酶、壳聚糖等能够除氧或抗氧化，从而达到稳定和保护食品营养成分的作用。壳聚糖分子中的羟基、氨基可以结合多种重金属离子形成稳定的配合物，例如与铁、铜等金属离子结合可以延缓脂肪的氧化酸败。茶多酚可与蛋白质结合，使蛋白质相对稳定，不易降解；茶多酚还是一种优良的抗氧化剂，使脂肪氧化速度降到最低，能有效清除自由基。

5. 提高果蔬自身的耐贮性

可以通过一些手段改变果蔬的生理特性或选育一些耐贮品种（比如产乙烯量较低的品种）来实现有效保鲜的目的。除了通过常规方法选育之外，现在还可以通过基因工程手段改变果蔬内某些酶的活性状态或对果蔬耐贮性具有重要意义的成分来提高耐贮性。

第二节　生物保鲜技术的种类

按照所利用的保鲜物质的成分类型及制备方法来划分，可以把保鲜技术分为以下几类。

一、利用菌体次生代谢产物保鲜

次生代谢物是指某些微生物生长到稳定期前后，以结构简单、代谢途径明确、产量较大的初生代谢物作前体，通过复杂的次生代谢途径所合成的各种复杂的产物。与初生代谢物相比，次生代谢物有如下特点：分子结构简单、代谢途径独特、在生长后期合成、产量较低、生理功能不很明确、合成受质粒控制等。形态构造和生活史越复杂的微生物，次生代谢物的种类也越多。在进行微生物发酵时，产生的次生代谢产物一般种类较多，发酵液成分复杂。某些次生代谢物成分可能具有抗菌的作用，这是次生代谢物起保鲜作用的主要原因。

微生物发酵具有生产周期短、不受季节、地域和病虫害条件的限制等特点，因此从微生物的次生代谢产物中提取研发生物保鲜剂具有广阔的发展前景。目前，次生代谢物在保鲜方面的研究材料多数是使用经过除菌的混杂的次生代谢物发酵液，对于其中是何种成分在起作用并没有进行深入的探索。另外，还有直接利用发酵液进行保鲜研究的，发酵液中还存在活菌体，其保鲜的机制就更复杂了。

二、利用多糖类物质保鲜

细菌、真菌和蓝藻类产生的微生物多糖具有良好的成膜性，因而在果蔬表面涂刷成膜后可减少果蔬水分蒸发，并能起到微气调的作用，另外还有一些多糖类物质本身具有抑菌作用（如壳聚糖），这是多糖类物质具有保鲜作用的主要原因。近年来多糖类物质在食品保鲜研究领域倍受关注。值得注意的是许多微生物能大量产生多糖，且易与菌体分离，可通过深层发酵实现工业化生产。微生物多糖作为成膜剂、保鲜剂现在已广泛应用于食品、制药等多个领域。

三、利用抗菌肽保鲜

抗菌肽是生物体产生的一类小分子多肽，可帮助生物体抵抗病原，不同的抗菌肽具有抗细菌、真菌、肿瘤等不同的作用，与传统的抗生素相比具有分子量小、抗菌谱广、热稳定性好、抗菌机理独特等优点。一般来讲，抗菌肽被人食用后在消化道中被消化酶水解为氨基酸，不会对人体造成伤害。利用抗菌肽替代化学保鲜剂对于提高食品安全性有着非常重要的意义。如乳链菌肽（Nisin，乳链球菌产生的一种乳酸菌素，能有效抑制芽孢杆菌及梭菌的生长、繁殖，抑制引起食品腐败的多种革兰阳性细菌，尤其对产芽孢的细菌有很强的抑制作用）可延长产品保存期 $4\sim6$ 倍，有利于产品的贮存和运输。乳链菌肽食用后可被消化道中的 α-胰凝乳蛋白酶等蛋白酶水解，不仅不会对人体安全构成伤害，还具有营养作用。邱芳萍等人从吉林林蛙干皮中纯化得到的抗菌肽 FSE-31.5 对香肠、草莓均具有较好的防腐保鲜效果。

四、利用生物酶保鲜

生物酶是生物活细胞产生的生物催化剂，能调节和控制机体的生化反应。利用生物酶保鲜是指根据不同食品的特性选用不同的生物酶，有目的地降低或阻断某些对食品品质有重要影响的生化反应的发生，防止食品中营养物质的降解或变质，以达到食品保鲜的目的。目前研究较为深入的生物酶种类主要有葡萄糖氧化酶和细胞壁溶解酶等。

五、利用微生物菌体保鲜

利用微生物菌体保鲜即利用微生物本身或含有某种微生物的发酵液等进行食品保鲜。这种保鲜手段是基于微生物本身的生长能对某些有害微生物形成竞争性抑制作用或拮抗作用来进行保鲜的，对有害微生物形成竞争性抑制作用从而起到保鲜作用的微生物称为竞争性抑制保鲜菌；对有害微生物形成拮抗作用而起到保鲜作用的微生物称为微生物拮抗保鲜菌。

六、利用生物提取物保鲜

可用于保鲜的天然生物提取物主要是一些存在于动植物以及低等动物组织器官内的物质，对微生物的繁殖有一定的抑制作用。许多生物体本身所含的一些物质具有抑菌、杀菌作用，或具有其他一些特殊的理化性质从而能对食品起到保鲜作用。

目前经研究证实有较好保鲜作用的生物提取物主要有：蜂胶、贝壳提取物、大蒜汁、姜汁、芦荟汁等。

七、选育耐贮品种

在果蔬贮藏实践中，人们发现有些果实比较耐贮，而有些果实即便采用较好的贮藏方法，依然很容易腐坏，这是果蔬本身的特性所决定的。研究发现，果蔬的耐贮性与果蔬本身的呼吸强度、成熟期产乙烯量、蒸腾作用的强弱、果蔬本身的组分特点等都有关系。

呼吸强度大的果蔬体内的营养物质消耗得快，成熟衰老快，产品寿命短，贮藏期短。不同种类和品种的产品，由于自身的原因，呼吸强度不一样。果品中较耐贮藏的苹果、梨等仁果类和葡萄等的呼吸强度较低，不耐贮藏的桃、李、杏等核果类呼吸强度较大。早熟品种呼吸强度比晚熟品种大，南方生长品种的呼吸强度比北方的大，夏季成熟品种的呼吸强度比秋冬成熟的大。乙烯是果蔬在成熟后释放出来的一种气体，对果蔬具有催熟的作用，是诱发果蔬成熟的一种最重要的内源植物激素，它对果蔬的成熟和呼吸都有刺激作用。$0.1\mu g/g$ 的内源乙烯被视为许多果蔬成熟的临界浓度，或称为生理阈值。乙烯是一种挥发性气体，产生后即从果蔬组织中释放出来，在贮运环境中随着空气流动，对果蔬的成熟衰老产生促进作用，在 $0.1mg/g$ 以上时，就可刺激果实呼吸作用，促进果实成熟，还可使跃变型果实的呼吸高峰提前，促进衰老。蒸腾失水使细胞膨压降低，果蔬组织萎蔫皱缩，光泽消退，质地疲软，这些都是果蔬失鲜的表现，失鲜是蒸腾作用对果蔬采后造成的质量方面的影响。果实一般失水率达到 5% 时，表皮就明显地出现萎蔫状态。另外，蒸腾失水使细胞液浓度增高，其中有些溶质和离子如 H^+ 和 NH_4^+ 等的浓度可能增高到有害的程度，这就会引起细胞中毒。原生质脱水还能引起一些水解酶的活性加强，加速水解作用和糖酵解，引起氧化磷酸化解偶联，刺激呼吸和加速衰老过程。蒸腾萎蔫引起的正常代谢作用被破坏，水解过程加强，以及由于细胞膨压降低而造成结构性改变等，显然都会影响果品蔬菜的耐贮性和抗病性。一些研究指出，植物组织脱水还会引起脱落酸含量急剧增多，脱落酸使植物停止生长，加速器官衰老脱落；过渡失水还可刺激果蔬释放乙烯，促进叶绿素体解体。

耐贮藏品种的选育就是选择采后呼吸强度较弱、产乙烯量较少、蒸腾作用较弱、果实本身组分比较耐贮的品种。另外，现在还可以利用基因工程技术改变果蔬的耐贮性——即用基因工程技术改变产品的遗传性状，从而达到延长产品的保质期、货架期等目的。

第三节　生物保鲜技术的研究与应用

目前生物保鲜技术相关的研究一般都遵循下列方法和步骤，但具体到每一种保鲜技术上又会有所不同。

① 选取合适的样品进行保鲜手段处理，同时将一部分样品不进行保鲜处理或用其他保鲜手段进行处理以作为对照。

② 将处理样品组及对照组放在一定的条件下贮藏（贮藏条件要尽量跟生产实践中的应用实况相一致）。

③ 定期选取样品和对照进行新鲜程度、代谢率及污染程度等的检测。对新鲜果蔬，一般是检测果蔬的失重率、失水率、呼吸强度、主要营养素指标的下降程度、感官指标、染菌状况等；对于非活体的加工类食品，一般考查食品的染菌状况。测食品含菌量有多种方法，目前已经有了价格适中、测量数据比较可靠的专门用于测量食品含菌量的国产仪器，15～30min 即可出结果。

④ 根据保鲜需求和以往的保鲜经验资料评价保鲜效果。

⑤ 验证结果的可重复性。

⑥ 大规模生产应用。

一、次生代谢物保鲜作用的研究与应用

一般来说，对次生代谢物保鲜作用的研究与应用的步骤为：

选择菌种→发酵→抽滤获得无菌发酵液→利用发酵液处理待保鲜食品→对保鲜效果进行研究和考察→确定合适的保鲜液配方和用量→重复实验验证结果的准确性和可重复性→大规模生产应用。

利用菌体次生代谢物进行保鲜目前还处在研究阶段，目前市场上没有商品出售。以下为目前已开展的一些应用研究。

1. 木霉发酵液

在国外有一些利用木霉对果蔬进行防病保鲜的报道，例如美国、法国和英国利用多孢木霉对洋梨、蘑菇和苹果进行防病保鲜。我国已有一些应用木霉对茉莉花等进行保鲜的研究报道，赖健、张渭等人研究了木霉发酵液对茄子的保鲜作用。经哈茨木霉发酵液处理的茄子果实，在贮藏温度为 20～25℃的条件下贮藏 20d 后，果实仍然新鲜如初。

（1）制取木霉发酵液　采用 PDA 液体培养基在无菌条件下接种木霉，然后振荡通气培养，设 12h、24h、48h 三个培养时间，培养结束时可分别进行无菌抽滤，所得发酵液的依次编号为 A、B、C。

（2）样品处理　设 a、b、c、d、e、f 共六组处理样品和 CK1、CK2 两个对照处理组。各处理均在果实采收当天进行。a、b、c 组分别将果实在发酵液 A、B、C 中浸 8～10s，取出晾干后，以 100 个果实为一袋装入聚乙烯袋中，扎紧袋口，置于果箱中入库贮藏；d、e 和 f 除不套聚乙烯袋外，其他处理方法与 a、b、c 相同；对照 1（即 CK1）是将果实以 100 个为一组直接装入果箱中入库贮藏；对照 2（即 CK2）是将果实以 100 个为一组套上聚乙烯薄膜袋，扎紧袋口后装入果箱入库贮藏。实验设 3 次重复。贮藏库内的温度为 20～25℃，相对湿度为 90%～94%。

（3）贮藏期管理　在果实入贮的当天用静置法测定果实的呼吸强度，以后每隔 3d 用同法检测果实的呼吸强度。另外，分别在果实入贮和终贮时，用裴林试剂直接滴定法测定果实的含糖量。

（4）贮藏效果　经 20d 贮藏后的结果表明，用木霉发酵液处理的果实（即处理组 a、b、c、d、e、f），贮藏结束时好果率达到 87%～95%，腐烂率仅 1%～8%，脱把率仅 1%～6%；其中 a、b、c 贮藏结束时手感果实的弹性还很好，果实内部的种子色泽仍为嫩白色，商品价值好。而两个对照（CK1 和 CK2）的好果率仅有 20%～65%，腐烂率则高达 21%～80%，脱把率高达 8%～80%，贮藏结束时剩下的未发病果实已变得较软（CK1）或软如棉絮（CK2），已基本或全部失去了商品价值。结果表明哈茨木霉发酵液对采后紫长茄的保鲜效果比较好，结合使用塑料薄膜袋、涂膜处理等可减少果实水分损失，能达到更理想的保鲜效果。

木霉菌广泛分布于世界各地，无处不有，常可以在完全腐熟的有机质中分离到。但每一种木霉菌的应用大多只能防治某一种病害，这使得木霉菌的应用范围受到限制，所以还需不断深入研究。

2. 生物保鲜液 fb-313 的应用研究

张福星等人用多种微生物菌种发酵提取液混合制成生物保鲜液 fb-313，在常（室）温的条件中对草莓进行了保鲜研究。结果表明，该保鲜剂较明显地抑制了草莓灰霉病等病菌的侵染，能减少草莓果实表面失水，从而达到保鲜的目的；fb-313 还有一定的缓解草莓果实有机酸、还原糖分解的作用，使草莓 pH 上升速度变慢。

生物保鲜液 fb-313 是从真菌与放线菌等多种微生物菌种发酵液中提炼萃取的混合液，具体成分组成不明确，同时配合使用的还有"强化剂"，具体成分也不明确。

用生物保鲜液 fb-313 稀释液（添加"强化剂"或不添加）对荔枝果实进行浸醮（1～2min），然后风干，之后放入长方形泡沫敞开的塑料盒内（内径长×宽：16.5cm×10.5cm），在常温 30℃±5℃下贮藏保鲜。一组在塑料盒上盖全封闭塑料保鲜膜；另一组在塑料盒上盖有通气孔的塑料保鲜膜，通气孔面积占塑料膜总表面积 10%，即膜上有半径约 0.3cm 的通气孔 6 个，供荔枝自身呼吸透气之用，前一组 2 次重复，后一组 4 次重复，并设置一些对照。

荔枝品质采用称重法检测：测荔枝果汁 pH（采用电极法），测失重（水）率，记录观察与考查感观品质各种指标及荔枝外壳感染真菌和其他致病菌等。

实验结果表明，室内相对湿度在 80% 左右，气温为 30℃±5℃时，盖有带通气孔的塑料保鲜膜、浸醮添加"强化剂"的合适浓度的 fb-313 保鲜液的保鲜效果最好（荔枝果实外壳呈鲜艳红色），可达 6d；商品保鲜可食性效果在 9d 左右；大于或等于 15d 时，虽 50% 荔枝果实外壳呈褐色，未见感染病斑，但荔枝果实内肉质开始溢汁或少量干缩，并有异味，一般不宜食用。

另外，实验也证实，荔枝果实外壳被生物保鲜液（膜）浸醮风干后，必须盛放在塑盒内（上面塑封保鲜薄膜，膜上需有 10% 以上的通气孔隙面积）才有明显效果，若采用全封闭不通气保鲜薄膜覆盖塑盒则无效（低温保鲜盛放除外），相应的实验组第 3 天开始感病，第 4 天白毛真菌开始在荔枝外壳上繁殖。

二、多糖类物质保鲜作用的研究及应用

一般是将一定浓度的多糖类物质溶液喷洒在果蔬表面或将果蔬在溶液中浸渍，然后风干，使形成一层薄膜。在实际研究和应用中往往将多糖处理和其他的处理手段结合应用，效果会更好。目前开展应用研究较多的主要有壳聚糖（NOCC）和普鲁兰多糖、凝胶多糖等。

（一）壳聚糖

1. 壳聚糖的性质及保鲜机理

　　壳聚糖是以存在于虾、蟹、昆虫等节肢动物的外壳及真菌、藻类等一些低等植物的细胞壁中的甲壳素为原料，经脱乙酰处理所得到的含氮多糖类物质，化学结构与纤维素相似，是黏多糖类之一，其分子式 $C_{30}H_{50}N_4O_{19}$，分子量为 770.73，化学名称为 (1→4)-2-氨基-2-脱氧-β-D-葡聚糖，又称为脱乙酰甲壳质、可溶性甲壳素、几丁质等。

　　纯品的 NOCC 为白色或灰白色，略有珍珠光泽，为半透明状固体，不溶解于水和碱性溶液，可溶于大多数稀酸，如盐酸、乙酸、苯甲酸等，但在酸中会缓慢水解，使溶液的黏度降低。壳聚糖具有良好的成膜性，通过涂抹、浸渍或喷雾将壳聚糖涂敷在食品表面，即可形成一层无色透明的薄膜，这不仅会改善食品的外观，而且由于此膜具有半透性，对食品具有良好的保鲜作用。对鲜果蔬此膜可起到微气调的作用，使果蔬内氧气的浓度降低，而二氧化碳的浓度提高，从而可抑制果蔬的呼吸作用，延缓果蔬后熟。对富含脂肪的食品，此膜可将食品和空气隔离，从而可延缓脂肪的氧化酸败。另外，由于壳聚糖比甲壳质的氨基含量高，一般可以达到 70%，壳聚糖分子中还含有大量的羟基，因此它是一种天然的高分子配合剂，这种特殊结构使其能较好地结合许多重金属离子生成稳定的配合物。因此将壳聚糖添加到食品中，可通过其与对脂肪氧化酸败有促进作用的铁、铜等金属离子配合、固定，延缓脂肪的自动氧化酸败。此膜对水蒸气也有良好的阻隔性，在食品表面可阻止水分蒸发，延缓萎蔫；对面包可延缓因水分蒸发引起的老化和硬化，保持柔软，对含水量低的食品，可防止食品吸潮变质。

　　壳聚糖还具有良好的抑杀菌作用。据报道，壳聚糖对腐败菌、致病菌均有一定的抑制作用。如浓度为 0.4% 的壳聚糖对大肠杆菌、枯草杆菌、金黄色葡萄球菌均具有较强的抑制作用。又如，1% NOCC-2% 乙酸混合液，对乳酸杆菌、葡萄球菌、微球菌、肠球菌、梭状芽孢杆菌、肠杆菌、霉菌、酵母菌等腐败菌及金黄色葡萄球菌、鼠伤寒沙门菌、李斯特单核增生菌等致病菌均有抑制作用，且抑菌效果明显优于单纯 2% 乙酸。此外，壳聚糖能抑制草莓果实上的灰霉病菌、软腐病菌的孢子萌发，并能诱导其形态变化。因此，壳聚糖用于食品可以起到防腐作用，将其涂敷在食品表面，可防止环境微生物对食品的浸染，将其添加到食品内，可以抑制或杀死食品中的微生物。

　　壳聚糖无味、无毒、无害、无污染，故可用于食品。研究表明，它还能减少胃酸，抑制溃疡，能选择性地凝集白血病 L1210 细胞，而对正常的红细胞、骨髓细胞无影响，能阻止消化系统对甘油三酯、胆固醇及其他醇的吸收，并促使这些物质从体内排出。壳聚糖还是支持婴儿肠道生长双歧乳杆菌必需的生长促进素。壳聚糖水解生成的 D-葡氨糖在体内对某些恶性肿瘤有毒性，但对正常组织几乎没影响。因此，将壳聚糖作为食品保鲜剂，不仅对人体无害，反而有益。作为添加剂加到食品中，不仅可以提高食品的耐贮性，而且可以生产出保健食品。此外，壳聚糖可被生物完全降解，不造成二次污染。

　　2. 壳聚糖在果蔬保鲜方面的应用

　　将 0.7%～2% 的 NOCC 溶液喷洒在果蔬表面或将果蔬在其中浸一下，即可在果实表面形成一层薄膜，这层膜能保持在果实表面，阻止果实吸收氧气和阻止二氧化碳排出，从而延缓果实熟化，达到保鲜的目的，其保鲜期可达 3 个月以上。不同浓度的羧甲基壳聚糖涂膜液其黏度不同，对果蔬的保鲜效果也不同。浓度太低时形成的膜很薄，对草莓体内与体外的气体交换阻力就小，导致体内氧气浓度较高，保鲜效果下降；当浓度太高时形成的膜较厚，体内氧气浓度太低，不能满足低限度的有氧呼吸，保鲜效果也会下降；只有当浓度适中时所形成的膜厚度适宜，果实才能进行缓慢且正常地有氧呼吸，同时这层厚度适中的膜还可以阻碍水分蒸发和病菌侵入，延长贮藏寿命，达到保鲜目的。研究还发现将壳聚糖与其他防腐保鲜物质组合使用，配成溶液涂膜，抑制果实后熟，减少糖分和其他营养物质损失的效果更好。

（1）单独应用壳聚糖进行的保鲜研究

① 对橘橙类保鲜。a. 用2%NOCC处理温州蜜橘，在普通常温库（-1～21℃）贮藏3个月，果实总损耗为21.3%，其中烂耗7.15%，干耗14.15%，比未进行保鲜处理的对照组低15.01和9.23个百分点。其贮藏前期烂耗与用PE（聚乙烯）袋单果包装贮藏相似，但后者在贮藏温度低于0℃时，会发生严重的水肿病害（一种生理病害），而用NOCC处理的果实在0℃左右保持3～4d，不会发生水肿病害。此外，用NOCC还可降低因呼吸作用造成的糖、有机酸等营养成分的减少。b. 用4%壳聚糖处理红橙，常温贮藏81d，果实腐烂率仅为0.65%，且果实新鲜饱满，光泽良好。而未进行处理的对照组果实腐烂率达3.71%，且果皮暗淡，萎蔫。与对照相比，用4%壳聚糖处理的果实维生素C的含量约高9.6mg/100g，总糖、还原糖和总酸含量也均略高些。此外，壳聚糖对红橙干疤发生的防止也具有很好的效果；经4%壳聚糖处理的果实的呼吸强度较对照组低2倍多。

② 对番茄的保鲜。分别用浓度为1%、2%的NOCC溶液和去离子水（对照）浸渍番茄果实，然后在20℃、相对湿度95%的条件下贮藏4周，结果表明，NOCC能显著地延缓果实后熟，贮藏20d后，果色指数分别为3.3（转红）、4.3（2/3粉红）和5.6（红色），NOCC能显著降低番茄的腐烂率，经4周贮藏后，真菌感染率分别为9%、3%和28%。

③ 对猕猴桃的保鲜。将猕猴桃分别在NOCC溶液中浸渍30s，取出后在通风处晾干，次日上午用聚乙烯袋包装后，再装入瓦楞纸箱。对照组不做任何处理，还有一组将猕猴桃与包好的固体高锰酸钾和人造沸石一道装入聚乙烯袋密封。将上述样品在室温下贮藏。结果发现，不作任何处理的猕猴桃只能贮藏10～13d，装有高锰酸钾的可贮藏30d左右，而用NOCC处理的贮藏期可达70d或80d以上。用NOCC处理的猕猴桃不仅贮藏期长，而且失重少，营养成分损失少，外观饱满、有光泽、感官品质好。

④ 对苹果的保鲜。将金帅苹果采摘后在0℃条件下预冷2d后，分别在NOCC浓度为0（对照）、1%～2.5%的溶液中浸渍10s，然后在20℃的空气中晾干2h，再装入不封口的纸袋中，在0℃相对湿度90%的条件下贮藏。同时，将预冷后的部分苹果在1.5%氧气+1.5%二氧化碳、0℃、相对湿度94%的条件下进行气调贮藏。结果发现，经5～6个月贮藏后，苹果硬度和可滴定酸度以气调贮藏最高，NOCC的处理次之，对照最低。贮后的果实经7d货架期（20℃、空气）后，NOCC处理的较对照仍有更高的硬度和可滴定酸度。

⑤ 对草莓的保鲜。将分别用浓度为1.0%和1.5%的NOCC溶液、杀菌剂Rovral（商品名）及不含NOCC的溶液处理后的草莓，在13℃、相对湿度95%的通风条件下贮

藏，结果发现，草莓腐烂率：贮藏 21d 时，分别为 11%、10%、13% 和 52%；贮藏 29d 时，分别为 20%、19%、33% 和 82.5%。由此可见，NOCC 对草莓具有明显的防腐效果，且在一定范围内浓度越高，防腐效果越显著。杀菌剂 Rovral 虽与 NOCC 防腐效果相近，但结果表示，Rovral 对果实硬度的下降和三羧酸含量下降无效，且会促进果实后熟。而 NOCC 能抑制草莓果实中花色素苷的合成，具有延缓果实转色（即成熟、衰老）和改善外观的作用。

⑥ 对韭薹的保鲜。采用 1.0% 和 1.5% 的壳聚糖溶液对韭薹进行处理，可显著降低贮藏过程中的失水、开苞、叶绿素减少及纤维化的现象。

（2）壳聚糖与其他防腐保鲜物质共用

① 壳聚糖和防腐剂共用对芒果的保鲜。研究结果表明采用涂膜配方为壳聚糖 1.5% 加 0.10% 防腐剂（pH5.45）时保鲜效果很好，使硬度值提高了 13.7%，且芒果硬度值在保藏 20d 内变化趋于平缓。硬度是衡量采后果蔬软化的主要指标之一，直接影响到果蔬贮藏的时间长短。

② 壳聚糖与表面活性剂 Tween80 共用对青椒和黄瓜的保鲜。将 NOCC 用 0.5mol/L HCl 稀释后，用 NaOH 将 pH 调至 5.4，再加入 0.1% 表面活性剂 Tween80，调制成涂膜保鲜液。将用亚硫酸钠消毒后的黄瓜和青椒在此液中浸渍后，取出晾干。然后在 13℃ 或 20℃、相对湿度 85% 的条件下贮藏。结果发现，贮藏 13d 后，保鲜液 NOCC 的浓度（1.0%～1.5%）越高，处理后失重越少。该保鲜液对果实的呼吸作用抑制效果显著，且在一定范围内 NOCC 浓度越高，抑制程度越高。用 NOCC 处理的果实贮后感官质量良好，枯萎率、发皱率远远小于对照，颜色也明显优于对照。

③ 壳聚糖、氯化锂、苯甲酸钠共用对柑橘的保鲜。以 2.0g 壳聚糖、0.5g 氯化锂、0.05g 苯甲酸钠、15mL 10% 乙酸用水定容到 100mL 制成涂抹保鲜液（相当于将 2% 壳聚糖和其他保鲜剂联合使用），均匀涂于柑橘表面，或将柑橘浸于此液中 30s 左右，在室温下自然晾干。结果使贮藏过程中的维生素 C、有机酸和糖的损失均降低，贮藏一个月的柑橘的糖/酸值比对照低约 1 倍，且产品风味较浓。

④ 壳聚糖、纳米 SiO_x 及单甘酯共用对黄瓜的保鲜。采用壳聚糖、纳米 SiO_x 及单甘酯作为复合涂膜剂，用正交实验优化过的涂膜配方（壳聚糖 1%、纳米 SiO_x1.5%、单甘酯 0.4%）对黄瓜进行涂膜处理，可有效延长黄瓜的货架保藏期。添加纳米 SiO_x 有助于提高壳聚糖复合膜的拉伸强度、断裂伸长率和直角撕裂强度，其中拉伸强度可提高 72%，断裂伸长率提高 14%，直角撕裂强度提高了 82%，可在一定程度上防止果蔬的物理伤害。单甘酯是一种优质高效的乳化剂，有助于纳米级 SiO_x 在壳聚糖复合膜中的分散，本实验在复合涂膜中添加单甘酯，可使纳米 SiO_x 在壳聚糖溶液中均匀分散，进一步提高膜的抗菌性能，也使膜的保水性、透明度有所改善，并可减少果蔬的有氧呼吸作用，起到良好的保鲜作用，使黄瓜的保鲜期由 2～3d 延长至 12～14d，且无腐烂现象。

（二）普鲁兰多糖

1. 普鲁兰多糖的性质

普鲁兰多糖是无色、无味、无臭的高分子物质，具有透明、无毒、可食、安全、硬度强、表面摩擦系数小、耐热、耐油、耐盐、耐酸碱、黏度低、可塑性强、成膜性好、弹性强、延伸率低等特点。普鲁兰多糖可直接制成薄膜，或在物体表面涂抹或喷雾涂层也可成为紧贴物体的薄膜，薄膜最特殊的性质是比其他高分子薄膜的透气性能低，氧气、氮气、二氧化碳等几乎完全不能通过，薄膜还具有较大的透湿性。质量浓度为5%的普鲁兰多糖和5%的甘油形成的膜具有较高的阻气性和拉伸强度。国外已进行多年的研究，日本已工业化生产，年销售量超过万吨。我国从20世纪80年代开始，许多科研院所、大专院校进行了研究，分别在菌种诱变、选育、发酵培养基的优化、发酵过程中黑色素的抑制及普鲁兰多糖的应用上作了大量的工作，多糖的原料转化率已超过30%。

2. 普鲁兰多糖在食品保鲜上的应用

(1) 在农产品保鲜上的应用　普鲁兰多糖可广泛应用于水果、蔬菜、鸡蛋等农产品保鲜。许时婴等承担了国家轻工业局科技发展项目"苗霉多糖在食品保鲜和保藏中应用技术的开发"，经鉴定已达到国际先进水平；马海容等用不同分子量的普鲁兰多糖进行苹果保鲜实验，结果为：不同分子量的普鲁兰多糖都有较好的保水作用，尤其以高分子量的普鲁兰多糖效果更好；用分子量20万的普鲁兰多糖处理苹果，2个月后保水率为99%，4个月后保水率为98.7%。进行鸡蛋涂膜实验后结果为：用普鲁兰多糖或其衍生物涂层单独使用或混合其他物质使用效果都很好。分子量约30万、质量浓度为1%的普鲁兰溶液在40℃浸渍产出后10h的鸡蛋30min，在30℃的流动空气中干燥，在25℃放置7d，蛋黄质量分数自18.5%降到13.8%，蛋白质质量分数自5.62%降到3.05%，不处理的对照组降到0和0.23%。

(2) 在海产品保鲜上的应用　烟台大学王长海等以新鲜的海产品鲳鱼、黄花鱼、扇贝为原料，用质量分数为2%的普鲁兰多糖溶液处理后放入冷库冰冻保存。经过7个月贮存发现，处理后的海产品新鲜度保持良好状态，而未处理的产品新鲜度明显下降。

(三) 魔芋多糖

魔芋多糖是水溶性大分子物质，一定浓度的魔芋多糖在果蔬表面形成一层透明的膜，具有防止草莓水分丧失、保持草莓营养成分、防止微生物侵染的作用。目前多用的为魔芋葡甘聚糖（KGM）。

KGM在草莓、龙眼和荔枝上的使用研究证明效果很好。KGM用量0.5%～1%。一般将魔芋多糖与其他物质配合使用，比如添加抗氧化剂、稳定剂、增稠剂、乳化剂等，先将这些物质溶于一定量的蒸馏水中，充分搅拌、溶解、混匀后，再加入一定量的KGM，置于磁力搅拌器上搅拌成混匀黏稠状的液体，用时将该黏稠液体涂抹于果蔬上，晾干后贮藏。如与其他保鲜手段结合使用效果更好。

三、抗菌肽保鲜作用的研究和具体应用

抗菌肽种类很多，目前在食品保鲜方面应用较多、技术比较成熟的是乳链菌肽（Nisin）。乳链菌肽是由34个氨基酸残基组成的小肽，分子量约为3.15kD。它的半致死剂量 LD_{50} 约为7.0g/kg体重，与普通食盐相近。乳链菌肽分子含有5个硫醚键形成的分子内环，其中一个称为羊毛硫氨酸，其他4个是 β-甲基羊毛硫氨酸。由于它的独特结

构，Nisin 的有效 pH 范围为 3.5～8.0，一般而言，在较低的 pH 下，乳链菌肽的分子更稳定，而在中性和碱性条件下容易失活。在 pH 低于 2 时，可经 115.6℃高压灭菌而不失活；pH3.0 经 121℃灭菌 15min，活性依然无损；pH5.0 时灭菌可 40％失活；pH6.8 时灭菌可 90％失活。因此，乳链菌肽的使用对保鲜食品的 pH 有要求，即一般要求酸性条件。保鲜食品中如果使环境碱性化的微生物大量产生，也会使乳链菌肽失活。所以在使用乳链菌肽的时候，最好进行保鲜实验，或者与其他保鲜剂配合使用。乳链菌肽对许多革兰阳性菌，包括葡萄球菌、链球菌、微球菌、分枝杆菌、棒杆菌、李斯特菌、乳杆菌、芽孢杆菌等有很强抑制作用，因而广泛用于乳制品、罐装食品、植物蛋白食品、乙醇饮料和肉制品的防腐保鲜。

乳链菌肽是一种高效、无毒的天然食品防腐剂。我国于 1990 年开始批准使用。按国际规定，罐装食品、植物蛋白食品最大使用量为 0.2g/kg。乳制品、肉制品最大使用量为 0.5g/kg（使用剂量一般为 50～150mg/kg），一般参考用量为 0.1～0.2g/kg。在实际应用中，应考虑食品加工中的损失。

1. 乳链菌肽对新泉豆腐的保鲜应用

应用地域：闽西连城。处理对象：新泉豆腐（大小规格为：6.25cm×6.25cm×2.7cm）。处理剂活性为 1×1 000 000IU/g。

（1）处理方法 点脑时，Nisin 按实验设计采用不同添加量和石膏一并用适量冷浆溶解，盛于点脑盆中，缓缓滴入热浆中，混匀。待豆腐成型，再将其浸泡于按实验设计调配的不同 Nisin 浓度和不同 pH 的水溶液中 1h 即可。设置对照（CK1、CK2 组）：点脑时不加 Nisin，产品于清水中浸泡 1h 后，CK1 室温（20～25℃）放置、CK2 冷藏（4～7℃）。

（2）结果 在豆腐加工时加入 1.0g/kg 的 Nisin，产品在 Nisin 浓度 1.0％、pH6.0 的水溶液中浸泡，可使豆腐达到良好的保鲜效果，室温下存放 2d 或 4～7℃冷藏 7d，风味正常，不出水。如与其他防腐剂共用，效果将更好。

2. 乳链菌肽在扒鸡中的防腐应用

应用地域：山东。处理对象：扒鸡。处理剂活性为 1×1 000 000IU/g。

（1）处理方法 活鸡宰后去毛，剖腹清洗晾干，喷蜜后油炸，再放入汤料中煮制（汤料中事先添加 0.1％Nisin），捞出沥干冷却，铝箔袋真空包装，灭菌，冷却，进行杀菌处理（30～40min）。

（2）结果 据工厂实践证明，经 37℃保温 6～7d，如未出现败坏的产品，即有一年以上的保质期。该方法处理的样品经 37℃保温 4d，未出现任何败坏现象；保温 14d 后还有一只完好（此时离出厂期实际为 8d 和 18d）。故可以证明，本实验的结果完全可以达到企业提出的要求：105℃杀菌，半年以上的保质期。软包装扒鸡从原杀菌温度 121℃可以降为 105℃，保质期可以达到半年以上，口感与手工操作的散装扒鸡接近，这符合生产企业的要求，并被消费者认可。由于 Nisin 的应用，使我国的低温肉制品得以开发成功，并已投放市场。

3. Nisin 对羊肉的保鲜应用

鲜羊肉的品质受很多条件的影响，其中微生物的生长繁殖与鲜肉的品质有极为密切的关系。原料初始菌数量多，羊肉品质差，对肉制品货架期有严重影响。

(1) 处理对象　活羊宰杀，0～4℃下排酸处理 5d，取瘦肉分割为 100g 左右的小块。

(2) 处理方法　将 100g 肉块放于保鲜液（Nisin 0.08%，茶多酚 0.42%，乳酸菌发酵液 10.8%）中浸 30s，真空包装，真空度为 85～86kPa，抽空 2min，95℃热封 5s；设置对照一组，用无菌清水浸泡，其他处理与上同。

(3) 评价　4℃下贮存，第二天及每隔 7d 测定细菌总数和挥发性盐基氮含量。

(4) 结果　对照在贮藏 14d 时，每克样品中细菌总数的对数值为 6.1，肉未腐败；在第 21d 时，每克样品中细菌总数的对数值达 8.4，肉腐败。保鲜处理的肉在第 21d 时每克样品中细菌总数的对数值为 5.5，肉未腐败；至 28d 时，每克样品中细菌总数的对数值达 8.0，肉腐败，细菌增殖速度慢于对照组。肉的腐败变质主要是细菌繁殖及酶作用的结果。国家卫生标准规定：当肉的 TVB-N（挥发性盐基氮）值大于 25mg/100g，细菌总数大于 10^8 个/g 时，为腐败肉。实验测得对照组保鲜期为 14d，经保鲜液处理的保鲜期为 24d。

四、生物酶保鲜作用的研究及应用

在食品保鲜中抗氧化作用是关键，氧的存在会使脂肪性食品中的脂肪氧化而产生恶臭及醛、酮酸等不良气味物质，脂肪的营养价值也因此下降；其他营养物质及风味物质也会因氧化而降解或发生不良变化，导致食品营养价值和风味品质下降，所以除氧及抗氧化是许多食品保鲜的必要条件。葡萄糖氧化酶具有非常专一性的抗氧作用，由于其天然、无毒、无副作用，目前已在食品和饮料工业中广泛应用。

细胞壁溶解酶能对有害微生物的细胞壁产生破坏作用，从而抑制微生物的生长。

彭穗等采用复合生物酶与 Nisin 对辣椒在常温下的生物保鲜工艺进行了研究。结果表明，随着复合生物酶与 Nisin 增加，酸含量和氨基酸含量都减少，pH 相对增加，能有效抑制辣椒的发酵，延长辣椒保质期。

五、微生物菌体保鲜的研究及应用

研究发现，许多酵母菌、丝状真菌与细菌可作为苹果、梨与柑橘等果实上的多种真菌病原微生物的竞争性抑制剂。通过提高采收时拮抗性微生物的浓度，可以很好地控制贮藏期间苹果的青霉与灰霉病以及柑橘的青霉病。目前，已经筛选出两种对果实采后病原菌微生物具有广谱活性的、不产生抗生素的酵母菌。拮抗性微生物只有直接接触到了有害微生物占据的空间才能起到真正的抑菌作用。

直接利用微生物菌体进行保鲜，就要获得大量的菌体，然后加以利用，所以一般也要首先选取菌种进行发酵，步骤与利用次生代谢物的大致相同，不过发酵条件有所不同，最后的处理以获得菌体为目的。

选择菌种→发酵→获得大量菌体→处理待保鲜食品→对保鲜效果进行研究和考察→确定合适的保鲜液配方和用量→重复实验验证结果的准确性和可重复性→大规模生产应用。

刘绍军等人用啤酒酵母菌对草莓进行了保鲜研究。结果啤酒酵母菌对草莓的后熟起到了推迟作用，从而减轻草莓腐烂程度。研究人员从葡萄表面分离到一株链霉菌 H2 用于新疆甜瓜的防腐保鲜。在绿茶中掺入嫌气性蜡样芽孢杆菌，经低温处理可对茶叶保鲜。国外对一种有益真菌 *Trichoderma harzanium* 进行了新西兰猕猴桃的防霉研究，效果很好。

天然微生物拮抗剂可以控制导致严重果实采后病害的病原菌，基于拮抗剂对普通杀菌剂敏感性的研究结果，未来微生物拮抗剂研究的目标应是采用综合途径，即拮抗剂与低剂量选择性杀菌剂配合贮藏条件的调控，这将比单一应用拮抗剂更能有效控制采后腐烂。

六、生物提取物保鲜作用的研究及应用

生物提取物在食品保鲜技术方面有很多的应用，也是一种很有前途的生物保鲜方法。

赵英等人研究了蜂胶生物保鲜剂对鲜人参的保鲜作用。林桂芸等发现大蒜汁、姜汁、洋葱汁所含的天然抗菌素抑菌效果明显，尤其是大蒜汁，其抗真菌强度与化学防腐剂苯甲酸钠和山梨酸相当，主要是其中的蒜辣素和蒜氨酸有良好的杀菌、抑菌作用。植酸是一种天然无毒的抗氧化剂，可延缓果实中维生素的降解，保持果实中可溶性固形物和酸的含量。章一平等用质量分数为 $0.1\%\sim0.15\%$ 的植酸溶液浸泡草莓，可以延缓草莓维生素 C 的降解，保持果实中可溶性固形物（SSC）和可滴定酸（TA）含量。另外，研究还发现八角、丁香、肉桂、小茴香、肉豆蔻等香辛料的天然有效成分提取物可抑制草莓果实表面黑根霉的生长，在 4℃贮存 9d 之后，加有这种天然有效成分提取物组的烂果率仅 15% 左右，而没加的空白组烂果率达到一半以上。

值得一提的是有人从海洋贝类壳中提取出一种天然保鲜剂 OP-Ca，它的保鲜效果也比较好。目前已经对它的特性进行了一些研究：①OP-Ca 保鲜剂对多种革兰阴性菌和革兰阳性菌及酵母、霉菌均具有较好的抑制作用，但对青霉和嗜酸乳杆菌无抑制作用；②OP-Ca 保鲜剂的抑菌效果在中性和偏碱性条件下比较理想，在酸性条件下稍弱；③OP-Ca 保鲜剂具有一定的热稳定性，可以与食品热处理并用，以提高加工食品的保存性。从它的特性来看，只要应用成本不高，在食品保鲜方面应该有一定的应用前景。

目前这方面的研究进行得很多，涉及的生物物质提取物除了上面提到的还有红茶菌液、植物油提取物、莲叶提取物、茶多酚等。

七、耐贮品种选育方面的研究现状

现在国内外都有许多专家在进行广泛的种植资源调查，或者通过杂交等手段培育或选育更耐贮藏的品种。而利用基因工程技术改变果蔬的耐贮性方面，一般的思路是进行农产品完熟相关基因、衰老调控基因以及抗病基因、抗褐变基因和抗冷抗冻基因等的转导、转化等研究，从而从基因工程角度解决产品的保鲜问题。

1. 细胞壁降解酶相关的研究

果实的软化及货架寿命与细胞壁降解酶的活性，尤其与多聚半乳糖醛酸酶和纤维素酶的活性密切相关，也受果胶降解酶活性的影响。目前，通过对果实细胞壁软化机制及抗软化基因转导研究，美国的科学家已经研究并阐明了编码细胞壁水解酶，如 PG 酶（多聚半乳糖醛酸酶）与纤维素酶的基因的表达，这些酶在调节细胞壁的结构方面发挥

重要的作用。抑制这些酶的作用，就可以抑制果实软化，提高果实的耐贮运性。美国在番茄上进行了多聚半乳糖醛酸酶相关的研究。番茄果实成熟时，即开始自身合成多聚半乳糖醛酸酶，该酶分解细胞壁的有效成分，使番茄软化，从而给番茄的运输和贮藏带来不利。美国的科学家将 PG 基因的反义基因导入番茄，使 PG 酶基因产生的 mRNA 与反义 RNA 结合而不能编码正常的 PG 酶，番茄成熟变软的问题也就迎刃而解了。Calgene 公司 1989 年获得了 PG 基因及其使用的专利，自 1988 年起，开始进行转基因番茄大田试验。这种动过遗传"手术"的番茄被定名为"Flaur Saur"，果实成熟时可正常转红，但不变软。为了"反义番茄"商品化，该公司于 1991 年成立了子公司"Galgene Fresh"。1994 年 5 月 18 日，美国食品和药物管理局正式批准"Flaur Saur"可以上市。

2. 抑制乙烯的生物合成

美国科学家将氨基环丙烷羧酶（ACC）氧化酶（催化 ACC 形成乙烯）的反义基因导入番茄，在纯合的转基因番茄中，乙烯的形成被抑制了 97%，从而延长了果实的贮藏寿命。另一些美国科学家还开创了另一种途径，将假单胞菌的 ACC 脱氨酶（可降解 ACC 形成 α-酮丁酸）基因转入番茄中，该基因在番茄果实中的超表达抑制了 90%～97% 的乙烯产生量，使果实贮藏寿命延长 36 周。利用基因替换技术，有可能培育出阻止果实软化效果更佳或无乙烯产生的品种。

此外，从另外一个途径考虑，可以通过基因工程技术改变食品相关的微生物的遗传性状及功能特性，利用发酵工程技术使其产生具有生物保鲜功效的物质，可用于食品的保鲜。

八、复合应用生物保鲜技术

许多生物保鲜技术尚在研究之中，目前的许多研究都倾向于使用一种以上的保鲜手段，比如应用两种抑菌谱不同的生物保鲜物质，同时应用抑菌物质和防止水分蒸发、并有微气调作用的成膜物质等，或者应用生物保鲜手段与其他传统保鲜手段进行结合，往往效果比单纯使用某一种生物保鲜物质要好得多。

第四节　生物保鲜技术的设计开发前景

随着人们对食品安全的重视程度越来越高，对生物保鲜技术的需要也在增加，研究和开发更多更安全、有效的生物保鲜技术是当务之急。

目前的情况是，在生物保鲜技术方面，我国已经有了许多成功的研究、开发和具体的应用经验。今后的工作集中在三个方面。①继续进行具有较好保鲜作用的生物技术手段的开发。②继续探索和开发具有保鲜效果的生物物质；将已有的生物保鲜物质进行改性，提高其保鲜效果。③探索复合生物保鲜技术，包括不同的生物保鲜技术的联合应用及生物保鲜技术和传统保鲜技术的联合应用，通过有目的的技术手段组合、实验研究，找出更有效更安全的保鲜途径。

生物保鲜技术具有其独特的优点：安全、无毒、大部分生物保鲜物质可生物降解，不会造成环境的污染，是一种理想的环保型的保鲜技术。

目前生物食品保鲜技术在国内外都是研究热点，现在进行的研究多是将两种或多种生物保鲜技术进行联合运用。如英国最近研制成一种可食用的果蔬保鲜剂，它是由蔗糖、淀粉、脂肪酸和聚酯物调配成的半透明乳液，可用喷雾、涂刷或浸渍的方法覆盖于柑橘、苹果、西瓜、香蕉和西红柿、茄子等表面，保鲜期可达 200d 以上。由于这种保鲜剂在水果表面形成了一层密封薄膜，故能阻止氧气进入水果内部，从而延长了水果熟化过程，起到保鲜作用。这种保鲜剂可同水果一起食用。国内这方面的研究成果也层出不穷。相信在不久的未来，生物保鲜技术必将在食品保鲜领域产生更大的经济效益和社会效益。

本章小结

本章主要讲述了食品生物保鲜技术的概念、原理、研究进展及实际应用情况。

食品的保鲜就是采用一定的手段使食品或食材的营养以及色泽、外形、风味、口感等感官指标在加工、运输和贮藏的过程中尽量保持新鲜状态。生物保鲜技术利用生物有机体（主要是微生物）或其成分作为保鲜剂来对食品（或食材）进行处理，或者运用现代生物科学以及生物技术结合其他学科的知识和技术对食品或食材进行处理，以达到质量控制的目的。

有害微生物的作用是导致食品腐烂变质的主要因素。呼吸作用导致新鲜果蔬营养及风味物质的损耗。保鲜的作用就是尽可能减少微生物对食品的伤害以及果蔬由于呼吸作用而造成的损失。

生物食品保鲜技术的保鲜原理与传统保鲜技术的保鲜原理大同小异。如通过在果蔬等表面形成生物膜可以起到微气调的作用、隔离氧气和防止微生物侵染的作用，有些生物膜还具有抑杀菌作用。微生物制剂同有害食品微生物的竞争作用、拮抗作用可以起到抑菌、杀菌的作用；生物酶等一些生物物质的应用可以稳定和保护食品的有效营养成分；另外还可以通过传统选育手段和基因工程手段培育耐贮品种，提高果蔬自身的耐贮性。

一些微生物的次生代谢物具有抑制与杀菌的作用，所以可以用于食品保鲜，目前在这方面的应用研究多是应用混杂了多种次生代谢物的发酵液，而很少有将发酵液的成分分离再进行研究和应用的。多糖类物质可以在果蔬的表面形成一层膜，起到微气调和隔离污染菌的作用。抗菌肽是生物体产生的一类小分子多肽，可帮助生物体抵抗病原，因此可以用来保鲜，目前应用比较多的抗菌肽是乳链菌肽。生物酶是生物催化剂，可以调控生物体内生化反应的进行，从而达到保鲜的目的。一些微生物可以抑制食品有害微生物的生长繁殖，从而可以用于食品保鲜。另外，许多生物提取物因具有良好的抗菌杀菌作用而在食品保鲜方面得到了应用。

食品保鲜技术的研发今后主要通过三种途径：①保鲜生物技术手段的开发；②保鲜生物物质开发；③探索复合生物保鲜技术，包括不同的生物保鲜技术的联合应用及生物保鲜技术与传统保鲜技术的联合应用。

思　考　题

1. 什么是生物保鲜技术？
2. 生物保鲜技术与传统食品保鲜技术的区别和联系都有哪些？
3. 目前生物保鲜技术有哪些种类？应用现状和前景怎样？
4. 多糖类物质的保鲜机理是什么？
5. 基因工程在保鲜方面有哪些应用？

第十章 生物技术在食品分析检测上的应用

学习目标

1. 了解生物传感器的基本概念、原理及其在食品工业中的应用。
2. 掌握生物传感器在食品营养成分分析和有害物质检测方面的应用。

第一节 生物传感器

随着生物技术的发展和计算机的普遍推广，新一代的分析工具——生物传感器（biosensor）的研制与应用取得了很大进展。特别是近十年来，包括酶电极、酶热敏电极、生物芯片、亲和生物传感器、光纤免疫传感器等的开发应用也越来越广泛。在食品工业中，以前需要用气相色谱（GC）、高效液相色谱（HPLC）等高成本仪器的分析设备，现在使用生物传感器不仅能使分析工作快速、高效、低成本和具有高选择性，而且最终实现食品质量的在线控制，给人们带来更加安全、卫生及高质量的食品。生物传感器在食品分析中的应用对象包括食品成分、食品添加剂、有毒有害物及食品新鲜度的测定等。在食品工业的成分分析中，葡萄糖的含量是衡量水果成熟度和贮藏寿命的一个重要指标，已开发的酶电极型生物传感器可用来分析白酒、苹果汁、果酱和蜂蜜中的葡萄糖等；在食品添加剂的分析中，亚硫酸盐通常用作食品工业的漂白剂和防腐剂，采用亚硫酸盐氧化酶为敏感材料制成的电流型二氧化硫酶电极可用于测定食品中的亚硫酸含量。此外，也可应用生物传感器测定色素和乳化剂。

一、概述

1. 生物传感器的概念

生物传感器由敏感元件（或生物元件、分子识别元件）和信号传导转换器组成，应用生物化学和电化学反应原理，将生化反应信号转化为电信号，经过放大及模/数转换，可以测量出被测物质浓度的一种先进测试仪器，这种新型的传感器具有分子水平的识别功能。生物元件有：生物体、组织、细胞、细胞器、细胞膜、酶、感受器、抗体、核酸及单克隆等；传导器的类型有：电流测量式、电导率测量式、光强测量式、热量测量式、声强测量式、机械式、分子电子式等。

2. 生物传感器的基本组成、分类及特点

（1）基本组成 生物传感器一般由分子识别元件、信号转换器件及电子测量仪组成，如图 10-1 所示，其性能主要取决于它的分子识别元件。

分子识别元件是一种薄膜结构，是将酶、抗原、抗体、细胞等具有生物分子识别功能的材料固定化处理后形成的核心部件，能与被测定物质高度选择性地识别与结合。信号转换器是将分子识别元件上进行生化反应的反应物或底物的变化量或反应产生的光、热等的

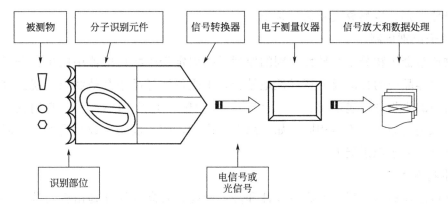

图 10-1 生物传感器的基本构成示意图

强度等捕获后以可遵循的数学关系转换成电信号的元件。根据需要转换的信号不同，所采用的转换器的种类也不同。常用的信号转换器有电化学电极、离子敏场效应晶体管、热敏电阻、微光管、光纤及荧光计等。电子测量仪主要由信号放大装置和测量仪表构成，信号放大装置能将信号转换器产生的电信号进行处理、放大后输出而便于测量仪表的测定。

（2）分类　生物传感器一般可分为以下三类：

① 根据生物传感器中生物分子识别元件上的敏感物质可分为酶传感器、微生物传感器、组织传感器、基因传感器、免疫传感器等；

② 根据生物传感器的信号转换器可分为电化学生物传感器、半导体生物传感器、测热型生物传感器、测光型生物传感器和测声型生物传感器等；

③ 根据传感器输出信号的方式，可以分为催化型生物传感器、亲和型生物传感器和代谢型生物传感器。

（3）生物传感器的特点　生物传感器与传统的分析方法相比具有如下特点：

① 采用固定化生物活性物质作催化剂，价值昂贵的试剂可以重复多次使用，克服了过去酶法分析试剂费用高和化学分析繁琐复杂的缺点；

② 专一性强，只对特定的底物起反应，而且不受颜色、浊度的影响；

③ 分析速度快，可以在一分钟得到结果；

④ 准确度高，一般相对误差可以达到 1%；

⑤ 操作系统比较简单，容易实现自动分析；

⑥ 成本低，在连续使用时，每例测定仅需要几分钱人民币；

⑦ 有的生物传感器能够可靠地指示微生物培养系统内的供氧状况和副产物的产生。

二、生物传感器的基本原理

生物传感器的基本原理是通过被测定分子与固定在生物传感器上的敏感材料发生特异反应产生的热熔变化、离子强度变化、pH 变化、颜色变化以及质量变化等信号，且反应产生的信号的强弱在一定条件下与特异性结合的被测定分子的浓度存在一定的数学关系，这些信号经转换器转变成电信号后被放大测定，从而间接地测定了被测分子的量。但在某些情况下，被测定分子发生生化反应产生的信号太弱，使转换器无法有效工作时，此时需要将反应信号进行生物放大。所以生物传感器工作的过程主要包括生物分子的特异性识别、生物放大及信号转换。

1. 分子识别机制

生物传感器生物分子特异性识别的原理是指固定于生物传感器中的生物分子能选择性地与待测样品中的目的成分特异性地结合，不受待测样品中其他物质干扰。固定于生物传感器中的生物分子包括酶、抗原（抗体）、细胞、组织、DNA等，它们发生生物分子特异性识别的原理也不尽相同。如在酶促反应中，酶与底物形成复合物，此时酶的构象对底物显示分子识别能力。

2. 生物放大

生物传感器的两大特点是高特异性和高灵敏度，其高特异性是由生物分子特异性识别所决定，而它的高灵敏度则主要取决于信号转换器和信号放大装置的性能。生物放大作用是指模拟和利用生物体内的某些生化反应，通过对反应过程中产量大、变化大或易检测物质的分析来间接确定反应中产量小、变化小、不易检测物质的（变化）量的方法。生物传感器常用的生物放大作用有酶催化放大、酶溶出放大、酶级联放大、脂质体技术、聚合酶链式反应和离子通道放大等。

3. 信号转换

固定在生物传感接受器上的生物分子与被测定目标分子完成分子识别后会发生特定的生物化学反应，并伴随有可被转换器捕获的一系列量的变化，如化学变化（含量、离子强度、pH、气体生成）、热熵、光、颜色变化，转换器将这些量变信号捕获后转变成易于测量的电信号。

（1）将化学变化转变成电信号　已研究的大部分生物传感器的工作原理均属于此种类型。以酶传感器为例，酶能催化特定底物发生反应，从而使特定物质的量有所增减，用那些能把这类物质的量的改变转换为电信号的装置和固定化的酶相耦合，即组成酶传感器，常用的这类信号转换装置有 Clark 型氧电极（测定氧气变化）、过氧化氢电极（测定过氧化氢变化）、氢离子电极（测量 pH 变化）、氨敏电极（测量氨气生成量）、二氧化碳电极（测量二氧化碳生成量）以及离子敏场效应晶体管（测定离子强度变化）。除酶以外，用固定化细胞（特别是微生物细胞）、固定化细胞器，同样可以组成相应的传感器，其工作原理和酶传感器相似。生物传感器的这种工作原理，如图 10-2 所示。

（2）将热变化转变成电信号　固定化的生物材料与相应的被测物作用时常伴有热的

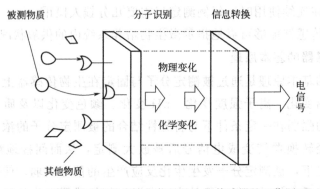

图 10-2　将化学变化转变为电信号的生物传感器的工作原理

变化，例如大多数酶反应的热函变化量 ΔH 在 $25\sim100kJ/mol$ 的范围。目前市售的酶已达 200 种以上，原则上这些酶的底物都可根据酶反应的热效应进行检测，这类生物传感器的工作原理是把反应的热效应借热电阻转换为阻值的变化，后者通过有放大器的电桥输入到记录仪中，见图 10-3 中。

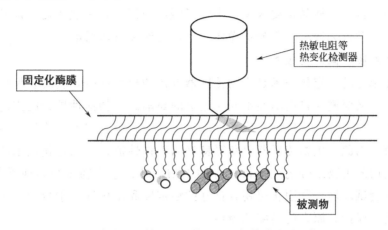

图 10-3　将热变化转变成电信号的生物传感器的工作原理

（3）将光效应转变成电信号　有些酶，例如过氧化氢酶，能催化过氧化氢-鲁米诺体系发光，因此如设法将过氧化氢酶膜附着在光纤或光敏二极管的前端，再与光电流测定装置相连，即可测出过氧化氢的含量。许多酶反应都伴随有过氧化氢的产生，例如葡萄糖氧化酶（GOD）在催化葡萄糖氧化时即产生过氧化氢，如果把 GOD 和过氧化氢酶一起做成复合酶膜，则可利用上述方式测定葡萄糖。此类生物质感器的工作原理见图 10-4。

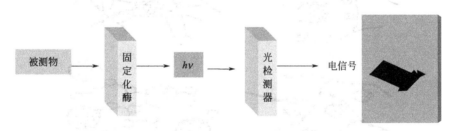

图 10-4　将光效应转变成电信号的生物传感器的工作原理

（4）直接产生电信号　上述三种转换器，都是将分子识别元件中的生物敏感物质与待测物发生化学反应后所产生的化学或物理变化再通过信号转换器转变为电信号进行测量的，这种方式统称为间接测量方式。此外还有一类所谓直接测量方式，这种方式可使酶反应伴随的电子转移、微生物细胞的氧化直接或间接在电极表面上发生，如利用微生物细胞直接或通过电子传递体在铂阳极上的氧化，现已研制成测定菌数的传感器。

第二节　生物传感器敏感膜的成膜技术

一、概述

敏感膜是生物传感器的分子识别元件，是生物传感器中最重要的部分，因此敏感膜的制备在整个生物传感器的制备中占有举足轻重的地位。敏感膜一般是由生物活性物质经固定化后形成，固定化的目的是将酶等生物活性物质限制在一定的空间，但又不妨碍底物的扩散。

生物传感器的敏感膜必须具备六个性质：①可重复使用；②具有分子识别功能，能直接进行底物分析；③样品量要求少；④除了缓冲液以外，一般无需添加其他试剂；⑤对样品的浊度和颜色无要求；⑥分析操作简单，可连续自动测定。

二、活性物质的固定化技术

生物活性单元的固定化技术是生物传感器制作的核心部分，它既要保持生物活性单元的固有特性，又要避免自由活性单元应用上的缺陷。生物活性单元的固定化技术决定着生物传感器的稳定性、灵敏度和选择性等主要性能，也决定着生物传感器是否有研究和应用的价值。因此，生物传感器要获得良好的工作性能，其固定化技术应满足以下条件：①固定化后的生物组分仍能维持良好的生物活性；②生物膜与转换器须紧密接触，且能适应多种测试环境；③固化层要有良好的稳定性和耐用性；④减少生物膜中生物组分的相互作用以保持其原有的高度选择性。

至今已发展了多种生物分子的固定化方法，这些方法可划分为4类：物理或化学吸附法、共价键合法、交联法及包埋法，如图10-5所示。

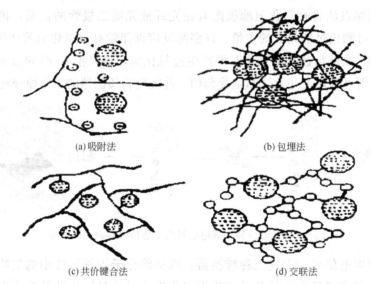

(a) 吸附法　　　　　　　　　　　　(b) 包埋法

(c) 共价键合法　　　　　　　　　　(d) 交联法

图10-5　生物分子的固定化模式

1. 吸附法

吸附法是利用带电荷酶或细胞与带电荷的载体之间的静电相互作用的机制进行细胞固定，可分物理吸附法和离子交换吸附法。物理吸附法主要通过极性键、氢键、疏水力的相互作用将生物组分吸附在不溶性的惰性载体上，常用的载体种类有多孔玻璃、活性炭、氧化铝、石英砂、纤维素膜、琼脂糖、聚氯乙烯膜、聚苯乙烯膜等，已用此法固定的酶如脂肪酶、过氧化物酶等。离子交换吸附法是选用具有离子交换性质的载体，在适宜的pH下，使生物分子与离子交换剂通过离子键结合起来，形成固定化层，常用的这类载体有二乙胺乙基纤维素、四乙胺乙基纤维素、氨乙基纤维素、羧甲基纤维素、阴离子交换树脂等，用此法制备的固定化酶有葡萄糖淀粉酶、青霉素酰化酶、胆固醇氧化酶等。

吸附法的优点是方法简便，操作条件温和。不足之处是生物分子与固体表面结合力弱，在表面上进行任意取向的不规则分布，因此使生物传感器易发生生物分子的泄漏或解脱，灵敏度低，选择性差。

2. 包埋法

包埋法是将生物分子包埋于聚合物胶、膜或表面活性剂基底中，形成稳定生物组分敏感膜，是较为直接、更接近生物体的一种固化方式。过去多是固化于聚氯乙烯、聚乙酰胺、聚碳酸酯或半透性的 Nafion 膜内。其特点是一般不产生化学修饰，具有对生物分子活性影响小、膜的孔径和几何形状可任意控制等优点，存在的问题是生物分子在聚合物内生物活性的丧失。目前常用的有溶胶-凝胶膜包埋法和微胶囊包埋法。

（1）溶胶-凝胶膜包埋法　溶胶-凝胶（sol-gel）技术是指有机或无机化合物经过溶液、溶胶、凝胶而固化，再经过热处理而制得氧化物或其他化合物固体的方法。近年来，溶胶-凝胶技术在薄膜、超细粉体、复合功能材料、纤维及高熔点玻璃的制备等方面展示出了广阔的应用前景。溶胶-凝胶的应用价值在于它具有纯度高、均匀性强、处理温度低、反应条件易于控制等优势。

溶胶-凝胶体制备可有三种途径：胶体溶液的凝胶化；醇盐或硝酸盐前体的水解聚合，然后超临界干燥凝胶；醇盐前体的水解聚合后，在适宜环境下干燥、老化。其中以后者最为常用。此溶胶-凝胶过程包括水解和聚合、凝胶化、老化和干燥几个步骤。

① 水解和聚合。此过程可视为三步反应组成。首先，金属或半金属醇盐前体的水解反应，形成羟基化的产物和相应的醇，其中前体多选用低分子层的硅酸甲酯、硅酸乙酯、钛酸丁酯等；其次，未羟基化的烷氧基与羟基或两羟基间发生缩合形成胶体状的混合物，该状态下的溶液被称为溶胶，水解和缩合过程常是同时进行的；最后，胶粒间发生聚合、交联，使溶胶黏度逐渐增大，酶或其他生物组分捕获于干凝胶内。

② 凝胶化。在聚合反应的初始阶段，由于胶粒表面带电而使溶胶得以稳定，随着溶剂的不断蒸发和水的不断消耗，溶液被浓缩以及悬浮体系的稳定性遭到破坏，同时胶粒间聚合反应在进行，最终将形成多孔的、玻璃状的、具有三维网状结构的凝胶。

③ 老化和干燥。随着凝胶化过程的进行，水和有机溶剂从孔穴内蒸发出来，使固体基体不断地收缩。在干燥的过程中，一些较大的孔穴被移空，而一些小孔仍然存在着溶剂，由此而产生的内压梯度会导致块体的裂缝。因此，需加入一定量的表面活性剂如 Triton、甲酰胺等防止干凝胶的碎裂。

（2）微胶囊包埋法　利用微胶囊法对酶进行包埋固定是一种新的固定化技术，它是将生物分子或细胞悬浮在水凝胶的小水舱内，膜阻碍了它们的泄漏，但允许小分子底物和产物的渗透。将脲酶包埋固定于二十六烷基硫酸钠形成的反相胶束内，与玻璃电极共同组成脲传感器，用于临床血样品中尿酸的测定。

3. 交联法

交联法可分为酶交联法、辅助蛋白交联法、吸附交联法、载体交联法等。最常用的交联试剂为戊二醛，它能够在温和的条件下与蛋白质的自由氨基反应，反应式如下：

载体—NH_2 + OHC—$(CH_2)_3$—CHO + NH_2—酶 —→ 载体—NH—CH（OH）—$(CH_2)_3$—CH(OH)—NH—酶

采用交联法的局限是膜的形成条件不易确定，需仔细地控制 pH、离子强度、温度及反应时间。酶膜的厚度及戊二醛的浓度对传感器的响应具有重要影响。当酶膜较厚时，由于扩散受到阻碍，致使响应信号下降，响应时间延长。戊二醛的浓度较低时，对固定化酶的失活作用较弱，但固定化酶的量也少。戊二醛的浓度较高时，酶的固定量虽然增大，但对固定化酶的失活作用也大；同时，双功能团试剂也可能不是选择性的，既可能发生分子间键合，又可能发生分子内键合。

4. 共价键合法

将生物活性单元通过共价键与电极表面结合而固定的方法称为共价键合法，通常要求在低温（0℃）、低离子强度和生理 pH 条件下进行，并加入酶的底物以防止酶的活性部位与电极表面发生键合作用而失活。可分为重氮法、叠氮法、缩合法、溴化氢法、烷化法。其特点是不易发生分子的泄漏，并且改善了分子在表面的定向、均匀的分布状况。该法存在的问题主要有：生物分子在聚合物基底中的不稳定性、失活、扩散和聚集问题，且操作复杂、耗时、成本高。

（1）重氮法　根据载体分为两种类型，含有苯氨基的不溶性载体，在亚硝酸和稀盐酸的作用下，生成重氮盐衍生物，重氮基再与酶分子中的—NH_2、—OH、—SH、咪唑基等发生重氮偶联反应，从而制成固定化酶；含有纤维素等多糖类的不溶性载体，活化可利用 β-硫酸酯乙砜基苯胺（SESA），一端先与纤维素上的羧基进行醚化，另一端上的—NH_2 经 $NaNO_2$ 与 HCl 重氮化，重氮基再与酶偶联。重氮化法所用的不溶性载体有对氨基苯甲基纤维素、氨基苯甲醚纤维素、氨基纤维素等。此法已用于固定 D-葡萄糖氧化酶、木瓜蛋白酶、胃蛋白酶、青霉素酰化酶等。

（2）叠氮法　先将含羧基的不溶性载体（如羧甲基纤维素、胶原蛋白等）进行甲酯化，再形成肼和叠氮化合物，最后与酶上的—NH_2 偶联。

（3）缩合法　利用二环己基羧二胺为缩合剂，使酶分子的—NH_2 或—COOH 与载体的—COOH 或—NH_2 形成肽键，从而制得固定化酶。常用的载体有羧甲基纤维素、肠衣膜、胶原蛋白膜等。用肽键结合法制备的固定化酶有胰蛋白酶、木瓜蛋白酶、无花果蛋白酶、过氧化物歧化酶、黄嘌呤氧化酶等。

（4）溴化氢法　将具有—OH 的不溶性载体，如纤维素、琼脂糖等，用 CNBr 活化，使之形成具有活性的亚胺碳酸衍生物，然后再与酶上的—NH_2 偶联。

（5）烷化法　使酶分子中—NH_2、—SH、酚基与不溶性载体上的卤素或乙烯磺酰基发生反应，制成固定化酶；也可以使聚酰胺类化合物先经硫酸二甲酯烷基化后，烷氧基再与酶分子中的—NH_2、—SH、酚基等作用，制备固定化酶。

三、几种新的成膜技术

1. LB 膜技术

LB（langmuir-blodgett）技术是一种人为控制特殊吸附的方法，将具有脂肪链疏水基团的双亲分子溶于挥发性溶剂中，通过控制表面压，溶质分子便在气/液界面形成二维排列有序的单分子膜，即 langmuir 膜（L 膜）。用膜天平将不溶物单分子膜转移到固体基板上，组建成单分子或多分子膜，即 langmuir-blodgett 膜。

利用 LB 膜技术制备的功能膜有如下优点：①膜厚度可精确控制，可精确到纳米级；②膜内分子排列有序而致密；③可以获得高度生物活性分子膜；④结构容易测定，因此在分子水平上的结构与功能的关系比较容易得到；⑤响应快，具有较高的选择性、灵敏性和可逆性；⑥脂质双层膜同生物膜结构相似，具有极佳的生物相容性。

2. 自组装单分子膜技术

自组装单分子膜（self-assemble monolayer，SAM）技术是自 20 世纪 80 年代以来快速发展起来的一个新型有机成膜技术。它是通过稀溶液中固体表面吸附活性物质而形成的有序分子膜，基本的原理是利用固液界面间的化学吸附或化学反应，分子自发吸附在固液界面形成热力学稳定、紧密排列、二维有序的单分子膜。由于 SAM 制备方法简单、成膜效果好、稳定性强、膜层厚度及性质可通过改变成膜分子链长和尾基活性基团灵活控制，因此成为组成超分子体系和分子器件的有效手段，在制膜技术、传感技术、微电子技术等领域都有着广阔的发展前景，因而近年来备受关注。自 SAM 作为贵金属表面和气/液之间的一种界面膜自组装以来，SAM 生物传感器分子识别的优点更突现出来，且 SAM 固定生物分子只需很小的量，却仍然可保持其生物活性。

自组装膜体系主要包括有机硅烷/羟基化表面，硫醇/Au、Ag、Cu，双硫醇/Au，醇和胺/Pt，羧酸/Al_2O_3、Ag 等若干种，其中固定在金表面的烷基硫醇单分子膜是目前可获得的最好表面，利用它能制出柔韧、稳定的生物传感器。

3. 微乳液凝胶固定化技术

微乳液是由水、表面活性剂和助表面活性剂以及有机溶剂等构成的宏观均匀、微观多相的热力学稳定体系。用微乳液凝胶包埋染料、金属络合物、生物大分子等制备传感器，已获得突破性进展。一般将染料、金属络合物、生物大分子等溶解在水中，并将其与表面活性剂、助表面活性剂及油等混合制成微乳液。将明胶水溶液在55℃水浴并加入预保温的微乳液中，用力搅拌使其成为均匀透明的溶胶后，使其降温，将处于凝胶初始化阶段的溶胶涂敷在平板上，或将玻璃泡浸在凝胶溶液中提出，通常被浸泡物提出的速率越快，得到的膜就越厚。为了得到均匀的膜，浸泡物提出的速率保持恒定，通过蒸发除去有机相，可形成不溶于有机溶剂的具有活性和灵敏度的有机凝胶膜，将这种有机凝胶膜附着在感应器上，就可制得用微乳液凝胶固定化方法制备的传感器。

4. 水蒸气定量检测并结合流动技术

水蒸气定量检测并结合流动技术的新型荧光传感器的制备过程是：①有机凝胶的制备方法是在55℃条件下将明胶、罗丹明 6G 溶解在 AOT（丁二酸-2-乙基己基酯磺酸钠）-水-异辛烷构成的微乳液中，冷却后用旋转涂层技术制成均匀的有机凝胶膜；②通过将染料硫酸罗丹明 101、罗丹明 6G 包埋在有机凝胶中，制备出均匀的凝胶膜后，然后将凝胶膜附在流动池上并和荧光仪相连。

第三节　生物传感器在食品工业中的应用

　　食品工业需要监测及控制食品加工生产过程及检验产品质量，而食品的组成成分极为复杂，要在众多成分共存的情况下测定其中某一种成分，常常需要繁杂的前处理过程，费时、费力。生物传感器的问世，不仅使食品成分分析测定快速、低成本、高选择性成为可能，而且实现食品生产的在线质量控制，给人们带来了安全可靠及高质量的食品。生物传感器在食品工业中主要应用在食品新鲜度的检测、食品滋味与熟度的检测、食品成分分析和食品卫生检测四个方面。

一、食品鲜度的检测

　　食品工业中对食品鲜度尤其是肉品的鲜度检测是评价食品质量的一个主要指标，通常靠人的感官检测，这种检测主观性强，个体差异大且无法准确定量，但实验室理化指标检验又费时、费力；而生物传感器作为食品新鲜度的评价工具的使用，使这一评价过程走向客观化和定量化，简单、快速。目前这方面的研究和应用主要集中在鱼肉、畜禽肉和牛乳新鲜度的评定上。

1. 鱼鲜度传感器

　　(1) 酶电极传感器法测定 K 值　鱼死后，鱼肉中的 ATP（三磷酸腺苷）按以下顺序分解：

　　ATP→ADP（二磷酸腺苷）→AMP（一磷酸腺苷）→IMP（一磷酸肌苷）→Ino（肌苷）→HX（次黄嘌呤）→UA（尿酸）。

　　因此有人提出用 K 值表示鲜度：

$$K(\%)=\frac{[\text{Ino}]+[\text{HX}]}{[\text{ATP}]+[\text{ADP}]+[\text{AMP}]+[\text{IMP}]+[\text{Ino}]+[\text{HX}]}\times100\%$$

　　ATP 和 ADP 迅速降解，鱼死后约 24h 消失，AMP 也很快降解；鱼死后 5～24h，IMP 急剧增加，然后缓慢减少。随着 IMP 开始减少，肌苷和次黄嘌呤增加。因此鲜度指标 K 值可简化为 K_i 值：

$$K_i(\%)=\frac{[\text{Ino}]+[\text{HX}]}{[\text{IMP}]+[\text{Ino}]+[\text{HX}]}\times100\%$$

　　当 $K_i<20\%$ 时，鱼是新鲜的；当 $K_i>40\%$ 时，此鱼不宜食用。

　　在一些易形成 Ino 的鱼品种中（如鳕鱼、金枪鱼等），其 K_i 值迅速增加至 100%，因此不能用于指示这些鱼的鲜度。在这种情况下，可以使用次黄嘌呤指数，其定义为：

$$H(\%)=\frac{[\text{HX}]}{[\text{IMP}]+[\text{Ino}]+[\text{HX}]}\times100\%$$

　　酶电极传感器法的作用原理如下：

$$\text{IMP}+\text{O}_2\xrightarrow{\text{NT}}\text{Ino}+\text{H}_2\text{O}_2$$

$$\text{Ino}+\text{O}_2\xrightarrow{\text{NP}}\text{HX}+\text{H}_2\text{O}_2$$

$$\text{HX}+2\text{O}_2\xrightarrow{\text{XO}}\text{UA}+2\text{H}_2\text{O}_2$$

将 NT（核苷酸酶）、NP（核苷磷酸化酶）和 XO（黄嘌呤氧化酶）分别固定在聚合物膜上，分别将酶膜固定在氧电极上或过氧化氢电极上。电极表面消耗的氧气或产生的过氧化氢而引起的电流变化与这些代谢物的浓度有关，因此 NT、NP、XO 酶电极的输出信号和 IMP、Ino、HX 的浓度有关，可以分别测定它们的浓度，从而可得出 K_i 值。测量时，仅需约 $20\mu L$ 样品液，该系统在 5min 内即可完成一次测定，重复误差在 2.3% 以内。30℃条件下，固定在微孔内的酶可以稳定 28d；其测定结果和液相色谱法及离子交换柱色谱法测定结果间有较好的相关性。如果把酶反应器系统和流式注射系统结合起来使用，则可以尽量减少转移过程，提高重复性，而且酶也可以重复使用；同时，在氧电极后连接转换器和计算机，则可以实现自动化数据处理，现在这些方法已发展的非常成熟。

（2）微生物传感器　测定鱼鲜度的微生物传感器由溶氧电极和微生物膜组成。将酵母或腐败细菌固定在膜上，贴在溶氧电极表面的透气膜上。当传感器浸入含有有机物的样品液中时，渗到膜上的有机物被酵母或腐败细菌细胞同化吸收。在肉类的腐败过程中，由于肉类中内源性蛋白酶或微生物产生的蛋白酶的水解作用，有机物（氨基酸和胺等）逐渐增多。因此，根据肉表面或提取物中的有机物的量随时间的变化，利用微生物传感器来测定肉的鲜度。用微生物传感器和常规 K 值方法测定了在冰中贮存两周以上的鱼肉鲜度，发现两种方法测定的数值间有较好的相关性。微生物传感器的响应值与常规方法测定的总活力计数值之间也有很好线性关系（$r=0.908$）。特别在肉类腐败早期，微生物传感器方法比传统的菌落计数方法要敏感很多，而且所需测定时间短，约需 15min。

2. 肉鲜度传感器

在肉的贮存过程中，肉中的蛋白质在内源性蛋白酶和微生物产生的蛋白酶作用下分解成胺类物质，这些胺类物质成为肉腐败程度的指示物，故测定胺类也能反应肉类的新鲜程度。将腐胺氧化酶和一胺氧化酶经过固定化后，在过氧化氢电极上形成酶膜，构成了测定胺的酶传感器。肉样品中的胺在与胺氧化酶反应过程中，产生过氧化氢，从而引起过氧化氢电极电流的变化。在一定浓度范围内，电流的变化与胺的浓度成比例。腐胺传感器对腐胺、精胺、尸胺、亚精胺、酪胺都有响应，而一胺传感器主要对组胺、酪精胺、脂肪胺有响应。应用该系统和液相色谱法测定贮藏中的肉中的胺类物质，两者的数据曲线非常相似，并且有很好的重复性。

Karube 用单胺氧化酶、胶原酶膜和氧电极组成的酶传感器测定猪肉的鲜度，单胺测定的线性范围是 $(5\sim20)\times10^{-6}mol/L$，响应时间为 4min。同时，Kress 等人也开发了一种超快速测定肉类鲜度的匕首型生物传感器，其探头可现场刺入食品表面 $2\sim4mm$ 深处，通过测定葡萄糖浓度评价肉类食品的新鲜度。

3. 牛乳鲜度传感器

牛乳鲜度传感器最早由高桥福辛发明，实际是一个菌数测定仪。探头是一种燃料电池，它包括一个铂阴电极和一个 Ag_2O_2 阳极，两极间用阴离子交换膜隔开。被测定样品与阳极接触，样品中的细菌可在阳极上氧化，加入电子传递介体，如亚甲基蓝、二氯靛酚等可加快电极反应速度，增大电流。电流值与样品中的细菌浓度成正比，菌数越多，表明牛乳越不新鲜。

牛乳放置过程中，受细菌作用而产生乳酸，因此乳酸含量可表示牛乳的鲜度。此外也可从牛乳放置过程中脂解作用产生的短链脂肪酸的含量来判断牛乳及其制品的新鲜度，这类传感器也已开发出来。

二、检测食品滋味及熟度

肉的熟度和香味密切相关，可通过多香味的检测来判断肉的熟度。食品滋味目前多用化学分析方法以及气相色谱（GC）、高效液相色谱（HPLC）和气相色谱-质谱联用系统（GC/MS）测定。化学分析方法既费时，又耗资；而色谱法仪器昂贵，体积大，不能面向市场。故食品工业急需一种快速、简便的仪器，以实现对食品气味和滋味的快速评价，保证食品的质量。近年来，研发出了对肉汤的风味以及熟度进行品评的生物传感器。其主要采用酶柱氧电极结合流动注射分析系统（FIA）测定谷氨酸、肌苷酸（一磷酸肌苷）、乳酸，用金属半导体传感器测定香味，最后将多种风味进行多元回归分析，得到的综合指标与用高效液相色谱测定的结果具有很高的相关性（r 为 $0.968\sim0.996$）。也有一种利用牛鼻黏膜中分离出的一种气味结合蛋白作为敏感材料，制成了气味生物传感器，并成功地测定了一些食品中的香味物质。还有一种被称为"电子舌"的多通道味觉生物传感器，这种生物传感器由几种脂肪组成，它可以把产味物质的信息转换成不同的电子信号，从而指示出不同的味觉类型，如咸、酸、苦等。

目前开发出的肉熟度监测仪，由酶柱氧电极传感器和两道 FIA 系统构成，通过测定游离氨基酸和 ATP 的分解物 6-羟基嘌呤（次黄嘌呤）作为肉熟度的化学指标，实测结果与 HPLC 的测定基本吻合。采用黄嘌呤传感器可精确测定 $HX+X/2$（X 为黄嘌呤）的含量，可判断牛肉老化过程中的嫩度。

三、在食品成分分析中的应用

生物传感器可以实现对大多数食物基本成分进行快速分析，目前已试验成功或应用的对象包括糖类、蛋白质、氨基酸、有机酸、醇类、维生素、矿质元素、胆固醇等。

1. 生物传感器检测糖含量

葡萄糖传感器是最早成功研制的生物传感器，现已广泛应用于医疗、食品以及发酵工业中，尤其在食品工业中，葡萄糖传感器能够检测食品和原材料中的含糖量，而葡萄糖的含量则是衡量水果成熟度和贮藏寿命的一个重要指标。已开发的酶电极型生物传感器可用来分析白酒、苹果汁、果酱和蜂蜜中的葡萄糖等，其他检测各种糖类的生物传感器见表 10-1。

表 10-1 检测各种糖类的生物传感器

糖 类	生物敏感元件	线性范围/mol·L^{-1}
葡萄糖	葡萄糖氧化酶	$2.78\times10^{-5}\sim1.11\times10^{-3}$
果糖	D-果糖脱氧酶	$1.0\times10^{-5}\sim1.0\times10^{-3}$
乳糖	辣根过氧化物酶-葡萄糖氧化酶-半乳糖苷酶	$5.0\times10^{-5}\sim1.0\times10^{-3}$
蔗糖	葡萄糖氧化酶与蔗糖转化酶	$2.5\times10^{-4}\sim5\times10^{-3}$
麦芽糖	葡萄糖淀粉酶	$1.0\times10^{-3}\sim1.0\times10^{-2}$

用生物传感器检测葡萄酒中葡萄糖的含量，其步骤为如下。

① 传感器的制作。将生蚕丝用 0.3%油酸钠 100℃油浴进行脱胶，取 3g 溶于 100mL 9mol/L 的 LiBr 溶液中，用去离子水透析，在 4000r/min 下离心 30min，弃其沉淀，即得 2%丝素蛋白溶液。取 5mg GOD（葡萄糖氧化酶）溶解在 5mL 水溶液中，与 25mL 丝素蛋白溶液混合搅拌均匀，移至 PVC（聚氯乙烯）盘中，真空干燥成膜。膜厚控制在 20μm 左右，将酶膜在 50%甲醇溶液浸泡 30min，制得 GOD 酶膜。

将 GOD-丝素蛋白膜快速干燥后置于 4℃ 0.1mol/L pH7.0 的磷酸缓冲溶液中充分浸泡，除去膜表面未固定的酶，取出晾干后称取 3mg 酶膜，用 160 目单丝尼龙网作外膜，将酶膜固定在氧电极上，制成 GOD 传感器。

② 传感器性能测试。移取 50mL pH7.0 的磷酸缓冲溶液于 100mL 烧杯中，插入电极，在 30℃下恒温搅拌，待读数稳定后，加入 2mmol/L 的葡萄糖标准溶液，用 LM-1 型测氧仪记录 ΔE 值，对浓度 c 作图，绘制葡萄糖氧化酶传感器的标准工作曲线。

③ 样品测定。取样品葡萄酒各 50mL 分别测其葡萄糖含量。该传感器在 pH7.0 的磷酸缓冲溶液中，葡萄糖浓度在 $1.0 \times 10^{-4} \sim 2.5 \times 10^{-3}$ mol/L 范围内呈良好线性关系。检测限 5.0×10^{-5} mol/L，响应时间 1min。

2. 生物传感器检测蛋白质和氨基酸

目前，检测蛋白质和氨基酸的生物传感器是利用氨肽酶和氨基酸氧化酶固定在高分子膜上，由测得的 H_2O_2 值推算出蛋白质分解率，在水解蛋白质的生物反应中控制分解程度。如市场上使用的测定蛋白质酪朊的仪器是制备了一个基于过氧化氢检测的电流型酶电极，该传感器能在 $0.1 \sim 4$mg 范围内测定酪朊，测定时间 $5 \sim 9$min。

生物传感器也可用于各种氨基酸的测定，其中多选用各相应氨基酸的氧化酶为敏感材料。测定的氨基酸包括谷氨酸、L-天冬氨酸、L-精氨酸、L-苯丙氨酸等十几种氨基酸，其中以谷氨酸和赖氨酸生物传感器的研究最为成熟。如市场上使用的 SBA-40C 型分析仪，可用于谷氨酸（乳酸）-葡萄糖双功能分析。

3. 生物传感器测定有机酸

用生物传感器测定的各类有机酸有乳酸、柠檬酸、苹果酸、草酸等。在对酸奶和酸乳酪等乳制品中 L（+）乳酸含量的测定时，只需 $2 \sim 3$min，且可用于分析有色和浑浊的样品。利用固定化甘蓝丝酵母与氧电极偶合的生物传感器能测定 $10 \sim 200$mg/L 的乙酸，响应时间为 15min。利用苹果酸脱氢酶为敏感材料制备的 Clark 型电极，测定 L-苹果酸的线性范围为 $10^{-6} \sim 10^{-3}$ mol/L，响应时间在 1min 以内，测定结果与标准方法有很好的相关性。其他检测各种有机酸的生物传感器见表 10-2。

表 10-2 检测各种有机酸的生物传感器

被测物	敏感元件	信号转换器	响应时间/min	测定范围/mol·L^{-1}
乙酸	醋酸纤维素	氧电极	15	$1.67 \times 10^{-4} \sim 3.33 \times 10^{-3}$
L-乳酸	乳酸单氧酶	光纤	$2 \sim 3$	$1.4 \times 10^{-3} \sim 1.0 \times 10^{-2}$
蚁酸	丁酸梭菌（C. butyricum）	燃料电池	30	$2.17 \times 10^{-5} \sim 6.25 \times 10^{-3}$
草酸	NaHCO₃ 电解质透气膜	CO₂ 气敏电极	4.7	$1.0 \times 10^{-4} \sim 5.0 \times 10^{-3}$

4. 生物传感器测定维生素

生物传感器也已成功地用于维生素的测定中，其中测定维生素C（抗坏血酸）的生物传感器应用最多，利用花椰菜组织通过交联制备L-抗坏血酸传感器，用来检测部分水果和果汁中维生素C的含量，其工作原理和主要的操作步骤如下。

① 将花椰菜的花絮部分洗净，捣碎成浆，立即称取 25mg 置于氧电极透气膜上，用微量进样器加入 15μL 12% 牛血清蛋白及 15μL 2.5% 戊二醛，迅速搅匀，静置 15min，用 160 目单丝尼龙网做外膜，按夹心面包结构装在 LM-1 型氧电极上。

② 在 25mL 烧杯中加入 KH_2PO_4-Na_2HPO_4 缓冲液 10mL 及 0.01mol/L EDTA 0.05mL，控制温度 30℃，插入电极，开启搅拌器并调至恒速，待测氧仪读数稳定后，加入一系列浓度的维生素C标准溶液，用 LM-1 型测氧仪记录 E 值，对浓度 c 作图，绘制 L-抗坏血酸传感器的标准工作曲线。

③ 鲜果汁维生素C含量的测定。称取 100g 水果样品加 20mL pH6.0 的 KH_2PO_4-Na_2HPO_4 缓冲溶液，于捣碎机中打成匀浆，定容至 100mL 过滤，取滤液 20mL 加入 0.01mol/L EDTA 0.1mL，用标准曲线法测定鲜果汁中维生素C含量。

该传感器测定维生素C的线性范围为 $5.0 \times 10^{-5} \sim 1.8 \times 10^{-3}$ mol/L，响应时间 1min，且所得结果与分光光度法（2,4-二硝基苯肼法）测得结果一致。

另外，目前食品分析中用植物组织做敏感材料，结合氧电极测定了一些果汁中的维生素C，测定的线性范围为 $2 \times 10^{-5} \sim 5.7 \times 10^{-4}$ mol/L，测定一个样品只需 1.5min，电极可重复使用 50～80 次，测定结果与传统方法相吻合。

此外，生物传感器还用于测定维生素B，利用 SPR（表面等离子体共振）生物传感器分析技术进行非内源性 R-蛋白结合测试，自动检测出牛奶、肉类、肝脏等一系列食物中的维生素 B_{12} 的含量。

四、在食品卫生检测中的应用

1. 食品中细菌和病原菌的测定

食品的微生物污染是个非常严重的问题，随着人们健康意识的不断增强，由细菌污染而引发的食物中毒事件成为公众所关注的焦点。传统的平皿菌落计数法仍是现行的测定食品中微生物的标准方法，但由于其方法繁琐、耗时，已愈来愈难以适应食品检测部门快速测定的要求；而生物传感器以其快速、灵敏的特性在食品有害微生物的检测中显示出了巨大的优势。生物传感器已用于食品中细菌、病原菌的测定（利用细菌发光或者放电）及毒素的检测（黄曲霉毒素 B_1 检测下限为 0.9μg/mL）。

在食品微生物检测分析中，利用大肠杆菌抗体的免疫吸附反应，使用集成化手持式 Spreeta™SPR 传感器快速检测大肠杆菌 *E. Coli* 0157：H7，采用亲和素-生物素系统放大检测的响应信号，并引入复合抗体作为二次抗体，使该传感器对大肠杆菌的检测下限由 10^6 CFU/mL 下降到 10^5 CFU/mL。用于食品中致病菌检测的生物传感器种类很多，表 10-3 列举了部分应用实例。

2. 食品中毒素的检测

生物毒素是细菌的代谢产物，其种类繁多。食品在产前、运输、加工及销售等环节都有可能被污染，而且毒性大。为防止毒素超标的食品进入食物链，对其检测至关重要。

利用表面等离子体谐振（SPR-2000）生化分析仪检测金黄色葡萄球菌肠毒素 B（SEB），检测到的 SEB 最低浓度是 $1\mu g/mL$，相当于 $3.5\times10^{-8}mol/L$。其具体步骤如下。

表 10-3 生物传感器对食品中致病菌的检测

被测物	信号转换元件	检出下限	食品基质
金黄色葡萄球菌	光学共振镜	4×10^3 个细胞/mL	牛奶
大肠杆菌 O157:H7	表面等离子共振	$10^2\sim10^3$CFU/mL	苹果汁、牛奶、牛肉饼
	微电极阵列	$10^4\sim10^7$CFU/mL	萝蔓莴苣
	导电聚合物（聚苯胺）	81CFU/mL	莴苣、紫花苜蓿芽、草莓
黄色镰刀菌	表面等离子共振	0.06pg	小麦
空肠曲状杆菌	光学波导元件	$469\sim3\,750$CFU/mL	香肠、火腿、牛奶、奶酪
	电极、磁珠	2.1×10^4CFU/mL	鸡肉
鼠伤寒沙门菌	叉指微电极	1 个细胞/mL	牛奶
	酶电极	1.09×10^3 个细胞/mL	鸡肉、碎牛肉
单核细胞李斯特菌	石英晶体微天平	3.19×10^6 个细胞/mL	牛奶

① 先用 $100\mu g/mL$ BSA 溶液以一定的流速在线清洗直到动态曲线平衡，获得反应的基线，然后通入一定浓度的 SEB 样品溶液（用 BSA 补偿法配），在线监测 IgG 与 SEB 的亲和吸附反应。

② 反应一段时间以后再通入 $100\mu g/mL$ BSA 溶液，检测固定于膜上的 IgG-SEB 复合物的解吸附过程。

③ 最后通入 0.2mol/L 甘氨酸金膜洗脱液，这可以除去结合于 IgG 上的 SEB，而几乎不会清洗掉膜上的 IgG，并对其活性影响较小。

再生后的金膜可以用于下一个循环，检测另一浓度的 SEB 样品。每个再生步骤能够除去 95% 以上的结合于金膜上的 SEB，并且可以至少保证金膜重复利用 5 次后，金膜表面的 IgG 活性保留在 75% 以上，整个过程中流动系统的流速恒定在 $100\mu L/min$。

目前食品检验中，利用压电晶体免疫传感器检测葡萄球菌肠毒素 B，利用聚乙烯亚胺作为媒介，把抗 SEB 抗体连接到晶体表面，让其选择性与 SEB 结合，通过测定晶体振荡频率的变化来实现对 SEB 定量，检测范围为 $2.5\sim60\mu g/mL$。黄曲霉毒素（aflatoxin）易污染花生、玉米、大米等农产品，并由此直接进入食物链，造成食品的连锁污染。一种免疫荧光的生物传感器可检测农产品中的黄曲霉毒素，这种传感器可以连续测量 100 次，并能用 1mL 的体积在 2min 内检测出 $0.1\sim50ng/mL$ 的浓度。

3. 食品中农药和兽药残留的检测

随着科学的发展，人们对食品中农药、兽药残留的重视促使各国政府不断加强对食品中农药、兽药残留的检测工作。近年来，人们对生物传感器在该领域中的应用也作了一些有益的探索。检测残留农药甲基马拉松、乙基马拉松、敌百虫、二乙丙基磷酸的检测下限分别为 $5\times10^{-7}mol/L$、$1\times10^{-8}mol/L$、$5\times10^{-7}mol/L$、$5\times10^{-11}mol/L$。

在农药残留检测中，最常用的是酶传感器，不同酶传感器检测农药残留的机理是不同的，一般是利用残留物对酶（如乙酰胆碱酯酶）活性的特异性抑制作用来检测酶反应所产生的信号，从而间接测定残留物的含量；但也有些是利用酶（如有机磷水解酶）对目标物的水解能力。利用乙酰胆碱酯酶为敏感元件的生物传感器,以苹果、黄瓜为样品,采用标准加入法进行分析,测定蔬菜水果中有机磷农药残留,其检测步骤如下。

① 准确称取 2g 样品,样品切碎,置于 100mL 有塞的锥形瓶中,加入 50mL 0.1mol/L pH7.0 的 BR（Britton-Robinson）缓冲溶液,作提取试剂,剧烈振荡 10min,使蔬菜水果中的有机磷农药残留充分溶入溶液中,倒出提取液,静置 3～5min,备用。

② 标准加入法样品测定。取 5 份等体积 5mL 的上述提取上清液置于 5 只 100mL 容量瓶中,分别加入 0、0.5mL、1mL、2mL、4mL 的 5μg/L 的马拉硫磷标准溶液,然后用二次蒸馏水稀释至刻度,摇匀,备用。

③ 选酶。选取 5 组活力相近的固定化酶,分别放入步骤②中的 5 种浓度的溶液中,抑制 10min,测定抑制前后固定化酶活力大小,得到有机磷农药残留对固定化酶的抑制率。

该方法相对标准偏差为 2.76%～3.09%,对马拉硫磷和甲基对硫磷的检出下限分别为 4.80×10^{-11} mol/L、2.93×10^{-10} mol/L。

磺胺和盘尼西林是兽药中常用的抗生素,其残留会污染动物性食品。采用免疫传感器测定牛奶中硫胺二甲嘧啶,检出限低于 1×10^{-9} mol/L;采用等离子体共振免疫传感器测定脱脂牛奶中硫胺二甲嘧啶残留,经 NaOH 和 HCl 再生后能重复使用;采用抗体酶共轭物为敏感材料结合光度分析测定了牛奶中的盘尼西林;采用 SPR 生物传感器检测牛奶中残留抗生素 β-乳胺,检出限为 2ng/mL,每次检样时间仅需 10min,这些传感器技术检测都获得很好的效果。

但是目前在实际应用中,由于检测限、灵敏度、重复性等问题,生物传感器在农药残留检测的实际应用上还有许多局限,大都是只作为一种对量大的样本进行快速筛选的方法和手段。因此,生物传感器在这一领域应用的潜力还有待于进一步地发掘。

4. 食品中添加剂的检测

食品添加剂的应用促进了食品工业的发展,但随着毒理学和化学分析的发展,人们发现许多添加剂,尤其是化学合成的添加剂对人体有毒性作用,甚至许多化学物质还有致癌性、致敏性,如糖精钠、苋菜红、柠檬黄等,所以对其进行定量检测十分必要。

天冬酰苯丙氨酸甲酯是人工合成的低热能甜味剂,广泛应用于食品行业。采用羟基酯酶与乙醇氧化酶固定在明胶膜上,随后与溶解氧电极结合制成生物传感器,测定软饮料和商品甜味料片剂中的天冬酰苯丙氨酸甲酯,此传感器的酶电极最适工作条件是 pH8.0 和 37℃,测定中溶解氧与天冬酰苯丙氨酸甲酯的线性范围分别是 5.0×10^{-8} mol/L 和 4.0×10^{-7} mol/L,每次测定只需 10min,且相关性好。应用生物传感器对天冬酰苯丙氨酸甲脂、甜蜜素、阿斯巴甜（Aspartame）的检测下限是 25×10^{-6} mol/L。

亚硫酸盐通常用于食品工业,除具有漂白作用外,还有防止食品氧化和抑止微生物生长的作用。由于亚硫酸盐对人体有致敏性,可引起哮喘,现国家多采用盐酸副玫瑰苯胺法和蒸馏法来检测亚硫酸盐的含量,其方法最低检出浓度为 1mg/kg。但这种方法复杂、费时,难以实现快速准确化。现从酸性土壤中筛选的一株氧化硫硫杆菌制成夹层式微生物膜,并与极谱式氧电极装配成亚硫酸盐微生物传感器,用该传感器测定了食品中亚硫酸盐含量，其测定步骤如下。

① 样品预处理。待测样品通常呈固态或液态，并含有大量糖类物质，其中的亚硫酸盐以结合态和游离态两种形式存在，故测定前一般需要对样品进行预处理。通过正交实验确定的预处理条件为：称取适量样品（固体样品切成约 $2mm^3$ 的小块），放入容积约为 100mL 的吹气分离管内，加适量水浸泡，与 N_2 供给系统和盛有 5mL 2% KOH 吸收液的吸收管连接；将吹气分离管放入约 80℃ 水浴上，从上口加入 5mL（1∶5）H_3PO_4，塞紧胶塞，以 0.15mL/min 的流量通入 N_2 10～15min，移取吸收 SO_2 后的吸收液进行测定。若仅测定游离态亚硫酸盐含量，不需加热，在常温下将试样酸化，用 N_2 吹出即可。

② 样品中亚硫酸盐（以 SO_2 计）含量的测定。取适量上述吸收液，分别用本方法和盐酸副玫瑰苯胺分光光度法测定样品中亚硫酸盐（以 SO_2 计）含量。该传感器的线性范围为 0.5～35mg/L，相对标准偏差为 1.7%，加标回收率在 92%～106% 之间。

亚硝酸盐是肉类制品的发色剂，但其可导致婴儿高铁血红蛋白血症，并且具有潜在的致癌性。采用光学生物传感器对亚硝酸盐进行检测，其原理是用络合沉淀凝胶法（CPG 法）将一种亚硝酸盐还原酶固定在光纤一端的可控微孔玻璃珠上，当亚硝酸盐与酶发生接触反应时，会发生一系列分光变化，且这种光学变化与亚硝酸盐的浓度在一定范围内呈线性关系，通过检测这些光学变化即可对亚硝酸盐进行定量分析，其检测下限为 0.93mol/L。

第四节　生物传感器应用展望

生物传感器是生命科学和信息科学相结合发展起来的一门交叉学科，它以其自身的独特优势在食品工业中获得了广泛的应用。从测定的目标来看，几乎涉及了食品分析和检测的各个方面，包括营养成分、有害物质、感官评定，还有一些特殊成分的分析；从测定的目的看，可用于食品的品质评价、食品监督以及生产过程的在线监控等。尽管现在的生物传感器的应用受到稳定性、重复性和使用寿命的限制，但随着生物科学、信息科学和材料科学发展的推动，生物传感器技术现存的诸多不足将有望得到完善，使得其在食品工业中的应用也将越来越广泛，它将逐步取代一些传统的检测化验方法，成为广泛而普及的常规分析仪器，尤其在现场测试方面起着不可替代的作用。

生物传感器在食品工业中的应用前景，主要取决于足够的敏感性和准确性、易操作，而且价格便宜、易于批量生产。应用前景主要有以下几方面。

（1）由分析单一成分的传感器向系列传感器发展　食品是由多种物质组成的复杂体系，实际分析中往往要测定多种成分。因此，要使分析测定快捷、高效，一种生物传感器应具备多种功能。生物传感器阵列提供了一种直接、简便的解决方法。人们正尝试用干涉、三维高速立体喷墨、光刻、自组装和激光解吸等技术发展多功能传感器，在尽可能小的面积上排列尽可能多的传感器。

（2）应用基因工程技术　应用基因工程技术可创造出检测能力更强的生物元件。例如，在检测有机磷时，不同来源的酶敏感性相差很大，采用定点突变可使酶敏感性大幅度提高。

（3）与其他仪器集成　高效液相色谱（HPLC）或毛细管电泳（CE）与高选择性和灵敏度的生物传感器检测系统的联合已经被几个研究机构开发出来。如 HPLC 与生物传感器的结合，可以对 7 种氨基酸、5 种有机醇、同化糖、醇、维生素等多种组分的混合体系进行检测。

（4）向便携式、低成本、高灵敏度和高选择性的生物传感器发展　为了对食品中的痕量的残留农药或生物毒素进行分析，必须提高生物传感器的灵敏度。为了提高生物传感器的稳定性，对生物材料结构及性能的改善，尤其是生物敏感材料的研制，将是生物传感器今后发展的方向之一，为了在市场上直接检测食品成为可能，必须使生物传感器微型化。

（5）智能化、集成化　未来的生物传感器必定与计算机紧密结合，自动采集数据、处理数据，更科学、更准确地提供结果，实现采样、进样、结果一条龙，形成检测的自动化系统。同时，芯片技术将加强与传感器结合，实现检测系统的集成化、一体化。

总之，生物传感器技术的不断进步，必然要求不断降低产品成本，提高产品质量。增加稳定性和灵敏度，这些特性的改善也会加速生物传感器市场化、商品化的进程。

本章小结

生物传感器作为一门实用性很强的高新技术，使食品分析工作可以快速、高效、低成本、高选择性地完成，并且实现食品的在线质量控制。

本章主要讲述了生物传感器的基本概念和原理，核心部件敏感膜的制作技术以及生物传感器在食品工业中的应用。

敏感膜是生物传感器的分子识别元件，是生物传感器中最重要的部分，敏感膜的制备首要的是将酶等生物活性物质限制在一定的空间内，但又不妨碍底物的自由扩散，对样品的浊度和颜色无要求，分析操作简单，可连续自动测定。

生物传感器在食品中的检测和分析中的应用主要介绍了鲜度的检测（鱼鲜度、肉鲜度和牛乳鲜度检测）、食品滋味及熟度的检测（肉的熟度和香味检测）、食品的成分分析（葡萄糖、蛋白质和氨基酸、有机酸和维生素的检测）食品卫生检测（细菌和病原菌的测定，金黄色葡萄球菌肠毒素 B、有机磷农药、亚硫酸盐等的检测）。

目前，生物传感器少数应用于实际测定，大多数还存在着急需解决的技术问题，如一些生物识别元件的稳定性、可靠性、一致性等方面还不理想，批量生产尚待建立，多数仍处于研究阶段。然而，作为一门新技术，它有着极强的生命力，随着科技的发展，生物传感器在食品检测方面将会占据主导的地位。

思 考 题

1. 什么是生物传感器？
2. 生物传感器有哪几部分构成？
3. 生物传感器测定的基本原理有哪些？
4. 简述表面等离子体谐振（SPR-2000）生化分析仪检测金黄色葡萄球菌肠毒素 B（SEB）的步骤。

第十一章　生物技术在食品工业废水处理中的应用

学习目标

1. 了解食品工业废水的来源、分类及其性质。
2. 掌握工业废水的生物处理方法。

第一节　食品工业废水处理概述

一、废水的成分

食品工业加工过程中有大量的副产品和废弃物产生。食品与发酵行业尽管大都采用玉米、薯干、麦子、大米等作为原料，但并不是利用这些原料的全部，大多数情况下只是利用这些原料的淀粉部分，其他部分如蛋白、脂肪、纤维、矿物质等由于各种原因没有得以利用，其中相当一部分随洗涤水、冷却水等排出，既浪费资源，又污染环境。大多数食品加工的工艺过程中，需要大量用水，因此，食品工业排放的废水量很大。由于食品工业的原料广泛，制品的种类繁多，排出的废水所含的污染物差异很大。废水中所含的主要污染物有：漂浮在废水中的固体物质，如菜叶、果皮、鱼鳞、碎肉、禽羽、畜毛等；悬浮在废水中的油脂、蛋白质、淀粉、胶体物质等；溶解在废水中的糖、酸、碱、盐类等；从原料中夹带的泥沙和动物的粪便；可能存在的腐败菌和致病菌等。

食品工业废水含有大量可降解的有机物质，不经处理排入自然水体要消耗水中大量的溶解氧，造成水体缺氧，使鱼类和水生生物死亡。废水中的悬浮物沉入水底，在厌氧条件下产生的分解物污染水质。若将废水引入农田进行灌溉，会污染农业产品，并污染地下水源。废水中夹带的动物排泄物，含有虫卵和致病菌，将导致疾病的传播，危害人畜健康。

二、废水的性质

废水的性质是由水和各种杂质组成的复杂体系所表现出来的综合特性，这种特性通过水质指标来表示。水质指标可分为物理指标、化学指标和生物指标等。各种水质指标可表示水中杂质的种类和数量，可以判断水质的优劣以及是否达到排放标准。在废水处理中，处理程度的确定和工艺流程的选择、处理工艺的设计和运行管理，都必须对废水性质有充分的了解，否则就不可能获得良好的效果。废水的主要水质指标如下。

1. 废水的物理指标

废水的物理指标主要包括温度、颜色、臭味及固体含量等，常检测的是色度和固体含量两个指标。

（1）色度　食品工业废水常含有有机物或无机染料、生物色素、无机盐、有机添加剂等而使废水着色，有时颜色很深。在水质分析中，衡量水色程度的指标为色度。一般以除去悬浮物后的真色为标准，采用比色分析法对已知浓度的标准有色溶液和未知色度的水样在颜色上进行比较而得出结果。

（2）固体含量　废水中所含杂质大部分属固体物质，这些固体物质以溶解的、悬浮的形式存在于水中，二者总称为总固体，其中包括有机化合物、无机化合物和各种生物体。在水质分析时，除了测定总固体含量外，还要测定悬浮固体、挥发性悬浮固体和溶解固体含量等几个指标。

① 总固体（TS）是指在水质分析中一定量水样在 $105\sim110℃$ 烘干后的残渣，以称重表示。

② 悬浮固体（SS）或悬浮物是总固体中处于悬浮状态的部分，它含有无机的及有机的成分。

③ 挥发性悬浮固体（VSS）是悬浮固体在 $600℃$ 加热灼热下的减重，代表了悬浮固体的有机部分，其中一部分是可生物降解的悬浮性固体（BVSS），另一部分是不可生物降解的（NBVSS）。

④ 非挥发性悬浮固体（NVSS）是悬浮固体灼烧后的残留部分，又称灰分，代表了悬浮固体的无机部分。

⑤ 溶解固体（DS）或溶解物指总固体中以溶解状态存在的部分，它通过一定量的水样的滤液烘干称重而得。食品工业废水的溶解固体种类繁多，含有多种有机物和无机物，含有如氯化物、硫酸盐、碳酸盐、酸式碳酸盐、铵盐、磷酸盐、尿素、有机物分解产物及酚类、硫化物、甲醛、氰化物、重金属等，此外，尚有可通过滤纸的一些胶体和大分子物质，如淀粉、糖、纤维素、脂肪、蛋白质、油类、洗涤剂和病毒等。

2. 废水的化学指标

废水的化学指标包括有机和无机两大类。生化需氧量、化学需氧量、总需氧量、总有机碳、含氮化合物（总氮和氨氮）、含磷化合物等都是最常用的有机物水质指标。常用的无机指标包括 pH、碱度、硫酸盐、氯化物、氰化物和重金属（主要是汞、镉、铬、砷、铅、铜、锌等）等。

（1）生化需氧量（BOD）　指 1L 废水中的有机污染物在好氧微生物作用下进行氧化分解时消耗的溶氧量。实际测定时常采用 BOD_5，即水样在 $20℃$ 条件下培养 5d 的生化需氧量。有机物在好氧条件下被微生物氧化分解时所耗用的氧主要用于两个过程，首先是使有机碳氧化成 CO_2，称为碳化需氧量（CBOD），其后是用于使还原态氮氧化成亚硝态氮或硝态氮，称为硝化需氧量（NBOD）。一般 BOD_5 大致近似于 CBOD。

（2）化学需氧量（COD）　指用强氧化剂使被测废水中有机物进行化学氧化时所消耗的氧量。常用的氧化剂有高锰酸钾（$KMnO_4$）和重铬酸钾（$K_2Cr_2O_7$）。前者的氧化力较弱，往往只能氧化废水中的一部分有机污染物，测定结果与实际情况相差较大。后者的氧化能力很强，能使废水中的绝大部分有机物氧化，因此，实际使用中常常将重铬酸钾的化学需氧量 COD_{Cr} 的测定值近似地代表废水中的全部有机物含量。文献中的 COD 数值若未明确指明使用什么氧化剂，也往往是指 COD_{Cr} 值。

（3）总需氧量（TOD）　总需氧量代表了废水中有机物燃烧氧化的总需氧量，它是利用高温（900℃）将废水水样中能被氧化的物质，包括难分解的有机物及部分无机还原物质，主要是有机物质，燃烧氧化成稳定的氧化物，通过气体载体中氧量的减少，测出上述物质燃烧氧化所消耗的氧量（O_2）。

（4）总有机碳（TOC） 为了快速测定废水浓度，产生了测定水样 TOC 值的方法。TOC 值系指废水中所有有机物的含碳量。COD 值近似地代表水样中全部有机物被氧化时耗去的氧量，则 COD 值换算成 TOC 值的系数为 2.67。

（5）含氮化合物 氮是有机物中除了碳以外的一种主要元素，在废水中氮有四种，即：有机氮、氨氮、亚硝酸盐、硝酸盐氮。在废水的生物处理过程中，了解水样中的含氮量，无论对正确掌握好微生物的营养配比，使得处理过程正常运行，还是控制好出水水质，防止水体遭到氮污染，甚至引起富营养化都是十分重要的（食品工业造成的工业废水，特别是含磷洗涤剂产生的污水未经处理排放，使海水、湖水中富含氮、磷等植物营养物质，称为水体富营养化）。

① 总氮（TN）和总凯氏氮（TKN）。总氮是废水中一切含氮化合物以氮（N）计量的总称，包括有机氮和无机氮（氨氮、亚硝酸盐和硝酸盐氮）。总凯氏氮是指不包括亚硝酸盐氮、硝酸盐氮在内的总氮。

② 氨氮（NH_3-N 或 NH_4^+-N）。废水中的氨氮大多来自有机含氮化合物的生物分解，另外可直接来自食品工业的含氮废水，如味精工业废水，氨氮浓度可达 7 000mg/L 以上。氨氮在废水中是以游离状态氨（NH_3）和离子状态铵盐（NH_4^+）形式存在的。在废水生物处理过程中，氨氮不仅提供微生物营养，而且起着一定的缓冲作用，但氨氮过高（超过 1 600mg/L），对微生物则有抑制作用。

（6）含磷化合物 含磷化合物分有机与无机的两大类。有机磷化合物如葡萄糖-6-磷酸、α-磷酸甘油酸、磷酸肌酸等。有机磷化合物大多呈胶体和颗粒状，可溶性的只占 30％左右。无机磷化合物主要是一些可溶性的磷酸盐，如正磷酸盐（PO_4^{3-}）、磷酸氢盐（HPO_4^{2-}）、磷酸二氢盐（$H_2PO_4^-$）、偏磷酸盐（PO_3^-）、焦磷酸盐（$P_2O_7^{4-}$）、三磷酸盐（$P_3O_{10}^{5-}$）、三磷酸氢盐（$HP_3O_9^{2-}$）等。食品工业来自马铃薯加工厂、骨粉厂、罐头食品厂的废水一般磷的含量均超过 10mg/L（以 P 计）。

在废水的生物处理中，碳、氮、磷营养素的合理配比是处理维持正常运转的重要条件，因此，了解废水中含磷化合物量，对废水生物处理是十分重要的。食品工业的有些废水中缺少磷营养源，需要加以补充。一般来说，水体的总磷浓度应控制在 0.1mg/L 以内，以免引起水体的富营养化，危害水产资源。

3. 废水的生物指标

废水所含的生物污染物质一般是通过细菌总数和大肠杆菌菌群数这两个水质指标来度量的。此外，为了检测废水对水生生物的毒性影响，一般采用生物检测法，用特定暴露时间内使试验生物死亡 50％的毒性或废水的浓度，即半致死浓度 LD_{50} 来进行评价。

三、废水的生物处理方法

一般来说，废水采用生物处理方法进行无害化处理，与其他方法相比较为经济，因此，在可能的情况下，一般均首先考虑采用生物处理法。首先，通过测定 BOD_5/COD 之比值，可大体了解废水中可生物降解的那部分有机物占全部有机物的比例。当此比值小于 0.30，生物处理的难度较大甚至不宜采用生物处理的方法；当此比值大于 0.30 或在 0.45 以上，则采用生物处理的方法可行或较好。

生物处理工艺分为好氧工艺、厌氧工艺、稳定塘工艺、土地处理工艺及由以上工艺结合而来的各种流程。食品工业的废水是有机废水，生物方法处理的目的在于降解 COD、BOD_5。

1. 好氧生物处理工艺

好氧生物处理工艺根据所利用的微生物的生长形式分为活性污泥工艺和膜法工艺。活性污泥工艺包括传统活性污泥法、阶段曝气法、生物吸附法、完全混合法、延时曝气法、氧化沟、间歇活性污泥法（SBR）、两级活性污泥法等。膜法工艺包括生物滤池、塔式生物滤池、生物转盘、活性生物滤池（ABF）、生物接触氧化法、好氧流化床等。好氧生物处理工艺一般对低浓度废水效果较好。

2. 厌氧生物处理工艺

因食品工业废水中含有容易进行生物降解的高浓度有机物，故适用于厌氧生物处理工艺。厌氧处理动力消耗低，所产生的沼气可以作为能源，处理过程生成的剩余污泥少，同时厌氧处理工艺的系统密闭，卫生状况改善，并且可以季节性或间歇性运行，污泥可以长期贮存，但是厌氧生物处理工艺的出水达不到排放要求。厌氧生物处理工艺可以分为厌氧活性污泥法和厌氧生物膜法。厌氧活性污泥法包括厌氧接触消化法、升流式厌氧污泥床（UASB）、水力循环厌氧接触池等。厌氧生物膜法包括厌氧生物滤池、厌氧生物转盘、厌氧膨胀床、厌氧流化床等。

3. 稳定塘工艺

稳定塘工艺分为好氧塘、兼性塘、厌氧塘、曝气塘和生物塘（包括人工动物塘、人工植物塘）。一般采用厌氧塘、兼性塘和好氧塘串联使用，该工艺经济有效，但占地较多。

4. 光合细菌处理工艺

光合细菌处理食品工业高浓度有机废水（BOD 在 10 000mg/L 以上）具有活性污泥处理废水无可比拟的优点，高浓度有机废水无需稀释即可直接处理，处理温度范围为 10~40℃，菌种单一。光合细菌不但能同化油脂和低分子有机物，还具有固氮能力和脱氮活性。

5. 土地处理工艺

土地处理工艺主要包括渗滤和慢滤两种，在我国早就使用食品工业废水来灌溉农田的方法进行净化。

四、单细胞蛋白的开发利用

单细胞蛋白是通过利用发酵法培养酵母或细菌等微生物，并从酵母或细菌等微生物菌体中获取的蛋白质，大多数用于生产的微生物是以单一的或者丝状的个体形式生长的，简称 SCP（single cell protein）。微生物细胞中含有丰富的蛋白质，例如酵母菌蛋白质含量占细胞干物质的 45%～55%；细菌蛋白质占干物质的 60%～80%；霉菌菌丝体蛋白质占干物质的 30%～50%；单细胞藻类如小球藻等蛋白质占干物质的 55%～60%，而作物中含蛋白质最高的是大豆，其蛋白质含量也不过是 35%～40%。表 11-1 列出了四类微生物的组成成分。

表 11-1　微生物细胞的化学成分（干物质中的含量）

微生物品种	碳水化合物/%	蛋白质/%	核酸/%	脂类/%	灰分/%
酵母菌	25～40	45～55	5～10	2～50	3～9
霉菌	30～60	15～50	1～3	2～50	3～7
细菌	15～30	60～80	15～25	5～30	5～10
藻类	10～25	40～60	1～5	10～30	4～8

酵母、细菌、藻类的蛋白质含量较高，微生物的脂肪含量也比较高。微生物菌体的另一特点是核酸含量较高，尤其又以对数生长期的菌体核酸含量最高。微生物细胞中除含有蛋白质外，还含有丰富的碳水化合物以及维生素、矿物质，由此获取的单细胞蛋白营养价值很高。

单细胞蛋白的氨基酸组成营养十分丰富，如酵母菌体蛋白，人体必需的 8 种氨基酸，除蛋氨酸外，它含有 7 种。特别是植物性饲料缺乏的赖氨酸、蛋氨酸、色氨酸的含量较多，一般除含硫氨基酸不足之外，均能保持良好的平衡。从氨基酸的构成来看，单细胞蛋白比鱼粉稍差而优于豆粕；与鱼粉相比，单细胞蛋白的维生素中含有丰富的 B 族维生素和 β-胡萝卜素等，营养价值较高，但维生素 B_{12} 含量不足（一般植物原料中不含 B_{12}）；另外，磷、钾含量都较丰富，但钙含量较少；若补充维生素 B_{12} 和钙等，可获得与鱼粉同样的营养效果。这些单细胞菌体的蛋白质含量高达 70%，去除核酸后，可以作为人的营养食品。单细胞蛋白中维生素、矿物质含量丰富，常用于补充许多食物所需全部或部分的维生素和矿物质。此外，单细胞蛋白在食品加工中能提高食品的物理性能，例如，把食用酵母以 1%～3% 的比例加入肉制品中可提高肉与水及脂肪的结合能力。

单细胞蛋白生产率高，生产的原料丰富，如石油、天然气、煤炭；农、林副产品废弃物，如秸秆、树叶、木屑；农副产品加工的下脚料；以及工业废水、废渣、甚至城市垃圾等均可作为培养基。最有前途的原料是可再生的植物资源，如农、林产品加工的下脚料、食品工业的废水等。常用制糖厂的废料糖蜜，制酒厂的废酒糟，味精厂、淀粉厂、柠檬酸厂、豆制品厂的废水及下脚料。

就目前来看，饲料工业中应用微生物的实例主要有菌体蛋白饲料、微生态制剂、饲用酶制剂、微贮饲料等。其中微生态制剂和酶制剂的生产原料都是精料，如麦麸、鱼粉、豆粕、玉米等，而生产菌体蛋白饲料和微贮饲料的原料则多种多样，大多为农副产物和工业下脚料。生产单细胞蛋白的微生物除了面包酵母、啤酒酵母、产朊圆酵母、热带假丝酵母等常被选为生产菌种外，也可用丝状真菌或细菌。在工业生产条件下，单细胞蛋白中蛋白质的含量约为 50%（干基）。以食品工业废水为原料生产单细胞蛋白的微生物见表 11-2。

表 11-2　以食品工业废水为原料生产单细胞蛋白的微生物

原　　料	微生物种类
废糖蜜	假丝酵母属(*Candida*)、酵母属(*Saccharomyces*)
亚硫酸纸浆废液	产朊假丝酵母(*Candida Vtilis*)
	拟青霉属(*Paecilomyces*)
淀粉渣、废糖蜜	禾本科镰孢霉(*Fusarium graminearum*)
淀粉废水	扣囊拟内孢霉(*Endomyces fibuligera*)
甘蔗渣、甜菜粕	绿色木霉(*Trichoderma viride*)
	溜曲霉(*Aspergiuus ramarii kita*)
咖啡废水	米曲霉(*Asper oryzae*)
柑橘加工废液	黑曲霉(*Asper niger*)
饲料腐烂废物	高温放线菌
木薯渣	黑曲霉(*Asper niger*)、白地霉(*Geotrium*)
棉籽饼、菜籽饼	扣囊拟内孢霉、黑曲霉、米曲霉、白地霉
次粉、玉米蛋白粉等	酵母菌、乳酸菌、光合细菌等
干酪乳清	乳酸菌、脆壁克鲁维酵母

食品工业废水生产单细胞蛋白的途径很多，主要有以下几种方法。

1. 固态发酵法

首先加入麦麸、棉籽饼、菜籽饼、玉米蛋白粉及其他非常规饲料进行废渣水的吸附，灭菌之后，接种扣囊拟内孢霉、酵母菌或米曲霉、黑曲霉、白地霉、产黄青霉、假丝酵母、光合细菌、乳酸菌等进行发酵，烘干而制成蛋白饲料。这种方法适合于含有大量非蛋白氮如硫酸铵、尿素的废渣水（味精废母液、酶制剂废水、柠檬酸废母液）的处理。由于非蛋白氮的存在，使之难以作为单胃动物的饲料而使用。通过固态发酵处理，则可将其中的非蛋白氮转化为单细胞蛋白。固态发酵工艺流程为：

废渣水→浓缩→加吸附剂载体→混合→灭菌→接种→发酵→烘干→产品。

在固态发酵中，基料是固态，不流动，物质交换少，细胞与基料的接触面少，仅靠菌丝的蔓延生长，会妨碍生长效率的提高，所以需要加大接种量，增加微生物细胞的发源点，大大缩短发酵周期，如酵母菌的接种量要达到 1%，霉菌孢子的接种量要大于 0.1%。菌体转化率一般在 10%～40% 之间，转化率越高，产品的生物活性也越高，营养价值越丰富，粗蛋白含量也越高，但产品得率就越少。这是因为在转化过程中，消耗了基料中的碳水化合物作为能源，一部分碳源变成二氧化碳挥发掉了，而产品是菌体与培养基残基的总和。

好氧固态发酵物质消耗大，但菌体转化率比厌氧时要高得多。国内固态发酵生产单细胞蛋白大多是高蛋白基料水平上的固态发酵，基质中作为能源物质的碳水化合物较少，发酵一定时间后，微生物便会分解基质中的蛋白质和氨基酸，以利用其中的碳骨架作为能源，同时脱氢产生刺鼻的氨气。所以必须严格控制发酵在 30d 之内完成，或适当提高基料中的碳水化合物含量。发酵目的应以适度水解基料中蛋白质，以提高其消化率，并产生生物活性物质为主。

固态发酵的形式有静置培养法、通风发酵池培养法、上架发酵法、蜂窝煤发酵法、地面发酵法、厌氧池发酵法等。在能够有效地提升营养价值、增加生物活性的前提下，能采用厌氧发酵的，则尽量采用厌氧发酵。厌氧发酵物质损耗少，劳动强度小，投资极少，工艺简单；缺点是不稳定，生物活性不高。

2. 液态深层发酵法

该方法生产酵母，产品细胞含量大，杂菌含量少，但存在原料固形物浓度太低、不易浓缩和回收、设备腐蚀快、能耗大、产品生物活性物质相对偏低、核酸含量高等缺点。

液态深层发酵是将糟液分离得到的废糟水，添加营养盐和玉米浆作为生长素源，调节 pH 4.4 左右，接种假丝酵母等多株菌种混合发酵，再经分离干燥而得成品。其工艺流程为：

　　　　酒精废糟液→糟液分离→废糟→固体发酵→酵母饲料

　　　　　　　废水→调浆→发酵罐→后熟罐→分离浓缩→干燥→酵母成品。

3. 利用自养微生物生产单细胞蛋白

自养微生物在同化二氧化碳的同时，很多菌种还释放出氧气，改善了大气环境。目前用得最多的是藻类和光合细菌。光合细菌适合于处理含氮量高的废水，可以使用红色假单胞菌（*Rhodopseudomonas*）、红螺菌（*Rhodospirillum*）等红色非硫细菌作为饲料和饵料，并可净化鱼塘水质，减少换水次数，增加鱼类抗病能力，减少死亡率，促进鱼体生长整齐，使鱼产品颜色鲜艳自然。利用光合细菌培养液作用于水体，能刺激鱼虾的生长发育，提高产卵、孵化成活率，并能预防和治疗疾病，提高非特异性免疫功能，抑制病菌生长和侵入鱼体。如红色非硫假单胞菌 PSB 可降低水体氨氮含量和供氢体有机物含量，将有毒的硫化物转化为硫化单体，能将鱼虾排泄物、残饵充分利用，减少换水，投入产出比达到 1∶40 以上。

利用光合细菌处理淀粉废水不仅有机污染物去除率高，投资省，占地少，且菌体污泥是对人畜无害、富含营养的蛋白饲料。因此，PSB 法是一种非常有前途的净化高浓度有机废水的处理技术。其处理工艺流程为：

废水→预处理槽→初沉淀槽→PSB 处理槽→二沉淀槽→PSB 处理槽→三沉淀槽→曝气槽→出水。

PSB 处理槽光照白天采用日光，晚上采用白炽灯，溶解氧值控制在 $0.2\sim0.5mg/L$，处理温度 30℃，pH 7，停留时间 36~42h。经过处理，原水 COD 为 24 805mg/L，经预处理沉淀后 COD 降为 16 794mg/L，PSB 法处理后 COD 为 1 058mg/L，COD 去除率为 95.7%，曝气处理后 COD 降至 300mg/L 以下，COD 去除率为 98.1%。PSB 法在启动时需菌种量较大，以使其在废水中获得生长优势，正常运行后，可通过回流部分光合菌菌泥或补充少量新鲜菌种来保持其优势。

4. 浓缩干燥生产饲料

高浓度有机废水含有丰富的营养成分，通过浓缩干燥，使含 90% 以上的高浓度有机废水成为商品饲料。最典型的是用玉米酒精蒸馏废液生产干燥酒精饲料（DDGS），蛋白含量达 28%。欧美各国将 DDGS 大量应用于奶牛饲料，DDGS 的饲料价值比玉米要高得多，不仅蛋白蛋含量从 10% 提高至 28%，而且蛋白质的氨基酸构成也有较大的改进。玉米酒精废液经过浓缩干燥，有机污染基本消除，只有很少量蒸发过程的冷凝水需要加以处理。1个万吨规模的玉米酒精厂，可以生产1万吨 DDGS，而过去则是每年排放15万吨高浓度有机废水，严重污染环境的状况。

5. 酒精废糟生产单细胞蛋白

酒精废糟中含有糖分和有机物，可为微生物提供碳、氮源以及 P、K、Mg 等营养源，为微生物的生长提供营养元素。每吨酒精废糟能生产单细胞蛋白约9kg，其蛋白质含量大于45%。经单细胞蛋白培养后二次废水 COD 下降50%左右，由于抑制酒精酵母发酵的有效代谢产物（琥珀酸）被利用，该废水可无污染排放。酒精废糟生产单细胞蛋白的典型工艺流程如图11-1所示。

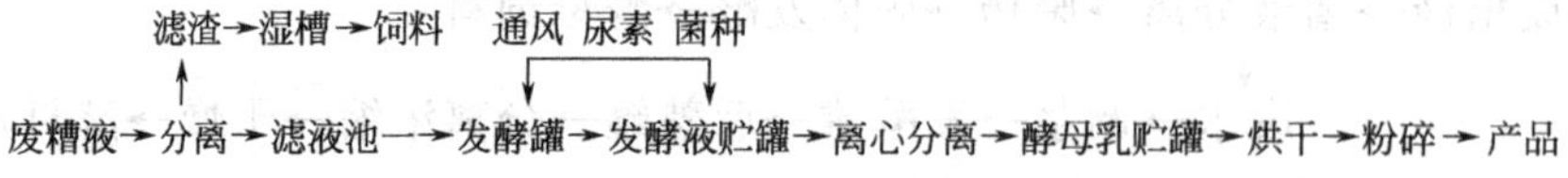

滤渣→湿糟→饲料　通风 尿素 菌种

废糟液→分离→滤液池→发酵罐→发酵液贮罐→离心分离→酵母乳贮罐→烘干→粉碎→产品

图11-1　酒精废糟生产单细胞蛋白工艺流程

第二节　糖蜜酒精废水的处理

糖蜜分为甘蔗糖蜜和甜菜糖蜜两种，都是糖厂的副产品，含可发酵性糖较多，是生产酒精的良好原料。目前，我国的糖厂为了充分利用制糖的副产物废糖蜜，大多附设有酒精车间。糖蜜酒精废水含有高浓度 COD、BOD 和 SS，直接排放会造成严重的污染。因此，糖蜜酒精糟液的治理一直为人们所关注，先后有许多的治理方案和治理工程问世。但是没有一种方案和工程技术既能使酒精糟液的排放达标，又有明显效益，总体上糖蜜酒精糟液的治理技术还不是很成熟。其原因由于糖蜜酒精糟液的本身特点，如浓度高、季节性生产和硫酸盐含量高等特性所决定。

一、废水的来源与特性

甘蔗糖蜜呈微酸性，pH 为6.2左右。甘蔗糖蜜含有大量的蔗糖和转化糖，含磷较多，含氮较少。甘蔗糖蜜的产量较大，约占原料甘蔗的2.5%～3%。甜菜废糖蜜呈微碱性，发酵中采用酒精酵母为菌种，生成含乙醇发酵液，以蒸气逆流进行多效蒸馏，分离酒精后的蒸馏残液即为酒精糟液。为了抑制杂菌的生长，发酵液需以硫酸调节 pH 至3.2。

典型的糖蜜酒精厂每生产 $1m^3$ 酒精约排放 $20m^3$ 酒精糟液。糖蜜酒精生产糟液是污染最严重的工业废水之一，其有机物浓度很高，COD 浓度在 $100\sim180g/L$。酒精厂废水也包括地面和设备清洗水及酵母分离时的废水，但这些废水的浓度与污染物总量比糟液小得多。

糖蜜酒精糟液的组成因所用原料不同而异，但都含有碳水化合物（葡萄糖与多糖）和醇类（乙醇、甘油等）。焦糖化合物也会存在于糟液中，这使得糟液的色度变深；同时由糖蜜得到的糟液有机物、盐和 SO_4^{2-} 的浓度均较高。生产工艺的不同也会影响糟液的性质和糟液的排放量，在国外，一般生产 $1m^3$ 酒精产生 $15\sim25m^3$ 酒精糟液，其平均值为 $20m^3$。在国内，大约每生产 $1t$ 酒精消耗约 $4t$ 糖蜜，生产 $1t$ 酒精约排放 $7\sim14t$ 糟液，其污染物 COD 负荷可达 1 000kg 以上。不同生产厂家的糖蜜酒精糟的主要成分见表 11-3；其干物质的化学成分见表 11-4。

表 11-3　不同生产厂家的糖蜜酒精糟主要成分含量

成　　分	广丰糖厂糖蜜酒精糟	平沙糖厂糖蜜酒精糟	中山糖厂糖蜜酒精糟	顺德糖厂糖蜜酒精糟	华侨糖厂糖蜜酒精糟	阿城糖厂糖蜜酒精糟
pH	5.0	4.5～5.0	4.5～5.0	4.5～5.0	4.5～5.0	5.2～9.8
总固形物/%	11.93	12.88	10.20	9.87	9.12	—
残糖/%	3.15	6.06	2.98	1.78	2.68	—
灰分/%	2.02	3.17	1.73	4.46	—	4.03
有机物/%	8.78	6.82	7.22	8.09	6.44	8.40
总 N/%	0.26	0.31	0.32	0.24	0.31	0.44
P_2O_5/%	0.018	0.027	0.045	0.025	0.011	—
K_2O/%	0.77	2.43	0.83	0.40	0.74	—
N_2O/%	0.03	0.23	0.05	0.02	—	—
CaO/%	0.30	0.25	0.28	0.20	0.55	—
MgO/%	0.10	0.32	0.23	0.22	0.35	—

注：除阿城糖厂的原料为甜菜外，其余糖厂的原料均为甘蔗。

表 11-4　糖蜜酒精糟液干物质的化学组成（甜菜糖蜜）

成　　分	含量(质量比)/%	成　　分	含量(质量比)/%
有机物	70～83	有机酸	5～27
蛋白质	17～27	挥发酸	3～12
总氮	3～5	甘油	6～13
蛋白质氮	0.4～1.0	还原物	3～7
氨态氮	0.3～0.6	灰分(K_2O 以计)	17～24
胺态氮	0.1～0.3	Na_2O	7～8
生物碱	7～15	CaO	0.5～3
氨基酸	6～10	微量元素	1.5～2

二、糖蜜废水治理方法

多年来为治理糖蜜废水，开发了许多的技术方案，比较典型的方法有以下几种。

1. 农灌法

通过对糖蜜酒精糟液厌氧发酵脱硫降解后农灌和大型氧化塘存放后农灌。该法是将制糖废水和糖蜜酒精糟混合后进行农灌。将废液作为肥料灌溉甘蔗等农作物，形成一个良性自然循环过程，符合生态要求。糖蜜酒精糟除含有植物生长所必需的氮、磷、钾外，还含有多种微量元素。酒精糟的适宜施用量和稀释度应视土壤的类型而定，如果不加区别地把酒精糟施于肥沃土壤和盐碱性土壤，则会适得其反地造成土壤的盐碱化。

农灌法的优点是投资少、操作简单，但只适用于酒精产量低、附近农田多而又缺水肥的酒精厂。我国广西、广东、云南的一些农场所属甘蔗糖厂选择这一治理途径，已使作物获得不同程度的增产。甜菜糖厂多在北方地区，可采取冬贮夏灌，但是冬天贮存占地大。

2. 生产有机复合肥料法

通过用滤泥与酒精废液的浓缩液中和，并掺入煤灰渣、蔗糖等，调制成中性的有机-无机复合肥；用滤泥与糠醛渣混合，再配以 N、P、K 无机肥料制成有机-无机复合肥；糖蜜浓缩后做肥料；糖蜜浓缩后与蔗渣滤泥混合制有机复合肥等。糖蜜酒精废液含有氮、磷、钾等多种元素，是农作物的良好肥料。碳酸法甘蔗糖厂的滤泥混入粉煤灰、浓缩酒精糟、蔗髓等可制成复合有机肥料。

糖蜜酒精糟浓缩干燥生产有机肥料工艺流程见图 11-2。

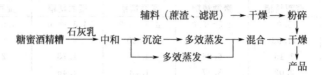

图 11-2 糖蜜酒精糟浓缩干燥生产有机肥料工艺流程

由蒸馏塔来的糖蜜酒精糟用石灰中和，并经沉降或分离得清液，再经多效蒸发浓缩至 75%～85%。将浓缩液与辅料混合均匀后干燥，即得产品。工艺流程中多效蒸发设备是糖蜜酒精糟浓缩的关键设备，可采用外加热自然循环管外沸腾式蒸发器，该蒸发器由加热室、沸腾室、循环管和分离室组成，它适用于蒸发浓缩易结垢的、黏度较大的物料，能将物料浓缩至相对密度 1.4 以上，浓缩液干物质浓度（B_x）可达 75～85mg/L。应指出的是，浓缩浆液是难以干燥的物料，需将它掺入辅料（蔗渣或滤泥）后再进行干燥。如日产 20t 糖蜜酒精，每吨酒精排放 14m³ 酒精糟（固形物的质量分数为 12%），可生产酒精糟干粉 34t/d，其中可混入 1/4 干蔗渣粉，因此可生产有机肥料 50t/d 左右。酒精车间按全年生产 150d 计，则每年可生产有机肥料 75 000t（氮的质量分数 2%～4%，钾的质量分数 3%～10%，总磷的质量分数 0.13%）。

3. 蒸发浓缩后综合利用

将酒精糟利用多效蒸发器进行浓缩，从蒸发器中抽取蒸汽再利用。浓缩液有广泛的用途，如作饲料、肥料，也可用于生产混凝土减水剂，还可用于锅炉燃烧。其工艺流程见图 11-3。

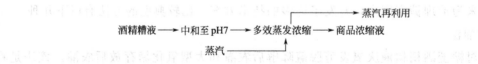

图 11-3 酒精糟液蒸发浓缩工艺流程

将酒精糟液加石灰乳中和至 pH 为 7，然后泵入多效蒸发器进行真空蒸发浓缩到 55%（质量比），作为减水缓凝剂加入水泥沙石中混合，对保证混凝土质量、节约水泥有良好的效果。另外，将浓缩液混入蔗渣（约 1/4 左右），送干燥机干燥，可生产有机复合肥料或饲料。

4. 厌氧处理和能源产生

通过对糖蜜酒精糟进行厌氧发酵生产沼气，从能源角度而言具有重要的意义。由甘蔗生产酒精时，甘蔗中含有的总能量只有 38% 转化为酒精，12% 作为糟液排放，其余 50% 的能量存在于残余的蔗渣中。蔗渣中含有丰富的植物纤维，我国对蔗渣利用的方法之一是用于造纸。另外，生产实践中大约有一半蔗渣（即总能量的 25%）直接燃烧以提供酒精蒸馏所需要的能量，也可以利用蔗渣发电。

通过用厌氧反应器对糟液进行处理，可以回收能源及其他资源。据有关资料报道，采用 UASB 处理糟液的许多反应器在 COD 容积负荷 20kg/(m³·d) 以上运行时，COD的去除率超过 90%。通过上述的方式，年产 24 000m³ 酒精的中型厂，可年生产大约 5 000t 富含蛋白质的干物质和 2 700t 的甲烷。这等于生产 1t 乙醇可以生产 142kg 的甲烷。甲烷与酒精的热值分别为 5.55×10^7 J/kg 和 3.02×10^7 J/kg，由于甲烷热值较高，所生产甲烷的能量等于酒精总能量的 26%，厌氧废水处理为酒精生产提供了很好的资源利用手段。

与传统的好氧处理（活性污泥法）相比，厌氧方法的优势明显。假如好氧的活性污泥法反应器 COD 负荷为 2.0kg/d，这对活性污泥法来讲是相当高的，但它仍然只相当于厌氧的 UASB 反应器负荷的 1/10～1/5。因此好氧反应器的体积将是厌氧反应器的 5～10 倍。此外，由于曝气和氮、磷等营养物质的添加，在运行成本上会大大高于厌氧方法。好氧法的剩余污泥不仅比厌氧法的剩余颗粒污泥量要大得多，而且性质也有很大的区别。好氧法剩余污泥浓度低且不易被浓缩和脱水，在剩余污泥的处理上，好氧方法成本要高的多。即使经过浓缩处理的好氧法剩余污泥，其浓度也比未增浓的厌氧法剩余颗粒污泥要低。而处理酒精糟液的 UASB 系统需要的能源极小，添加营养少到可以忽略的程度，同时需要劳动力少，运行费用非常低。

5. 饲料酵母法

可通过利用酒精糟液生产饲料酵母。糖蜜酒精糟含有大量的酵母，10kg 酒精一次可分离回收 6～12kg 干酵母，两次分离可回收 20kg 干酵母。两次分离后的废液中还含有糖类、有机酸，可进一步综合利用。当然，也可以利用酵母菌的作用，将酒精糟的有机物转化为单细胞蛋白质，生产饲料酵母（其中包括酒精糟原有的酵母）。利用糖蜜酒精糟生产饲料酵母，既能获得蛋白质，又能部分地降低 COD，可降低 60%～70% 的 COD，从而消除酒精糟对周围环境的严重污染。

糖蜜酒精糟液生产干饲料酵母工艺流程见图 11-4。

图 11-4　糖蜜酒精糟液生产干饲料酵母工艺流程

（1）菌种　要求是繁殖能力强、无毒和营养成分好的菌株，常用的有产朊假丝酵母、热带假丝酵母和球拟酵母等。

（2）培养液制备和种子培养　操作工艺为酒精糟液浓度在 6.8%～7.2% 之间，冷却温度为 25℃，酵母增殖罐温度是 33～35℃，酵母培养最适 pH 为 4.0～4.2。培养液中投入营养盐的量为磷 0.9～1.0kg/m³，尿素 1.0～1.1kg/m³ 或者磷酸二氢铵 1.3kg/m³。

（3）商品酵母培养及分离　采用连续培养法，常用的培养罐是中心升液空气分配和扩散式培养罐，容积为 320～600m³。连续培养的稀释比为 0.143h⁻¹，相当于停留时间 7h。酵母培养液中有 2/3 是泡沫，分离前要消泡。糖蜜酒糟酵母培养液分离、洗涤流程如下：

酵母培养液→消泡→三级离心和洗涤→酵母乳（含酵母450～500g/L）

（4）酵母自溶　酵母自溶是为了杀死酵母和杂菌，以增加可同化率、防止病害和减少酵母生命活动带来的损失。自溶使酵母乳黏度降低、消泡和排除空气及二氧化碳，有利于干燥的进行。

（5）酵母干燥　生产规模小的工厂用滚筒干燥（蒸发量不大于1t/h），滚筒干燥器的蒸发能力为1.0～1.2t/h，当酵母乳浓度为500g/L时，生产能力为250kg/h的含10%水分的干酵母。规模大的工厂用喷雾干燥，喷雾干燥器用的加热气体温度为280～300℃，出口温度为85～95℃。3.5t/h、5.5t/h和7t/h蒸发能力的喷雾干燥器，其相应的酵母产量为520～640kg/h、820～980kg/h和1 060～1 270kg/h。酵母损失应不大于2%。

（6）酵母干燥、造粒和贮藏　成品干酵母外形为粉状或颗粒状，色泽为淡黄色或淡咖啡色，湿度≤10%。糖蜜酒精糟液酵母灰分≤14%（干基），优质干酵母中粗蛋白含量≥56%、Ⅰ级品中粗蛋白含量≥51%、Ⅱ级品中粗蛋白含量≥46%、Ⅲ级品中粗蛋白含量≥43%。

三、糖蜜酒精糟浓缩干燥生产有机肥料

糖蜜酒精糟浓缩干燥技术工艺，可以根据产品的需要，形成不同的组合工艺方案（图11-5）。整个技术工艺的关键设备是蒸发浓缩设备。图中的三个方案的前半部分都是相同的，即从粗馏塔排出的酒精糟在中和罐中用石灰乳中和至中性，经沉降过滤后得滤液，将滤液经多效蒸发浓缩至75%～85%，得浓缩液。废液经蒸发后得到的浓缩液，在三种工艺方案中分别制成三种不同的产品。

方案1：将浓缩液直接喷入专门的干燥塔制成纯干粉，这种干粉可以配制成复合肥，

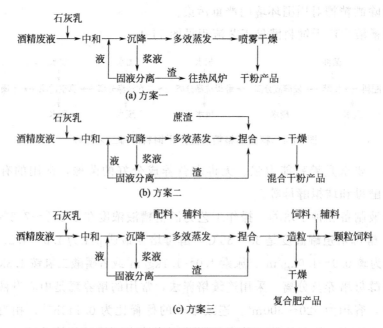

(a) 方案一

(b) 方案二

(c) 方案三

图11-5　糖蜜酒精糟浓缩干燥工艺

也可以用于配制饲料、水泥减水剂和食用色素等产品。

方案2：将浓缩液混入蔗渣后经专用干燥设备制成含蔗渣干粉，它不像纯干粉那样易于吸潮，能用于制成肥料。

方案3：将浓缩液掺入一定量的尿素、氯化钾、过磷酸、钙、滤泥和蔗渣等配料、辅料，混合均匀后造粒、干燥制得商品复合肥产品；或配入饲料、辅料制成颗粒饲料。

大多数发达国家，对糖蜜酒精糟液基本上都是采取蒸发浓缩方法处理，并将回收物质用于生产饲料或作为有机肥的原料。

四、碳酸法制糖工艺糖蜜酒精废液厌氧处理

目前，用于处理糖蜜酒精废液的方法主要是浓缩法和厌氧法。对于用碳酸法制糖工艺的糖蜜酒精废液的处理，从投资、运行费用及可靠性等方面考虑，选择厌氧法处理酒精废液较为适宜。碳酸法制糖工艺的糖蜜中酸根离子较亚硫酸盐法的浓度低得多，所产生的酒精废液中硫酸根离子也比较少，硫酸根离子质量分数仅为2 000mg/L左右。因此在厌氧过程中产生的硫化氢不至于抑制厌氧菌的生长和影响甲烷的产生。厌氧处理酒精废液工艺流程见图11-6。

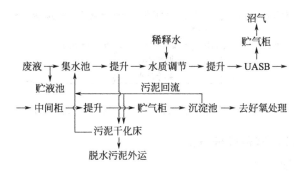

图11-6 糖蜜酒精废液厌氧处理工艺

厌氧UASB反应器进水COD采用稀释的方式控制在40 000～50 000mg/L，COD去除率为90%，采用中温发酵。利用贮气柜水封作为厌氧反应器，沉淀池出水COD降为4 000～5 000mg/L。贮液池用来贮存每次投产初期的剩余废液。UASB出水可以考虑直接导进沼气柜。对于浮罩式沼气柜下半部分采用混凝土结构，厌氧出水可以利用这一部分容积。COD去除率为20%。

五、亚硫酸法制糖工艺糖蜜废液处理

1. 糖蜜废液的硫酸盐问题

糖蜜酒精糟液厌氧处理的难点是硫酸盐问题。硫酸盐还原产物硫化氢抑制甲烷产生菌。UASB系统可以接受硫化氢（S^{2-}）的浓度范围为150～200mg/L。从理论上讲当COD/ρ（SO_4^{2-}）大于0.67g/g时（ρ表示质量浓度，g/L），才可能完全还原硫酸盐。但是，在污水处理系统中COD/ρ（SO_4^{2-}）至少为2g/g时才能完全还原硫酸盐。低比率表示硫酸盐过量，高比率表示COD过量。糖蜜酒精糟液COD/ρ（SO_4^{2-}）不低于10.0g/g。另外，废液的COD浓度一般大于100g/L，即使采用稀释后再处理，COD的浓度一般也在30～40g/L。对于糖蜜酒精废液而言，硫酸盐不会对厌氧发酵产生致命的影响，但是

高浓度的硫酸盐会产生不良气体硫化氢。可以通过采取稀释或使厌氧反应器在高 pH 条件下运行等措施来降低 H_2S 浓度，消除 H_2S 的影响，也可以通过吹脱和加入铁盐的方法去除 H_2S。

2. 糖蜜酒精废液的厌氧-好氧处理工艺

首先，根据厌氧处理工艺要求的营养比 $BOD_5 : \rho(N) : \rho(P) = 150 : 5 : 1$，调整糖蜜酒精废液 $BOD_5 : \rho(N) : \rho(P)$ 的比值，确定营养盐的需求。一般而言，废液中含氮量太多，而磷含量不足，需要补加磷。

原糖蜜酒精废液稀释 3.5 倍作为进水，即进水 COD 控制在 30 000～40 000mg/L。如稀释倍数减少，会导致 SO_4^{2-} 浓度提高，产生 H_2S，对甲烷产生抑制。糖蜜酒精废液经过稀释 3.5 倍后进入厌氧反应器，厌氧出水浓度较高，仍然需要再稀释后进行好氧处理，稀释倍数为 3.0 倍。这样，总的稀释倍数为 10.5 倍。

另外，糖蜜酒精废液的色度较高（＞4 000 倍），经厌氧-好氧处理后色度仍然较高（＞1 000 倍），因此必须考虑脱色处理问题。

糖蜜酒精废液厌氧-好氧法工艺流程如图 11-7 所示。

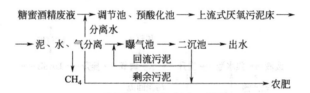

图 11-7　糖蜜酒精废液厌氧-好氧处理工艺流程

六、糖蜜酒精糟液的其他处理方法

1. 糖蜜酒糟液提取甘油

甘油是酒精发酵过程中的必然产物，经常和酒精一同存在于醪液中。通常每 100ml 醪液中有 0.5～0.6g 甘油，当醪液蒸馏时，酒精蒸出后甘油留在酒糟液中。提取甘油的方法是：糖蜜酒糟液浓缩到干物质含量约为 95%，把浓缩酒糟喷射到真空蒸馏器中，用水蒸气在真空条件下将甘油蒸馏出，冷凝后再蒸馏提纯及浓缩，即得成品。用这种方法可提取相当于醪液中酒精量的 5%～6% 的甘油。提取甘油后的酒精废糟液可以进行沼气发酵或放入氧化塘处理。糖蜜酒糟液提取甘油工艺如图流程为：

糖蜜酒糟液→浓缩→真空蒸馏器→粗甘油→冷凝→真空蒸馏→成品。

2. 糖蜜酒精糟液生产白地霉

酒精糟液经过处理除去灰分等杂质后，取清液稀释至适当浓度，这些废糟液含有足够的碳、氮、磷等养分，可以满足白地霉的生长。废糟液冷却至适当温度，即可接种，接种量是培养罐有效容积的 1/10。培养过程中控制 pH4.8～5.0，温度 28～30℃，通风量 1:1（按醪液量计）。培养至菌丝体大量增长，即可过滤去除废液，收集菌体。糖蜜酒精糟液培养白地霉工艺流程为：

糖蜜酒糟液→过滤→粗滤液→培养罐培养→培养液过滤→湿菌体→干燥→干菌体。

3. 化学絮凝法

此法主要是用石灰调节 pH，采用无机絮凝剂如碱式氯化铝沉淀分离糖蜜酒精废糟液，沉淀物可以用于生产沼气和有机复合肥。其 COD 去除率为 91.5%，色素去除率为 88%。采用絮凝法处理糖蜜酒精废水具有投资少、适应性强的优点，但出水仍不能达到排放标准，需要进一步的处理。

第三节　木薯渣食用酒精废水处理

木薯是我国酒精生产的主要原料之一。木薯酒精糟液的密度（25℃）为 1.022 7mg/L，干物质浓度（20℃）为 4.0mg/L，pH 3～5，酸度为 63.4mol/L，它的主要成分及含量可见表 11-5。木薯酒精糟液蛋白质含量较玉米酒精糟低得多，加上黏度大，因而给综合利用与治理带来较大的困难。

表 11-5　木薯酒精糟主要成分及含量

成　分	$\rho/mg \cdot L^{-1}$	成　分	$\rho/mg \cdot L^{-1}$
挥发酸	843.2	N	1 246.9
还原糖	2 150	P	2 44.1
总糖	6 800	K_2O	1 700
总固形物	51 972	粗纤维素	5 284
悬浮物	21 492	半纤维素	6 345
灰分	6 604	COD_{Cr}	52 060
有机物	45 368	BOD_5	23 300
可溶性固形物	32 152		

一、固液分离-滤液部分回用生产

木薯酒精糟液厌氧-好氧法处理工艺，投资大、好氧工艺部分能耗高、运行成本高。因此，可采用木薯酒精糟液固液分离-滤液部分回用生产、部分厌氧与好氧处理-滤渣直接作饲料的工艺，该工艺投资比厌氧-好氧法低，运行成本低。

木薯酒精糟液固液分离-滤液回用生产工艺流程可见图 11-8。

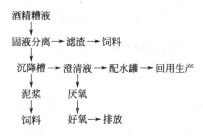

图 11-8　木薯酒精糟滤液回用生产工艺流程

该工艺首先采用离心分离机或其他固液分离机械将酒精糟液进行固液分离，得到的滤渣（含水分 75%～80%）作为饲料；得到滤液只要控制滤液所占拌料水比例（即回用比）、酸度，并防止杂菌感染，即可返回用于拌料继续发酵生产酒精。经固液分离后的滤液因损耗和挥发，即使全部返回拌料也只占拌料水的 70%～80%，还需要添加一定的新鲜水，这给稀释抑制发酵的因素带来方便。当然，如果固液分离效果很好，滤液的悬浮物含量低于 0.1%，则滤液可全部回用生产。但是，目前国内卧螺式离心分离机的分离效率为80%左右，滤液的悬浮物含量高达1%左右，因此滤液只能一定比例回用生产。酒精糟固液分离效果愈好，滤液回用比例愈高。

二、厌氧接触法-好氧工艺处理酒糟废液

木薯酒精废液固液分离比较困难，至今也没有十分有效的分离手段。早期在木薯酒精废水的厌氧处理上，国内一般采用传统的接触消化工艺。先后有近百家酒精厂采用厌氧消化工艺生产沼气，并降低酒精糟的污染负荷。但是，厌氧后消化液的COD仍达8 000～15 000mg/L，仍需要进一步处理。

厌氧处理的酒精糟液量是可以控制的，如果饲料需求量下降，或沼气的需求量上升时，酒精糟液将不进行固液分离而全部进入厌氧消化池以多产沼气。在沼气和饲料二者之间可以根据需要进行调节，这是厌氧工艺的一个优点。

用活性污泥法处理厌氧消化液，可通过冷却水稀释等来控制进水COD为2 000～3 000mg/L，则其去除率可达80%左右。料液温度大约为80℃，通过冷却降到55℃，经固液分离，COD为25 000～30 000mg/L，ρ（悬浮物）为35 000mg/L，pH4.5～5.0。沼气工程包括脱硫系统，将ρ（硫化氢）从0.38mg/L降低到小于0.02mg/L。经沼气发酵后的消化液，COD由发酵前的50 000mg/L降至8 000mg/L，去除率为84%；BOD由25 000mg/L降至2 300mg/L，去除率为90.8%；pH由4.2升至7.2～7.5；悬浮物由20 000mg/L降至700mg/L，去除率为96.5%。对接触工艺出水采用絮凝沉淀后进行脱水。

厌氧接触法-好氧工艺处理木薯酒精糟液的工艺流程如图11-9所示。

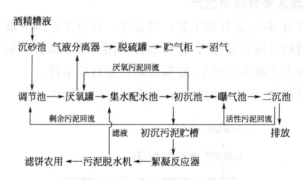

图11-9　厌氧接触法-好氧工艺处理木薯酒精糟液的工艺流程

这种酒精糟液采用厌氧接触工艺，废水可以采用好氧方法进行后处理。由于厌氧接触工艺出水COD浓度高，还不能达到排放标准。一般认为好氧后处理由于可生物降解的有机物大部分都在反应器中降解掉了，所剩的COD其中包括一些难于降解的物质，如色素等。因此，好氧处理效率一般不高，一般可达到75%左右的COD去除率。如果采用一级高效厌氧或传统的二级厌氧，厌氧反应器反应充分，则厌氧处理可以达到90%～95%以上的COD去除率，这时厌氧出水的COD可以达到2 000mg/L左右。如果排放标准要求低于500mg/L，则需要采用物化的后处理方法，如混凝沉淀等方法。在厌氧技术迅速发展的今天，厌氧接触工艺已不是先进的工艺，厌氧接触工艺存在的主要问题是出水COD含量高、悬浮物较高，并且波动较大，进行后续的处理代价较大。

三、传统 UASB 技术处理酒糟废液

传统 UASB 技术处理酒糟废液的工艺流程如图 11-10 所示。

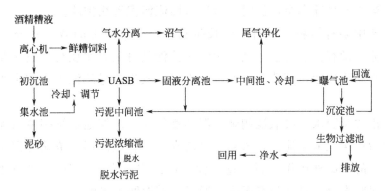

图 11-10　传统 UASB 技术处理酒糟废液的工艺流程

1. 固液分离

采用高效厌氧工艺处理高浓度酒精糟液，首先采用离心机将酒精糟液进行固液分离。经离心机固液分离之后，污水中尚含有大量悬浮物，废水需经化学絮凝沉淀池再次固液分离后，进入厌氧-好氧处理工艺。

2. 厌氧-好氧处理工艺

（1）预处理　经过离心分离后，COD 降低到 30 000mg/L 左右，滤液进入沉淀池沉淀后，污水送至冷却塔，污水在冷却塔中进行冷却，水温从 80～85℃下降至 60℃，降温后的污水进入调节池，调节池内水温控制的幅度由厌氧池内水温决定，水温严格控制在 50～55℃，且波动幅度控制在 1～2℃。

厌氧池中 pH 低于 6.5 将抑制甲烷菌生命活动，使有机酸转化为沼气的过程受到抑制，此时厌氧池出水 pH 明显下降，因此厌氧池出水 pH 是厌氧池工作是否正常的重要标志之一。正常情况下厌氧池出水 pH 应大于 6.7，最好是大于 7.0，所以在冷却塔采用石灰调节 pH。

（2）厌氧 UASB 处理　在厌氧池运行中要注意控制池内温度和 pH，考虑到酒精糟液温度高，故采取高温发酵，池温控制在 50～55℃，每日波动不大于 2℃，过大的温度波动将使发酵过程受到破坏。在进入正常运行之后，厌氧菌将有所增长，其增长量约为所去除 COD 的 5%～10%，故需经常排出剩余厌氧污泥，把剩余污泥排到污泥中间池。为了防止厌氧池内沼气压力过大，可以设置水封，当厌氧池中压力过大时，沼气自动通过水封，使厌氧池内压力下降。厌氧池均匀布水十分重要，只有均匀布水才能充分发挥 UASB 反应器全部体积的作用。

从厌氧池出来的污水流到沉淀池，再进入中间池，这时污水的温度仍高达 50～55℃，因此不能直接进入曝气池，需冷却至 35℃以下。为了使污水在冷却过程中不致释放明显的臭气，同时为好氧创造条件，故在中间池设预曝气，曝气出来的臭气经气体净化器净化。净化后气体排空，喷淋的液体返回曝气池，经预曝气的污水进入冷却塔，经冷却后流入曝气池。

（3）好氧处理　污水从冷却塔流入曝气池，与池中的活性污泥混合，微生物分解污

水中的有机物，使污水得到净化。经曝气池净化之后，曝气池的混合液流入沉淀池进行固液分离，澄清水从上方溢流进入生物过滤池进一步处理。沉于沉淀池底部的活性污泥返回曝气池，当需要排除剩余污泥时，可通过回流污泥管线排放。

生物过滤池中装有填料，填料上生长生物膜，生物膜上的微生物分解水中的有机物，生物过滤池也设有充氧设备。经过生物过滤池处理后，水质得到进一步净化。在净化过程中生物膜新陈代谢，其残余碎片进入水中，故生物过滤池出来的水须进入沙滤池过滤净化。

（4）污泥排放及脱水　厌氧池剩余污泥和曝气池、沉淀池系统剩余污泥均排放至污泥中间池，把污泥送入浓缩池进行浓缩，澄清水通过管道返回，浓缩污泥送至脱水机进行脱水，脱水后的污泥外运作肥料。过滤池反冲洗水（带有污泥）、浓缩池上清液（带有污泥）和污泥脱水机下水（带有污泥）通过管道返回集水池。

四、机械脱水预处理的 UASB 工艺

木薯酒精糟液由于蛋白含量较低，并且脱水困难，所以处理难度较大。由于高效 UASB 处理系统必须满足的条件之一是能够保持大量的活性厌氧污泥，而高悬浮性 COD 的存在使得 UASB 中活性污泥浓度较低，限制了厌氧 UASB 反应器的效率的发挥。可以通过采用有效的固液分离装置和手段，来达到这一要求，方法一是采用带式脱水机进行固液分离，方法二是采用多级厌氧工艺。

固液分离方法之一是酒精糟液首先经过带式脱水机进行固液分离，滤渣经挤压、干燥可制成饲料。经过脱水后的滤液固形物含量小于 0.3%（3 000mg/L），对悬浮物去除率高达 90%，适合 UASB 技术处理，并且可以在 UASB 反应器中采用较高的容积负荷。利用带式脱水机对酒精糟液脱水其关键是针对性地调节等电点和相应的絮凝处理工艺，可以提高糟渣回收率，回收酒糟含水率 75% 以下；增加糟渣中蛋白质含量，回收糟渣蛋白质含量高达 20.0%，有很高的饲用价值；提高糟液 COD 去除率、对 COD 的去除率高于 60%，大大减轻滤液后续处理负荷。工艺中所选用的带式脱水机具有以下特点：超长的重力脱水区，超长的斜式楔形区，压力递增的压榨区，性能好、效率高的反冲洗方式。机械脱水预处理的 UASB 工艺见图 11-11。

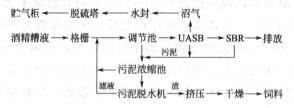

图 11-11　机械脱水预处理的 UASB 工艺

酒精糟液经过粗滤，进入调节沉淀池进行冷却、调节，再进入污泥浓缩池，浓缩后的糟液进入带式脱水机进行固液分离。滤渣经过挤压、干燥可制成饲料。滤液进入厌氧 UASB 和好氧 SBR 进行处理。

五、多级厌氧去除悬浮物工艺

1. 多级厌氧工艺

解决 UASB 工艺中高悬浮物问题的另一类方法是采用带有固液分离的两级厌氧系统，容积糟液首先经厌氧酸化池（第一级）水解酸化，去除大部分悬浮物和部分有机物质，然后进入固液分离池去除固体物质，以利于后续 UASB 的正常运行。经固液分离后的液体进入 UASB 反应器（第二级），经厌氧处理后再进入好氧生化池。根据污水的浓度和悬浮物含量的多少，这一处理过程可以采用如下三个处理阶段。

（1）一级处理阶段　第一组反应器具有将固体和液体状态的废弃物液化（水解和酸化）的功能。废水中没有液化的固体部分在同一个或不同的反应器内完成固液分离。其中液化的废弃物去 UASB 反应器（为二级处理的一部分），固体部分根据需要进行进一步消化或直接脱水处理。

（2）第二级处理阶段　去除悬浮物后的污水进入 UASB 反应器处理。

（3）水的后处理和污泥的精加工　处理后的废水和污泥将分别采用好氧或资源回收工艺处理，并达到排放标准。

2. 污水处理工艺流程

木薯酒精糟液先经粗滤去除粗大杂物流入沉淀池，进行冷却调温和初步沉淀处理。分别将上清液和糟液提升到调节池和浓缩池，废液用泵连续进入 UASB 反应器，UASB 反应器为中温发酵（37℃）。废水 pH 在进入 UASB 反应器前调整至 7.0～7.5，借助反应器内污泥床的生化作用使废水中 80%～90% 以上的有机物得到生化降解，转为沼气能源和部分生物质。UASB 反应器中产生的沼气经水封、脱硫塔后进入贮气柜贮存。处理后出水流入气浮反应器，处理后的污水中大部分有机污染物被去除，再对悬浮固体进一步处理，即可达标排放。多级厌氧法的污水处理工艺流程见图 11-12。

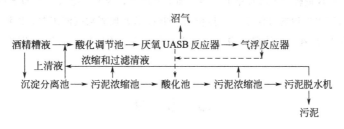

图 11-12　多级厌氧法的污水处理工艺流程

3. 污泥处理工艺

由于酒精糟液中的固体物主要为有机物，其中主要是碳水化合物和生物菌体含氮化合物，是可以进一步降解的。采用生物水解-酸化的方法来降解固体中的有机物。采用中温酸化池，进行水解和酸化反应，将固体状的大分子有机物分解为溶解性的小分子化合物，然后采用机械分离的方法进行分离。由于经过厌氧发酵，反应后物料的性质会发生很大的改变，其脱水性能可以得到改善，所以发酵后的污泥可以直接脱水。脱水后的溶解性的有机物及部分流失的悬浮物进入厌氧 UASB 反应器内发酵产生甲烷，进行生物降解。

从离心机和气浮沉淀池排出的污泥，通过进入酸化池进行酸化处理后，进入浓缩池，浓缩后的污泥和 UASB 反应器中的污泥一起进入脱水机房脱水。采用 UASB 处理和酸化后的消化污泥稳定性好，脱水比较容易。剩余污泥排入污泥浓缩池重力浓缩，浓缩池上清液返回到调节池作进一步处理；浓缩以后的污泥借重力排入混合器与高分子絮凝剂和助凝剂混合，进入带式脱水机脱水，脱水以后的干污泥作为农肥。

六、木薯酒精糟液的其他处理方法

通风培养制取饲料酵母　将木薯酒精糟液粗滤，去除滤渣，滤渣可以作为饲料，滤液在补充加入营养成分后，接种饲料酵母菌株通风培养。1t 酒精糟液可得含粗蛋白 45% 的饲料酵母 20～22kg。但是木薯酒精糟液培养饲料酵母后，糟液中的 BOD 和 COD 的去除率只能达到 40%～45%。

本章小结

食品工业在生产中有大量的废渣水产生，食品工业废渣水含有大量可降解的有机物质，直接排放会对环境造成严重的污染，对食品工业废渣水进行生物处理的工艺有好氧工艺、厌氧工艺、稳定塘、土地处理及由以上工艺结合而来的各种工艺。生物方法处理的目的在于降解 COD、BOD_5。

单细胞蛋白是通过利用发酵法培养酵母或细菌等微生物，并从中获取的蛋白质。生产单细胞蛋白的微生物除了面包酵母、啤酒酵母、产朊圆酵母、热带假丝酵母等，还有丝状真菌或细菌。食品工业废水下脚料生产单细胞蛋白的途径很多，主要有固态发酵法，液体深层发酵法，自养微生物生产法，液浓缩干法等。

糖蜜酒精糟液的组成因所用原料和生产工艺不同而有所不同。糖蜜废水治理方法主要有农灌法，有机复合肥料法，蒸发浓缩后综合利用法，厌氧处理和能源产生法，饲料酵母法。主要的工艺有糖蜜酒精糟浓缩干燥生产有机肥料工艺，碳酸法制糖工艺糖蜜酒精废液厌氧处理工艺，亚硫酸法制糖工艺糖蜜废液处理工艺等。

木薯酒精糟蛋白质含量较玉米酒精糟低得多，加上黏度大，因而在综合利用与治理上存在着较大的困难。木薯渣食用酒精废水处理的方法主要有传统 UASB 技术处理酒糟废液工艺，固液分离-滤液部分回用生产工艺，厌氧接触法-好氧工艺处理酒糟废液工艺，机械脱水预处理的 UASB 工艺，多级厌氧去除悬浮物工艺等。

思　考　题

1. 试述食品工业废水的主要水质指标。
2. BOD 与 BOD_5 有何区别？COD 和 BOD_5 有何区别？
3. 试述单细胞蛋白的特征及其主要生产方法。
4. 糖蜜废水和木薯酒精糟液有何主要区别？
5. 试述糖蜜废水治理主要方法及其工艺。
6. 试述木薯酒精糟液处理的主要工艺。

参 考 文 献

[1] 叶勤. 现代生物技术原理及其应用. 北京：中国轻工业出版社，2003：2～30.

[2] 周国安，唐巧英. 生物制品生产规范与质量控制. 北京：化学工业出版社，2004：15～68.

[3] 廖湘萍. 生物工程概论. 北京：科学出版社，2004：1～122.

[4] 刘冬. 食品生物技术. 北京：中国轻工业出版社，2003：209～280.

[5] 彭志英. 食品生物技术. 北京：中国轻工业出版社，2001：2～12.

[6] 邬敏辰. 食品工业生物技术. 北京：化学工业出版社，2005.

[7] 陆兆新. 现代食品生物技术. 北京：中国农业出版社，2002.

[8] 阎隆飞，张玉麟. 分子生物学. 北京：中国农业大学出版社，2001.

[9] 张柏林，杜为民，郑彩霞. 生物技术与食品加工. 北京：化学工业出版社，2005.

[10] 卢圣栋. 现代分子生物学实验技术. 第2版. 北京：中国协和医科大学出版社，1999.

[11] 马晓聿，白净，任珂等. 酶工程研究的新进展. 化工进展，2003，22（8）：813～817.

[12] 沈同. 生物化学：下册. 第2版. 北京：高等教育出版社，2000.

[13] 童海宝. 生物化工. 北京：化学工业出版社，2001.

[14] 陈文伟，刘晶. 酶工程在食品工业中的应用. 中国食品添加剂，2004，6：98～101.

[15] 郭勇. 酶的生产与应用. 北京：化学工业出版社，2003.

[16] 宋思扬，楼士林. 生物技术概论. 北京：科学出版社，2003.

[17] 周家春. 食品工业新技术. 北京：化学工业出版社，2005.

[18] 胡开辉，汪世华. 小球藻的研究开发进展. 武汉工业学院学报，2005，3：27～30.

[19] 郭雪山，肖玫. 单细胞蛋白的应用及其开发前景. 中国食物与营养，2006，5：23～25.

[20] 赵凯，王晓华. 生物技术在农业中的应用. 生物技术通讯，2003（4）：342～345

[21] 欧阳平凯，曹竹安，马宏建等. 发酵工程关键技术及其应用. 北京：化学工业出版社，2005.

[22] 罗立新，潘力，郑穗平. 细胞工程. 广州：华南理工大学出版社，2003.

[23] 罗云波. 食品生物技术导论. 北京：中国农业大学出版社，2002.

[24] 冯伯森，王秋雨等. 动物细胞工程原理与实践. 北京：科学出版社，2000.

[25] 周维燕. 植物细胞工程原理与技术. 北京：中国农业大学出版社，2001.

[26] 郑建仙. 功能性食品生物技术. 北京：中国轻工业出版社，2004.

[27] 江志炜，沈蓓英，潘秋琴. 蛋白质加工技术. 北京：化学工业出版社，2003.

[28] 王弘. 国内外食品生物技术发展概况. 广州化工，2005，5：36～37.

[29] 沈蓓英. 螺旋藻的藻胆蛋白提取、分离和纯化. 粮食与油脂，1999，4：38.

[30] 胡传荣等. 无腺体棉籽蛋白化学改性研究. 中国油脂，2002，5：3.

[31] 徐怀德. 新版果蔬配方. 北京：中国轻工业出版社，2003：7～12.

[32] 苑艳辉. 水产品下脚料综合利用研究之进展. 水产科技情报，2004，31：44～48.

[33] 段玉梅. 食用油脂的综合利用. 中国油脂，2000，6：143～145.

[34] 艾启俊，张德全. 深加工新技术. 北京：化学工业出版社，2002：95～100.

[35] 孙美琴，彭超英. 甘蔗制糖副产品蔗渣的综合利用. 中国糖料，2003，2：57～60.

[36] 阴春梅，刘忠，齐宏升. 生物质发酵生产乙醇的研究进展. 酿酒科技. 2007，1：87～90.

[37] 罗云波. 食品生物技术导论. 北京：中国农业出版社，2002.

[38] 王福源. 现代食品发酵技术. 北京：中国轻工业出版社，2004.

[39] 曾寿瀛. 现代乳与乳制品. 北京：中国农业出版社，2003.

[40] 武建新. 乳品生产技术. 北京：科学出版社，2005.

[41] 艾学东. 苹果酒醋饮料的生产工艺. 饮料工业，2005. 5：36.

[42] 薛洁，贾士儒. 果胶酶在欧李果汁加工中的应用. 食品科学，2007. 1：120～122.

[43] 杨寿清. 食品杀菌和保鲜技术. 北京：化学工业出版社，2005：1～26.

[44] 徐怀德，王云阳. 食品杀菌新技术. 北京：科学技术文献出版社，2005：132～147.

[45] 邓舜扬. 食品保鲜技术. 北京：中国轻工业出版社，2006：66～96.

[46] 孙美琴，彭超英. 甘蔗制糖副产品蔗渣的综合利用. 中国糖料，2003，2：57～60.

[47] 陈江苹. 葡萄废弃物的开发利用研究. 浙江柑橘，2005，1：40～43.

[48] 周德凤，郝婕. 稻壳的开发利用. 长春工业大学学报：自然科学版，2004，1：23～26.

[49] 孙晓君，邵晓玲，张玉双等. 高含量低聚果糖的生产工艺研究. 材料科学与工艺，2005，3：30～50.

[50] 李清文，王义明，罗国安. 溶胶凝胶技术在生物传感器中的应用. 化学通报，2000，5：14～19.

[51] 秦玉华，张术勇，庞琳. 自组装单分子膜在生物传感器中的应用. 东北电力学院学报，2004，1：27～30.

[52] 汪海燕. 自组装单分子膜及其在生物传感器中的应用. 巢湖学院学报，2006，3：65～67.

[53] 刘爱荣，季萍. 微乳液凝胶固定化技术及在生物传感器领域中的应用. 上海工程技术大学学报，2004，3：241～243.

[54] 司士辉. 生物传感器. 北京：化学工业出版社，2002.

[55] 佟玉衡. 废水处理. 北京：化学工业出版社，2004.

[56] 王传荣. 酒精生产技术. 北京：科学出版社，2004.

[57] 王绍文等. 高浓度有机废水处理技术与工程应用. 北京：中国轻工业出版社，2003.

[58] 唐受印，戴友芝等. 食品工业废水处理. 北京：化学工业出版社，2001.

[59] 王凯军，秦人伟. 发酵工业废水处理. 北京：化学工业出版社，2000.